ICDL 文书处理 · 试算表 · 演示文稿

课程大纲 6.0

学习材料（MS Word 2016；MS Excel 2016；MS PowerPoint 2016）

ICDL 基金会　著
ICDL 亚　洲　译

东南大学出版社
SOUTHEAST UNIVERSITY PRESS
· 南京 ·

图书在版编目(CIP)数据

ICDL 文书处理·试算表·演示文稿/爱尔兰 ICDL 基金会著;ICDL 亚洲译. —南京:东南大学出版社,2019.4

书名原文:Word Processing·Presentation·Spreadsheet

ISBN 978-7-5641-8346-2

Ⅰ.①I… Ⅱ.①爱…②I… Ⅲ.①办公自动化—应用软件 Ⅳ.①TP317.1

中国版本图书馆 CIP 数据核字(2019)第 054240 号

江苏省版权局著作权合同登记
图字:10-2019-050 号

ICDL 文书处理·试算表·演示文稿(ICDL Wenshu Chuli·Shisuanbiao·Yanshi Wengao)

出版发行:东南大学出版社
社　　址:南京市四牌楼 2 号　　邮　　编:210096
网　　址:http://www.seupress.com
出 版 人:江建中

印　　刷:南京京新印刷有限公司
开　　本:700 mm×1000 mm　1/16
印　　张:28.5
字　　数:556 千
版　　次:2019 年 4 月第 1 版
印　　次:2019 年 4 月第 1 次印刷
书　　号:ISBN　978-7-5641-8346-2
定　　价:85.00 元

经　　销:全国各地新华书店
发行热线:025-83790519　83791830

说　明

ICDL 基金会认证科目的出版物可用于帮助考生准备 ICDL 基金会认证的考试。ICDL 基金会不保证使用本出版物能确保考生通过 ICDL 基金会认证科目的考试。

本学习资料中包含的任何测试项目和(或)基于实际操作的练习仅与本出版物有关,不构成任何考试,也没有任何通过官方 ICDL 基金会认证测试以及其他方式能够获得认证。

使用本出版物的考生在参加 ICDL 基金会认证科目的考试之前必须通过各国授权考试中心进行注册。如果没有进行有效注册的考生,则不可以参加考试,并且也不会向其提供证书或任何其他形式的认可。

本出版物已获 Microsoft 许可使用屏幕截图。

前　　言

ICDL 文书处理

文书处理应用程序在人们的职业和个人生活中发挥着重要作用。ICDL 文书处理模块包含了启动及使用文书处理软件的实用方法。掌握创建文书处理文档、编排文档格式和整理文档的技能将提高你的工作效率，并使你能够制作出专业、精美的文档。

完成文书处理模块你将能够：
- 处理文档，并将其以不同文件格式保存至本地或云存储空间。
- 使用可用的帮助资源、快捷方式和转到工具来提高工作效率。
- 创建和编辑可随时共享和分发的文书处理文档。
- 应用不同的格式和样式来优化文档，并能够选择适当的格式选项。
- 将表格、图片和图形对象插入文档。
- 准备用于邮件合并操作的文档。
- 调整文档页面设置，并在打印前检查和更正拼写。

完成文书处理模块的优点

此模块赋予你操作文书处理软件的技能，这是最常见的办公技能。尽管近年来技术不断进步，但文书处理仍然是一项可提高工作效率和能力的核心计算机技能。一旦掌握了本模块中所列的技能和知识，就能获得 ICDL 文书处理这一领域的国际标准认证。
有关本模块中每一节所涵盖的 ICDL 文书处理课程大纲的详细信息，请参阅本模块结尾的 ICDL 文书处理课程大纲。

如何使用本模块

本模块涵盖了 ICDL 文书处理课程的全部内容。介绍了重要的概念，并列出了与使用该应用程序不同功能的具体步骤。你还将有机会使用“Student”文件夹（扫描封底二维码获取）中提供的示例文件自行练习。如果对示例文件进行了改动，而且想要多次练习，建议不要将更改保存到示例文件中。

ICDL 试算表

掌握并运用好试算表应用程序的操作技能，可以直接提高数据管理能力，并对工作绩效产生积极影响。ICDL 试算表模块为你提供了了解试算表概念，获取使用试算表精确完成工作任务的工具。

完成试算表模块，你将能够：

- 处理试算表，并且将其另存为不同的文件格式。
- 使用该应用程序内置选项（如帮助功能），提高工作效率。
- 在单元格中输入数据；用正确的方法创建列表。
- 选中、排序、复制、移动和删除数据。
- 编辑工作表中的行和列。
- 复制、移动、删除工作表以及重命名工作表。
- 使用标准试算表功能创建数学和逻辑公式；使用正确的方法创建公式；识别公式中的错误值。
- 设置试算表中数字和文本内容的格式。
- 选择、创建以及设置图表格式，准确表达信息。
- 调整试算表页面设置。
- 在最终打印试算表之前检查和更正试算表内容。

完成试算表模块的优点

本模块赋予你操作试算表软件的技能，这是最常见的办公技能。试算表在商业运营中有重要的作用，掌握利用试算表的功能、公式和特征的知识对于任何工作者来说都是必要的。一旦掌握了本模块中列出的技能和知识，就能获得 ICDL 试算表这一领域的国际标准认证。

有关本模块中每一节所涵盖的 ICDL 试算表课程大纲的详细信息，请参阅本模块结尾的 ICDL 试算表课程大纲。

如何使用本模块

本模块涵盖了 ICDL 试算表课程的全部内容。介绍了重要概念以及使用此应用程序不同功能的具体步骤。你还将有机会使用“Student”文件夹（扫描封底二维码获取）中提供的示例文件自行练习。如果对示例文件进行了改动，而且想要多次练习，建议不要将更改保存到示例文件中。

ICDL 演示文稿

创建以及发表能吸引人的演讲是工作的重要部分，尤其是在要与他人沟通交流信息和想法的时候。通过 ICDL 演示文稿课程，你可以学会如何轻松地使用演示文稿软件，并利用这一工具提升自身演讲技能。

完成演示文稿模块，你将能够：

- 处理演示文稿，将其以不同文件格式保存至本地文件或云存储空间。
- 使用可利用的帮助资源提升效率。
- 理解不同演示文稿视图及何时使用它们。选择不同的内置幻灯片版式、设计以及主题。
- 在演示文稿中插入、编辑文本及表格，以及设置文本及表格的格式。通过使用幻灯片母版，在幻灯片上应用独特的标题，创建一致的幻灯片内容。
- 选择、创建图表以及设置图表格式，以有效沟通信息。
- 插入、编辑及对齐图片和图形对象。
- 在演示文稿中应用动画以及切换效果，在打印前和展示前检查并更正演示文稿内容。

完成演示文稿模块的优点

对专业人士来说，创建并发表能吸引人的演讲是一项重要技能，该技能使你能够用多种方式提供信息、数据和媒体，以充分展示工作及想法。通过 ICDL 演示文稿课程，你将学会有效地呈现各类信息。一旦掌握了本模块中所列的技能和知识，就能获得 ICDL 演示文稿这一领域的国际标准认证。
有关本模块中每一节所涵盖的 ICDL 演示文稿课程大纲的详细信息，请参阅本模块结尾的 ICDL 演示文稿课程大纲。

如何使用本模块

本模块涵盖了 ICDL 演示文稿课程的全部内容。介绍了重要概念，以及使用该应用程序不同功能的具体步骤。您还有机会利用“Student”文件夹（扫描封底二维码获取）中所提供的示例文件自行练习。如果对示例文件进行了改动，而且想要多次练习，建议不要将更改保存到示例文件中。

目　录

ICDL 文书处理

ICDL试算表

ICDL 演示文稿

ICDL 文书处理

第 1 课

探索 Microsoft Word 2016

在本节中，你将学到以下知识：

- 启动 Word 2016
- 用户界面
- 后台视图
- 转换文档
- 设置 Word 选项
- 设置默认文件夹
- 快速访问工具栏
- 使用功能区和选项卡
- 使用迷你工具栏
- 使用对话框启动器
- 使用上下文选项卡
- 使用帮助
- 退出 Word

1.1 启动 Word 2016

概念

作为 Microsoft Office 软件套装的一部分，Microsoft Word 2016 是一款用于创建、编辑和打印各种文档的文书处理应用程序。

步骤

启动 Microsoft Word 的步骤：

1. 选择任务栏上的"开始"按钮。 出现"开始"菜单。	单击
2. 指向程序列表。 出现滚动菜单。	单击滚动条并滚动到"Word 2016"。
3. 滚动并选择"Word 2016"。 Microsoft Word 2016 主程序打开。	单击 Word 2016

1.2 用户界面

概念

Microsoft Word 2016 用户界面借助功能区和选项卡进行操作，和它的前一个版本 Microsoft Office 2013 一样。

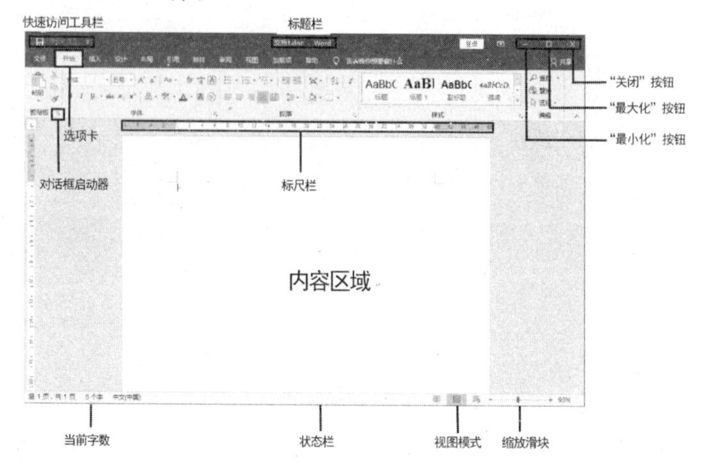

“文件”选项卡和后台视图：单击“文件”选项卡时，可以看到后台视图。此视图在一个位置显示有关文档的所有信息。

快速访问工具栏：这是一个可自定义的工具栏，默认位于功能区上方。你可以将常用命令的图标添加到此工具栏。它也可以放在功能区下方。

快速访问工具栏(QAT)

功能区：功能区显示用于处理文档的命令。相关的命令以组排列。组名旁边的按钮可启动对话框以访问更多命令和选项。这些按钮可以被称为对话框启动器。

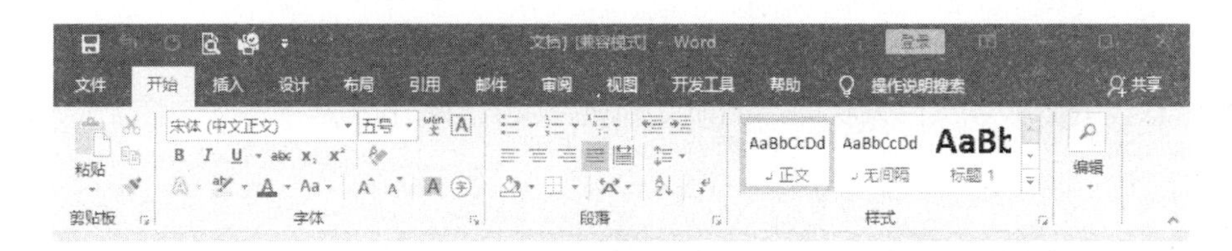

功能区

状态栏：位于屏幕底部，提供有关总页数、总字数和不同版面(包括缩放选项)的信息。

状态栏

1.3 后台视图

概念

后台视图：单击“文件”选项卡以查看后台视图。它提供了一系列用于管理和打印文档的选项，例如查看和编辑文档属性，以及打开、保存、打印和共享文档。

- 另存为——允许指定文件名、文件类型和位置，用于保存新创建的文档，或保存以前保存的文档的另一个副本。
- 保存——允许保存/更新文档的更改。
- 打开——允许打开现有文档。
- 关闭——允许关闭文档。

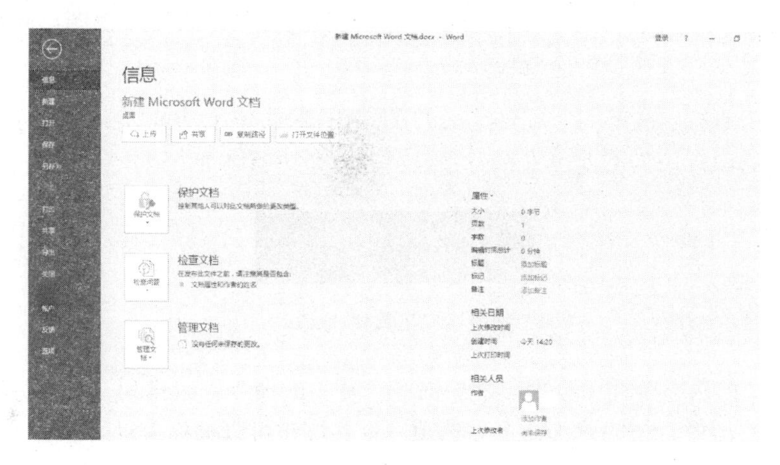

后台视图

- 信息——显示与文档关联的不同命令和属性及其存储位置。

1.4 转换文档

概念

Word 2016 使用兼容模式打开在早期版本的 Word 中创建的文档。若要保存已在兼容模式下打开和修改的文档,可能需要将其转换为最新的 Word 格式,因为并非 Word 2016 的所有最新功能都与 Word 的早期版本兼容。

转换功能

步骤

转换文档的步骤:

从"Student"文件夹中打开"FSS. docx"。通过转到"Student"文件夹所在的驱动器,双击"Student"文件夹,然后双击"FSS. docx"来执行此操作。

1. 选择"文件"选项卡。 显示后台视图。	单击 文件

（续表）

2. 从“信息”选项选择“转换”按钮。 将显示 Microsoft Word 消息框。	单击 转换
3. 单击“确定”按钮以转换文档。 文档已转换。	单击 确定

关闭文档“FSS. docx”，不保存。

1.5 设置 Word 选项

概念

通过设置 Word 选项，可以更改 Word 中的基本默认设置，例如文档作者的默认名称，以及用于打开和保存文档的默认文件夹。

步骤

设置 Word 选项的步骤：

1. 单击“文件”选项卡。 显示后台视图。	单击 文件
2. 单击“选项”按钮。 显示“Word 选项”对话框。	单击 选项
3. 在“Microsoft Office 进行个性化设置”下选择“用户名”。 在文本框中输入用户名。	单击“用户名”框并输入姓名。
4. 选择“缩写”并指定名称的首字母。 在文本框中输入缩写。	单击“缩写”框并输入缩写。
5. 单击“确定”按钮接受更改。 将设置应用于文档。	单击 确定

1.6 设置默认文件夹

概念

“Documents”文件夹是在 Microsoft Office 程序中创建的所有文件的默认工作文件夹。它是打开和保存 Word 文档时显示的默认文件夹位置。用户可以选择不同的默认工作文件夹。

步骤

设置默认打开文件夹的步骤：

1. 单击“文件”选项卡。 显示后台视图。	单击 文件
2. 单击“选项”按钮。 显示“Word 选项”对话框。	单击 选项
3. 选择“高级”选项。 显示高级选项。	单击“高级”
4. 单击“常规”下的“文件位置”按钮。 “文件位置”对话框中按文件类型显示文件位置	向下滚动并单击“常规”部分下的“文件位置”
5. 单击“修改”按钮。 显示“修改位置”对话框。	单击“修改”
6. 选择默认文件夹以打开文档。 选择文件夹。	单击“桌面”
7. 单击“确定”按钮。 更新默认文件夹位置。	单击 确定
8. 单击“确定”按钮。 关闭“文件位置”对话框。	单击 确定
9. 单击“确定”按钮以接受更改。 将设置应用于文档。	单击 确定

设置默认保存文件夹的步骤：

1. 单击“文件”选项卡。 显示后台视图。	单击 文件
2. 单击“选项”按钮。 显示“Word 选项”对话框。	单击 选项
3. 选择“保存”选项。 显示“保存”选项。	单击“保存”
4. 在“默认本地文件位置”框中输入路径，或选择“浏览”按钮并选择默认文件夹。 路径显示在“默认本地文件位置”文本框中。在此示例中，我们设置为桌面。	键入“...\桌面\”
5. 单击“确定”按钮以接受更改。 将设置应用于文档。	单击 确定

1.7 快速访问工具栏

概念

快速访问工具栏：可以快速访问常用命令按钮而无需打开功能区选项卡中的工具栏。

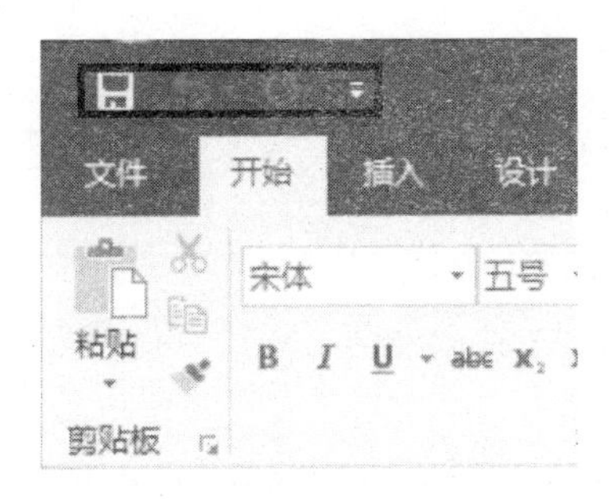

快速访问工具栏

步骤

向快速访问工具栏添加命令，重新排列工具栏按钮并移动功能区下方的工具栏的步骤：

步骤	
1. 单击“自定义快速访问工具栏”按钮。 显示子菜单。	
2. 单击要添加到快速访问工具栏的命令。 将选中的命令添加到工具栏。	自定义快速访问工具栏 新建 打开 ✓ 保存 通过电子邮件发送 快速打印 打印预览和打印 拼写和语法 ✓ 撤消 ✓ 恢复 绘制表格 触摸/鼠标模式 其他命令(M)... 在功能区下方显示(S)
3. 单击“自定义快速访问工具栏”按钮。 显示子菜单。注意，新按钮已添加到快速访问工具栏。	

（续表）

4. 从子菜单中单击“其他命令”。 显示“Word 选项”对话框。	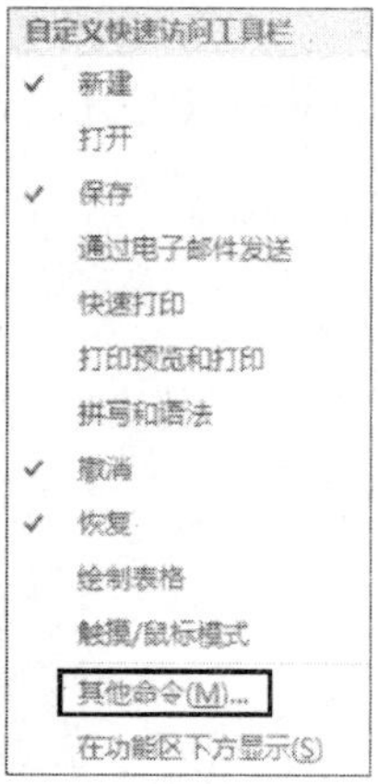 自定义快速访问工具栏 ✓ 新建 打开 ✓ 保存 通过电子邮件发送 快速打印 打印预览和打印 拼写和语法 ✓ 撤消 ✓ 恢复 绘制表格 触摸/鼠标模式 其他命令(M)... 在功能区下方显示(S)
5. 单击“从下列位置选择命令”下的下拉箭头。 显示列表。	 自定义快速访问工具栏。 从下列位置选择命令(C): 常用命令
6. 单击列表中“不在功能区中的命令”。 显示不在功能区中的命令。	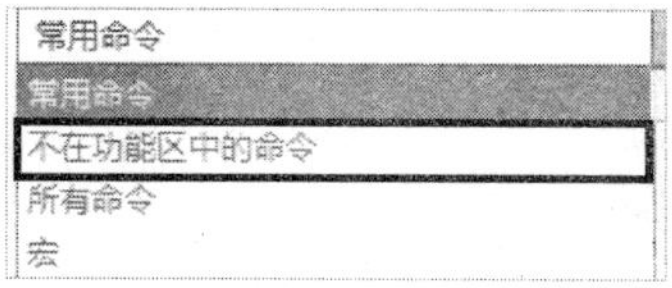 常用命令 常用命令 不在功能区中的命令 所有命令 宏
7. 向下滚动命令列表，然后选择要添加的命令。 选择所需命令。	单击“帮助” 帮助
8. 单击“添加”按钮将命令添加到快速访问工具栏。 将选中的命令添加到快速访问工具栏中的命令列表。	单击 添加(A) >>
9. 从快速访问工具栏中显示的命令列表中单击“新建文件”按钮。 “新建文件”按钮被选中。	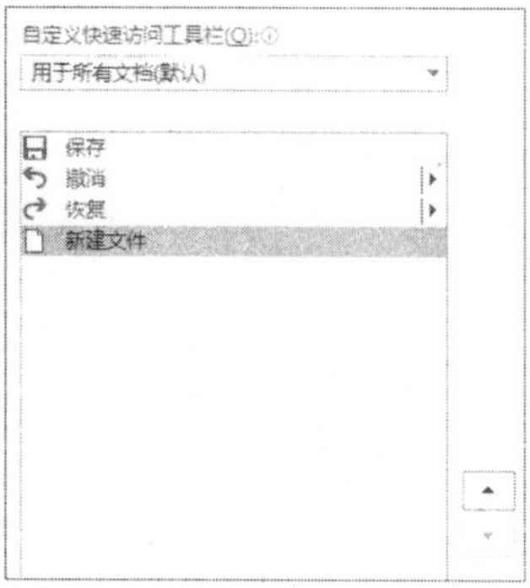 自定义快速访问工具栏(Q): 用于所有文档(默认) 保存 撤消 恢复 新建文件
10. 单击列表右侧的“上移”按钮，将选中的按钮向上移动。 “新建文件”按钮移动到列表中的所需位置。	单击 ▲ 三次

（续表）

11. 单击“确定”按钮以应用更改。 关闭“Word 选项”对话框，快速访问工具栏上显示新增的按钮。	单击  确定
12. 单击“自定义快速访问工具栏”按钮。 显示子菜单。	
13. 从菜单中单击“在功能区下方显示”。 快速访问工具栏位于功能区下方。	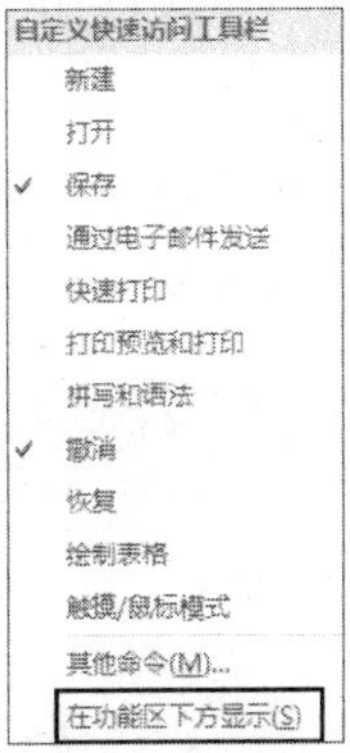
14. 要将快速访问工具栏移动到功能区上方的默认位置，单击“自定义快速访问工具栏”按钮，然后选择“在功能区上方显示”。	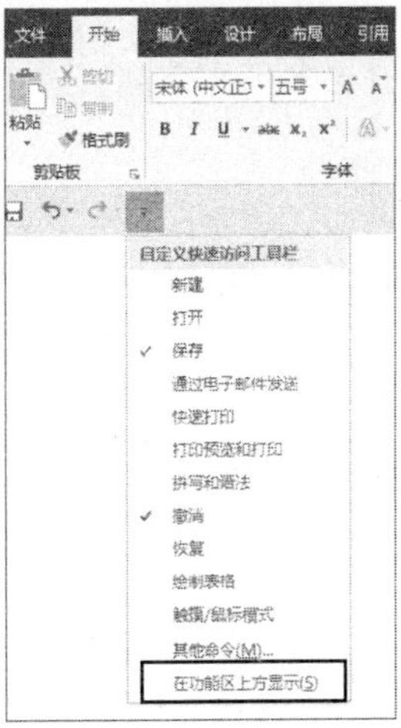

注意：从快速访问工具栏删除按钮，需右击要删除的按钮，然后选择“从快速访问工具栏删除”。

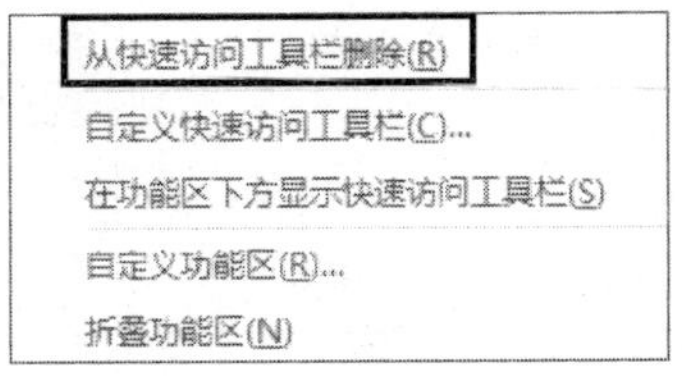

1.8 使用功能区和选项卡

概念

彼此相关的命令按组排列在功能区中。组名旁的按钮可启动对话框，以访问更多命令和选项。

用户可以使用各种命令在 Word 2016 中执行操作。例如，可以使用功能区中的命令为选中的文本编排格式，将其设置为大写、斜体或加下划线。

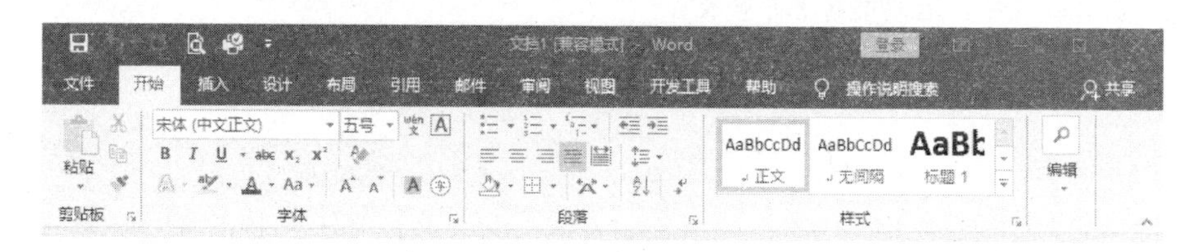

Word 2016 功能区

若希望有更多工作空间查看文档，可以隐藏或最小化功能区。

步骤

隐藏/最小化功能区的步骤。

1. 单击右上角的“功能区显示选项”按钮。 显示下拉菜单。	
2. 选择“显示选项卡”的选项。 仅显示功能区选项卡，单击选项卡可显示命令。	自动隐藏功能区 隐藏功能区。单击应用程序顶部以显示它。 显示选项卡 仅显示功能区选项卡。单击选项卡可显示命令。 显示选项卡和命令 始终显示功能区选项卡和命令。
3. 单击右上方功能区中的“功能区显示选项”按钮。 显示下拉菜单。	
4. 选择“显示选项卡和命令”选项。 固定显示功能区选项卡和命令。	单击“显示选项卡和命令”

或者，双击任意选项卡以隐藏/显示功能区。

1.9 使用迷你工具栏

概念

迷你工具栏仅在选择某些文本时出现。

Word 2016 迷你工具栏

此工具栏具有常用命令，例如关于更改字体外观或对齐的命令。

1.10 使用对话框启动器

概念

对话框启动器是一个显示向下箭头的小按钮，这个小按钮显示在某些选项卡组的右下角。当鼠标指向对话框启动器时，会显示对话框的小图像以及简短说明。

“字体”对话框启动器

1.11 使用上下文选项卡

概念

上下文选项卡仅在选择了某些对象时才会显示,用以设置与这些对象相关的功能。

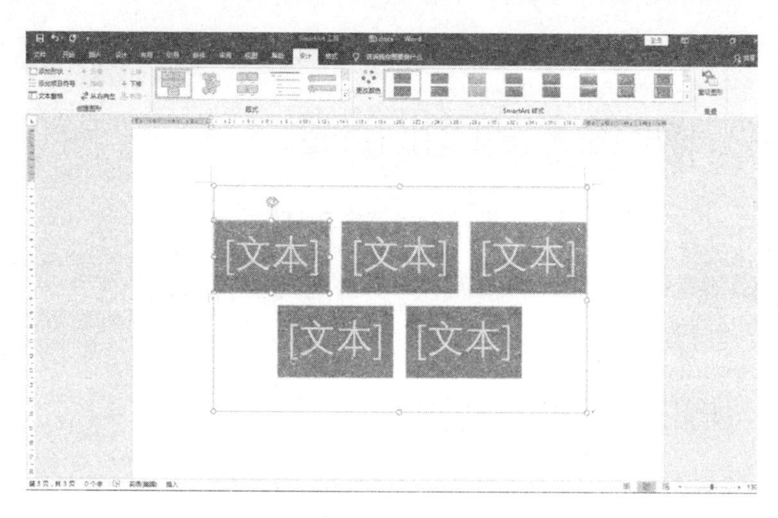

“SmartArt 工具”上下文选项卡

步骤

显示 SmartArt 图形的上下文选项卡的步骤:
导航到文档的末尾。

1. 选择功能区上的“插入”选项卡。 显示“插入”选项卡。	单击“插入”选项卡
2. 在“插图”组中选择“SmartArt”按钮。 SmartArt 图形对话框打开。	单击 SmartArt
3. 从左窗格选择所需的 SmartArt 图表。 在右窗格中显示选中的 SmartArt 图表下的各种选项。	单击 列表
4. 从右侧窗格选择所需选项。 显示在右窗格中选中的所需选项。	单击基本列表
5. 选择“确定”按钮。 选中的 SmartArt 图形插入文档中,并且“SmartArt 工具”上下文选项卡显示在功能区中。	单击 确定

1.12 使用帮助

概念

用户可以通过选择“文件”选项卡并选择右上角的“帮助”按钮（?）或按键盘上的F1 键来访问 Microsoft Office 在线帮助网站。

步骤

使用 Microsoft Office 在线帮助的步骤：

1. 单击功能区上的“文件”选项卡。 显示后台视图。	单击 开始
2. 选择窗口右上角的“帮助”按钮。 默认 Web 浏览器将启动并打开 Office 帮助网站。	单击右上角的 ?。
3. 在搜索栏中输入文字，然后按 Enter 键。 Office 帮助网站为用户提供了可用的选项/建议。单击所需的选择。	输入“插入图片”并按下 Enter 键。
4. 单击所需的搜索结果。 显示主题详细信息。	单击第一个结果的标题。

选择其他选项卡并按键盘上的 F1 键打开“帮助”窗格。

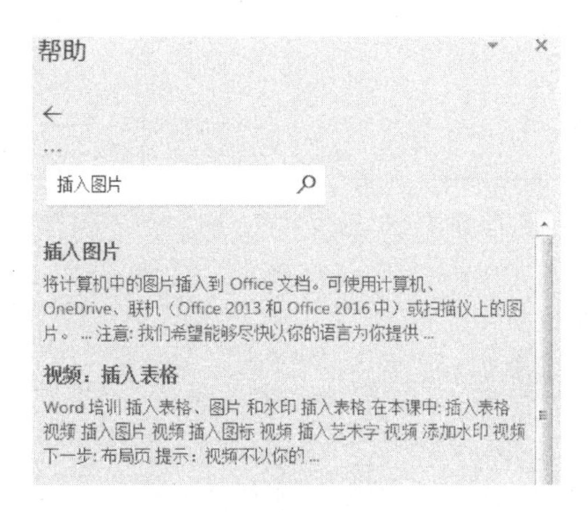

Word“帮助”窗格

或者，你可以通过在“告诉我你想要做什么”框中输入查询的问题，选择获取帮助选项来访问帮助。

有关将“帮助”按钮添加到快速访问工具栏的说明，请参阅“1.7 快速访问工具栏”。

1.13 退出 Word

概念

有几种方法可以关闭 Word。如果对任一打开的文件进行了未保存的更改，系统将提示用户保存该文件。

退出 Word 的方法：

- 单击 Word 2016 程序窗口右上角的“关闭”按钮 × 。
- 单击 Word 2016 标题栏左上角，然后单击“关闭”。注意：如果只打开一个文档，将关闭应用程序；否则仅关闭当前文档。
- 按 Alt + F4 组合键。注意：如果只打开一个文档，将关闭应用程序；否则，此操作将仅关闭当前文档。

步骤

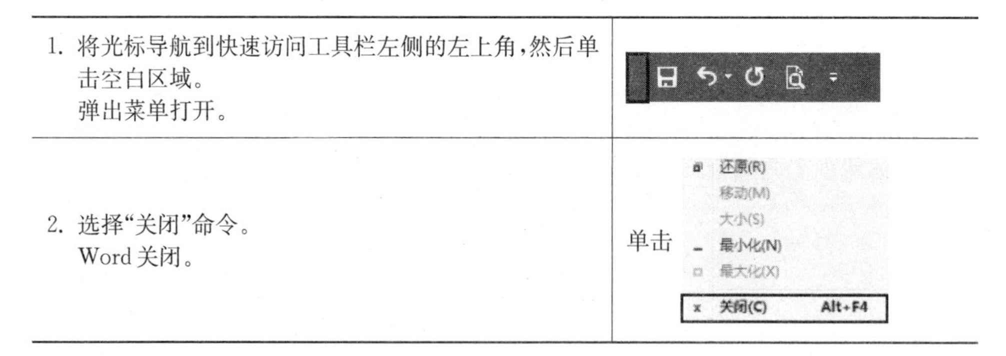

1. 将光标导航到快速访问工具栏左侧的左上角，然后单击空白区域。 弹出菜单打开。	
2. 选择“关闭”命令。 Word 关闭。	单击 还原(R) 移动(M) 大小(S) 最小化(N) 最大化(X) 关闭(C) Alt+F4

如果提示“是否将更改保存到 FSS. docx 中”，请选择“不保存”。

1.14 回顾练习

探索 Word 2016

1. 通过添加“绘制表格”和“拼写和语法”按钮自定义快速访问工具栏。
2. 通过添加以下详细信息来个性化 Microsoft Office：

用户名：你的姓名

缩写：你的姓名缩写

3. 打开一个新的空白文档。在文档中输入以下信息：
   Welcome GoldSmith Ltd. — Proposal and Marketing Plan
4. 将文档在当前工作文件夹(打开和保存 Word 文档时出现的默认文件夹位置)中另存为"WGSPlan.docx"。
5. 关闭 Microsoft Word。

第 2 课

处理文档

在本节中，你将学到以下知识：

- 创建新的空白文档
- 使用模板创建新文档
- 搜索模板
- 输入文本
- 插入符号
- 将文档保存到本地或在线驱动器
- 使用另存为
- 将文档保存为模板
- 以其他文件格式保存文档
- 关闭文档
- 打开现有文档
- 选择文本
- 使用转到功能

2.1 创建新的空白文档

概念

可以使用默认空白文档或使用具有特定作用的其他可用模板(如备忘录、传真或议程)创建文档。

步骤

创建新的空白文档的步骤：

1. 选择“文件”选项卡。 出现后台视图。	单击 文件
2. 选择“新建”命令。 显示“新建”窗格。	单击 新建
3. 从可用模板中选择“空白文档”。 将创建一个新的空白文档。	空白文档

注意,创建了一个新的空白文档。不关闭本文档,继续下一章节。

2.2 使用模板创建新文档

概念

Microsoft Word 允许使用现有模板创建具有专业外观的文档。模板是预先设计的文档,并且可以从 Microsoft Word 内置模板库或网络中获取。模板将减少编排文档格式所花费的时间,是提高 Microsoft Word 效率的有用工具。

步骤

使用模板创建新简历的步骤：

1. 选择“文件”选项卡。 出现后台视图。	单击 文件
2. 选择“新建”命令。 出现“新建”窗格，并显示 Word 内置的模板以及一些在线模板。	单击 新建
3. 单击所需模板以开启新文档。 向下滚动列表以搜索更多选项。	向下滚动(如果需要)并且单击“简历(彩色)”
4. 单击“创建”以下载模板。 下载新的简历模板准备编辑。	单击“创建”

2.3 搜索模板

概念

只需在“搜索联机模板”搜索框中输入关键词即可搜索模板。若想浏览热门模板，需单击搜索框下方的任意关键字。

搜索模板

搜索所需模板的步骤：

1. 选择“文件”选项卡。 出现“文件”选项卡	单击 文件
2. 选择“新建”命令。 出现“新建”窗格，并显示 Word 内置的模板以及一些在线模板。	单击 新建
3. 单击“搜索联机模板”文本框区域。 光标显示在搜索区域中。	单击 搜索联机模板

（续表）

4. 输入关键字，然后按 Enter 键。 关键字的示例包括传真、备忘录、议程、信函等。在线模板将显示所有可用信函模板。	键入“信”，然后按 Enter 键
5. 单击所需模板以开启新文档。 向下滚动列表以搜索更多选项。	单击“求职信（蓝色）”
6. 单击“创建”以下载模板。 下载该文档准备编辑。	单击“创建”

2.4 输入文本

概念

你可以直接在功能区下方的空白区域输入文本。

致：所有销售代表

全球电话交易电子博览会定于 3 月 13 日至 17 日在洛杉矶举行。请与下面列出的旅行社进行预订。

Daniel Jones
34 Main Street
Media, PA 19107

在空白文档中输入的文本示例

步骤

在文档中输入文本的步骤：
如有必要，打开 Word 并创建一个空白文档。

1. 输入所需的文本。 输入时，文本将显示在文档区域中。	输入“致：所有销售代表”
2. 根据需要按 Enter 键。 插入点移动到新位置。	按 Enter 键两次
3. 根据需要输入其他文本。 当你输入文本时，文本将出现在文档区域中，当文本填充一行时，Word 会自动移动到下一行的开头。	输入“全球电话交易电子博览会定于 3 月 13 日至 17 日在洛杉矶举行。请与下面列出的旅行社进行预订。”
4. 按 Enter 键	按 Enter 键

概念实践：输入以下文本，在每行末按 Enter 键：

Daniel Jones

34 Main Street

Media，PA 19107

2.5 插入符号

概念

Word 提供了许多用于文档中的符号。用户可以使用“符号”对话框插入符号（如“©”代表著作权标记、“®”代表注册商标、“™”代表商标）或特殊字符（如短划线“—”、省略号“…”）。

步骤

在选中的文本中插入符号的步骤：

1. 将光标放在所需区域。 输入时光标将出现在文档区域中。	在文本“电话”末尾单击
2. 选择“插入”选项卡。 显示“插入”选项卡。	单击“插入”选项卡
3. 单击“符号”组中的“符号”。 显示符号列表。Word 将自动显示最近使用的 20 个符号。	单击
4. 选择所需的符号。 插入符号。注意文本效果为“上标”。其他符号如著作权标记“©”和注册商标“®”以相同的方式插入。	单击“™”

如果想要插入的商标符号或任何其他符号不在显示的符号列表中：

1. 单击“其他符号”以打开“符号”选项卡。

2. 单击“字体”下拉箭头以查看带有字体样式的可用符号列表。
3. 选择需要的符号。
4. 单击“插入”按钮。

有时,用户想要在文档中使用特殊字符。例如,用户可能想要插入一个不间断连字符以防止单词被换行符分隔开。使用“符号”对话框的“特殊字符”选项卡可插入特殊字符。例如,要插入省略号“…”。

1. 单击“其他符号”以显示“符号”对话框。
2. 选择“特殊字符”选项卡。

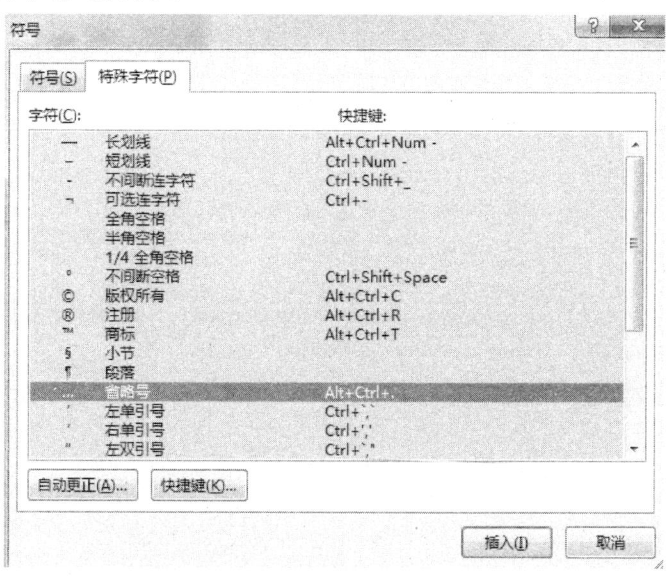

3. 选择“…省略号”并单击“插入”按钮。

2.6 保存文档

概念

定期保存正在处理的文件非常重要，这可以防止数据丢失。用户可能还想以不同的名称保存文件的不同版本。Microsoft Word 可将文档保存到本地驱动器或 OneDrive 等在线驱动器，将文档保存到在线驱动器意味着用户可以通过任意设备登录在线驱动器访问该文档，并使用 Microsoft Word 对其进行编辑。

“另存为”窗格

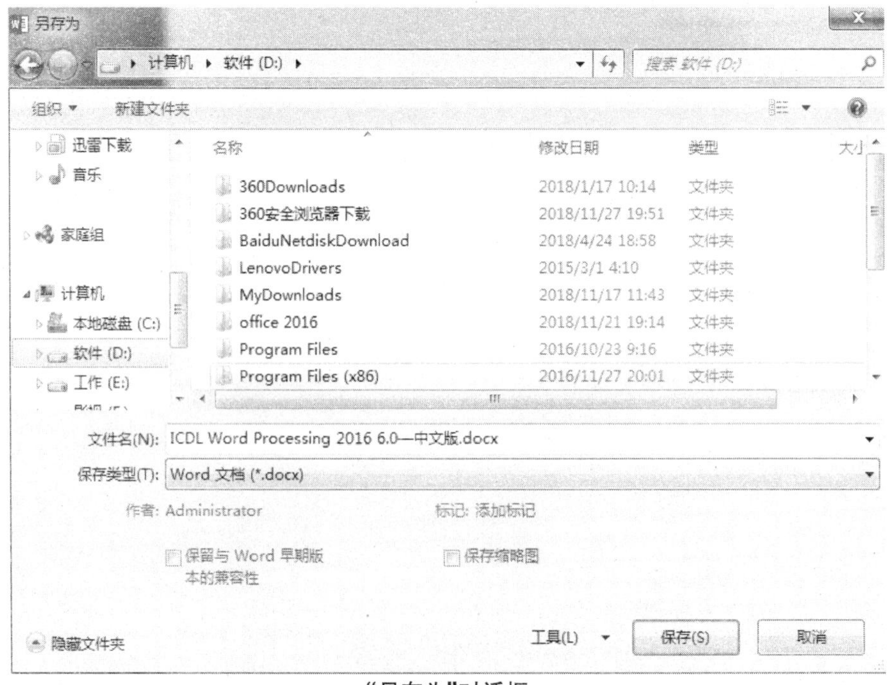

“另存为”对话框

步骤

在本地驱动器上首次保存文档的步骤。

1. 选择“文件”选项卡。 出现后台视图。	单击 文件
2. 选择“保存”命令。 “另存为”窗口打开，显示最近使用的文件夹位置列表。	单击 保存
3. 选择“浏览”命令。 “另存为”对话框打开，并选中“文件名”框中的文本。注意，仅当尚未保存文件时才会显示此对话框。	单击 浏览
4. 选择位置。 将显示可用驱动器和文件夹的列表。	单击“此电脑”
5. 在右侧窗格中选择相关文件夹或驱动器。在“设备和驱动器”下，选择“本地磁盘”。 选中的驱动器号将显示在地址栏中，并将显示其文件夹。浏览到适当的位置。	双击“本地磁盘”并浏览到你的“Student”文件夹的位置
6. 输入所需的文件名。 文本显示在“文件名”框中。	输入“电子博览会. docx”
7. 选择“保存”将文件保存在“Student”文件夹中。 “另存为”窗口关闭，文档将保存到选中的驱动器和文件夹，并且文件名将显示在应用程序标题栏中。	单击“保存”

通过 Microsoft Word 首次在云存储空间中保存文档的步骤：

1. 选择“文件”选项卡。 出现后台视图。	单击 文件
2. 选择“保存”命令。	单击 保存
3. 选择“OneDrive”。 如有必要，Word 会要求你登录 OneDrive。遵循登录步骤。	单击“OneDrive”
4. 如有必要，在 OneDrive 上选择特定文件夹以保存文档。 将显示 OneDrive 文件夹内容。	浏览到适当的位置
5. 输入所需的文件名。 文本显示在“文件名”框中。	输入“电子博览会. docx”
6. 选择“保存”以将文件保存在云存储上。 “另存为”窗口关闭，文档将保存到选中的驱动器和文件夹，并且文件名将显示在应用程序标题栏中。	单击“保存”

首次保存并命名文档后，编辑文档时应定期保存。用户可以通过多种方式执行此操作：

1. 单击快速访问工具栏中的“保存”按钮。
2. 按 Ctrl ＋ S 组合键。
3. 单击“文件”→“保存”。

概念实践：在打开的文档中，按 Enter 键两次并输入“如想获得详细信息，请随时拨打我的电话分机 1128”。使用“保存”按钮再次保存文件。注意，“另存为”对话框不打开。更改将保存到“Student”文件夹中名为“电子博览会. docx”的文档中。

2.7 另存文档

概念

在命名文档时，最好为文档指定一个特别且有意义的名称，以便于识别和定位。

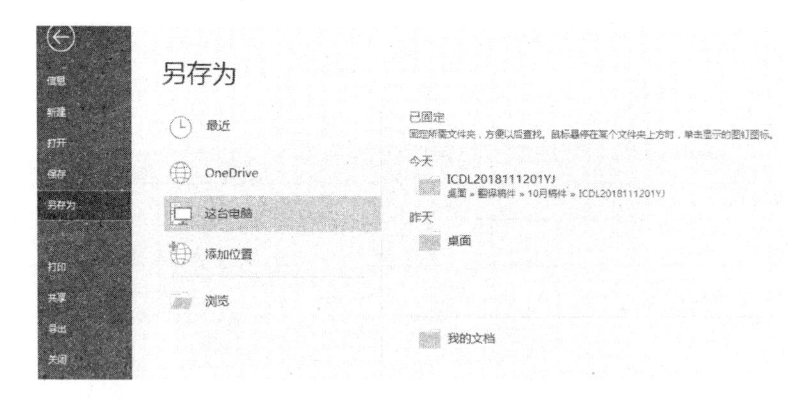

“另存为”窗口

步骤

重命名现有文档的步骤：

1. 选择“文件”选项卡。 出现后台视图。	单击 文件
2. 选择“另存为”命令。 “另存为”窗口打开，并显示当前“文件名”和“保存类型”框。	单击“另存为”

（续表）

3. 选择“浏览”以更改位置或目录。 将显示“另存为”对话框。	单击 浏览
4. 请选择特定位置。 将显示“文档”文件夹内容。	单击“文档”文件夹
5. 输入所需的文件名。 文本出现在“文件名”框中。	输入“3 月 13 日至 17 日电子博览会. docx”
6. 选择“保存”将文件保存在当前文件夹中。 “另存为”窗口关闭，文档以不同的名称保存，并且新文件名出现在应用程序标题栏中。	单击“保存”

2.8 将文档保存为模板

概念

如果经常创建某种类型的文档，例如带有公司徽标和特定格式的月度报告，则应将其保存为模板，以便在其基础上进行编辑，避免每次都从头开始创建文档。

步骤

将文档另存为模板的步骤：

1. 选择“文件”选项卡。 出现后台视图。	单击 文件
2. 选择“另存为”命令。 “另存为”窗口打开，并显示“文件名”和“文件类型”框。	单击“另存为”
3. 如有必要，选择位置和目录。 将显示“文档”文件夹内容。	单击 这台电脑
4. 输入所需的文件名。 文本出现在“文件名”框中。	输入“电子博览会. docx”
5. 要更改文件类型，请选择当前文件类型旁边的下拉箭头。 出现可用文件类型的列表。	单击
6. 选择模板文件类型。 文件类型被选中并自动转到“自定义 Office 模板”文件夹。 选择“Word 模板(* . dotx)”。	选择“Word 模板(* . dotx)”。
7. 选择“保存”以保存文件。 “另存为”窗口关闭，文档保存到选中的文件夹，并且文件名出现在应用程序标题栏中。	单击 保存(S)

2.9 以其他格式保存文档

概念

如果希望让没有安装 Microsoft Word 的人阅读或编辑文档，可以使用诸如纯文本(.txt)、可移植文档格式(.pdf)、富文本格式(.rtf)等来保存文档。

步骤

使用不同的文件类型保存现有文档的步骤：

步骤	操作
1. 选择“文件”选项卡。 出现后台视图。	单击 文件
2. 选择“另存为”命令。 “另存为”窗口打开。	单击“另存为”
3. 选择位置和目录。 将显示“文档”文件夹内容。	单击 这台电脑
4. 输入所需的文件名。 文本出现在“文件名”框中。	输入“电子博览会.docx”
5. 要更改文件类型，请选择当前文件类型旁边的下拉箭头。 出现可用文件类型的列表。	单击 ▼
6. 选择所需文件类型。[例如，“富文本格式(*.rtf)”“纯文本(*.txt)”“PDF(*.pdf)”]。 选中文件类型。	选择“富文本格式(*.rtf)”
7. 选择“保存”以将文件保存在“Student”文件夹中。 “另存为”窗口关闭，文档保存到选中的驱动器和文件夹，并且文件名出现在应用程序标题栏中。	单击 保存(S)

2.10 关闭文档

概念

你可以通过单击“文件”选项卡，然后选择“关闭”选项来关闭 Word 文档。如果以前没有保存过，Word 将提示保存文件。

步骤

关闭文档的步骤：

1. 选择“文件”选项卡。 出现后台视图。	单击 文件
2. 选择“关闭”命令。 文档关闭。可能会打开一个消息框，询问你是否想要保存更改。如果想要保存更改，选择“保存”；如果你不想保存更改，选择“不保存”。	单击“关闭”

提示：也可以按 Ctrl ＋ W 组合键关闭打开的文档。

2.11 打开现有文档

步骤

从特定驱动器和文件夹位置打开现有文档的步骤：

1. 选择“文件”选项卡。 出现后台视图。	单击 文件
2. 选择“打开”命令。	单击 打开
3. 选择“浏览”命令。 “打开”对话框打开。	单击 浏览
4. 选择想要打开的文档所在的驱动器。	单击包含“Student”文件夹的驱动器。
5. 打开想要打开的文档所在的文件夹。 出现文件夹的内容。	双击以打开“Student”文件夹。
6. 选择想要打开的文档的文件名。 选择文件名。	如有必要，进行滚动并且单击“BasDoc. docx”
7. 单击“打开”按钮。 “打开”对话框关闭，文档打开。	单击 打开(O)

提示：也可以通过按 Ctrl ＋ O 组合键打开现有文档，然后浏览要打开的文档。

关闭“BasDoc. docx”，不保存。

2.12 选择文本

概念

用户需要选择文本以执行一系列操作,包括编排格式和对齐。在 MS Word 2016 中,用户可以使用鼠标或键盘选择文档中的文本或其他对象。

步骤

使用多种方法选择文本的步骤:
从"Student"文件夹中打开"BasDoc. docx"。

1. 要选择一个单词,双击它。 该单词被选中。	根据需要滚动,然后在信函正文的第一个句子中双击"Systems"
2. 单击文档中的任意位置以取消选择所选文本。 取消选择该文本。	单击文档中的任意位置
3. 要选择句子,按住 Ctrl 键并单击要选择的句子中的任意位置。 该句子被选中。	按住 Ctrl 键并单击句子开头"MaxWide is proud..."
4. 要选择段落,请在要选择的段落中的任意位置三击。 该段落被选中。 或者,指向段落中任意行左侧的空白区域,然后双击。	在段落开头三击"Thank you..."
5. 要使用鼠标选择文本块,请将文本从要选择的第一个字符拖动到要选择的最后一个字符的右侧。 该文本被选中。	从第二段开头的文本"The enclosed"中的字母"T"的左侧拖动到单词"catalog"中的字母"g"的右侧
6. 要选择多个文本块,请使用鼠标选择文本块,然后按住 Ctrl 键并根据需要选择其他文本块。 多个非连续文本块被选中。	在第一段结尾处,使用鼠标选择"United States"。按住 Ctrl 键并选择"Canada"
7. 要选择整个文档,请按 Ctrl + A。 整个文档被选中。 或者,指向文档中任意行左侧的空白区域,然后单击三次。	按 Ctrl + A 组合键
8. 单击文档中的任意位置以取消选择所选文本。 取消选择该文本。	单击文档中的任意位置

单击文档中的任意位置以取消选择文本。关闭"BasDoc. docx",不保存。

2.13 导航文本

概念

Microsoft Word 提供了可以在处理文档时提高效率和一致性的许多功能。用户可以使用转到工具导航到文档中特定的页面、节、表格等，该工具可以搜索并跳转到文档中的某个页面。

步骤

1. 通过“查找”按钮选择转到功能。 “查找和替换”窗口打开。	单击“查找”旁边的下拉按钮，然后单击“转到...” 查找 查找(F) 高级查找(A)... 转到(G)...
2. 如有必要，选择“页”选项。 “页”选项被选中。	单击 页 节 行 书签 批注 脚注
3. 单击搜索栏并输入所需的页码。 在搜索栏中输入页码。	输入“2”
4. 选择“转到”按钮以跳转到所选页面。 Microsoft Word 将跳转到所选页面。	单击“转到”

请务必注意，使用转到功能时选择的页码是状态栏上显示的页码。文档中包含的页码与状态栏上显示的页码有时并不一致，例如，一本书的第 1 页可以从 Word 文档的第 7 页开始。

还有一些键盘快捷键可供用户浏览 Microsoft Word 文档的各部分。

- 要向上移动一个屏幕，按 PgUp 键。
- 要向下移动一个屏幕，按 PgDn 键。
- 要转到行的开头，按 Home 键。
- 要转到行的结尾，按 End 键。
- 要转到文档的开头，按 Ctrl ＋ Home 键，将光标移动到文档的开头。

- 要转到最后一行，按 Ctrl+End 键。

2.14 回顾练习

使用基本的文档技能

1. 创建新文档。
2. 在文档中输入以下信息：
   早餐 9:30—10:30
   主讲人 10:30—11:00
   展览 11:00—1:30
   午餐 1:30—2:30
   研讨会 2:30—4:30
3. 将文档以名称“议程.docx”保存在“Student”文件夹中。
4. 关闭文档。

第3课

文档视图

在本节中，你将学到以下知识：

- 更改视图
- 放大/缩小
- 显示/隐藏标尺
- 格式(段落标记)
- 软回车
- 打开多个文档
- 在文档之间切换

3.1 更改视图

概念

“视图”组

用户可以轻松地在不同的文档视图之间切换,从而更改文档在 Word 窗口中的显示方式。

阅读视图：将文档显示为数字杂志。它会从界面中删除所有编辑功能。

页面视图：文档在屏幕上显示的方式与打印出的文档一致。该视图比其他视图选项更完整和准确。

Web 版式视图：文档显示为一个网页,文本环绕方式与在 Web 浏览器中一致。背景和格式显示方式与在 Web 浏览器中一致。

大纲视图：该版式显示文档中的标题和副标题。它允许用户重新组织文档,并在需要时将某些部分删除。

草稿视图：文档以虚线分隔页面并显示文档分节情况。

步骤

以不同视图查看文档的步骤：

从特定驱动器和文件夹位置打开现有文档。

1. 单击“视图”选项卡。 出现“视图”选项卡。	单击 视 图
2. 单击“阅读视图”按钮。 文档以阅读视图显示。	单击 阅读视图

（续表）

3. 单击“Web 版式视图”命令。 文档以 Web 版式视图显示。	单击 Web 版式视图
4. 单击“大纲视图”命令。 文档以大纲视图显示。	单击 大纲视图
5. 单击“草稿”命令。 文档以草稿视图显示。	单击 草稿

3.2 放大/缩小

概念

Word 2016 中的缩放比例可以用不同方式更改。可以使用“视图”选项卡并选择“显示比例”命令以显示“显示比例”窗口。选择首选缩放比例，然后单击“确定”按钮以确认更改。

“显示比例”组的功能区

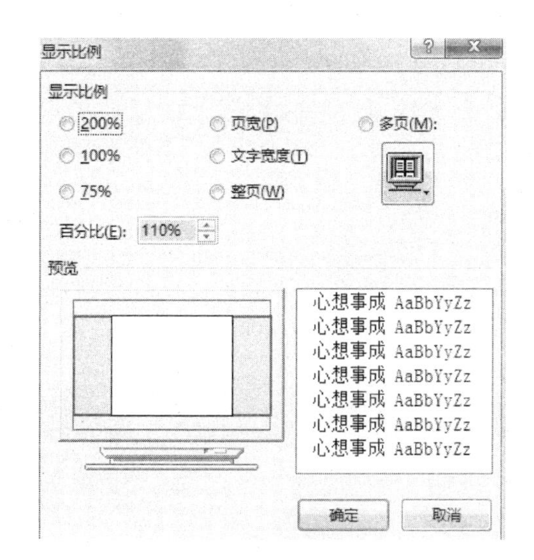

“显示比例”窗口

另一种更改缩放比例的简单方法是使用窗口右下角的滑块控件来选择所需的缩放值。

使用滑块控件放大/缩小

步骤

放大或缩小文档的步骤：

从“Student”文件夹打开“Basdoc. docx”。

1. 单击“视图”选项卡。 出现“视图”选项卡。	单击 视图
2. 选择“显示比例”命令。 以不同的缩放百分比显示“显示比例”对话框。	单击 显示比例
3. 从“显示比例”选项选择“200%”，然后单击“确定”按钮。 文档被放大到200%并显示。	单击“200%”，然后单击“确定”按钮
4. 从“显示比例”组选择“100%”命令。 文档以100%比例显示。	单击 100%

3.3 显示/隐藏标尺

概念

显示在文档窗口顶部和左侧的标尺可以帮助用户对齐文档中的元素，例如文本和表格。标尺可以显示，也可以隐藏。

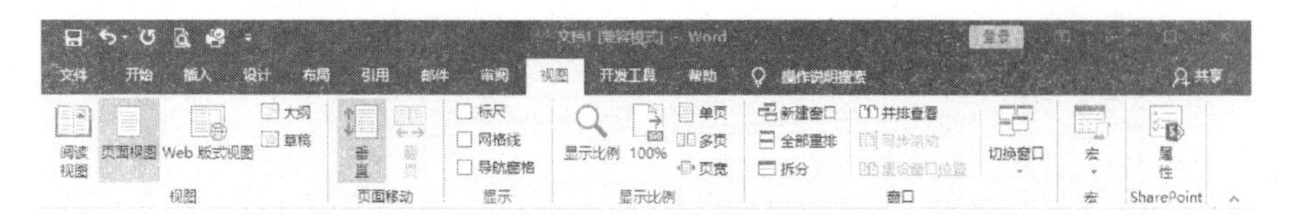

Word 2016 带标尺的页面视图

步骤

显示标尺的步骤：

1. 选择“视图”选项卡。 出现“视图”选项卡。	单击 视图
2. 从“显示”组中选择“标尺”命令。 显示水平和垂直标尺。	单击 □标尺

可以通过取消选择“标尺”选项来隐藏标尺。

3.4 格式(段落标记)

概念

可能很难判断是否使用例如缩进、制表位或一系列空格创建了文本中的空格。但是，通过显示文档中的格式标记，可以看到格式标记。
可以在文档中找到以下格式字符。

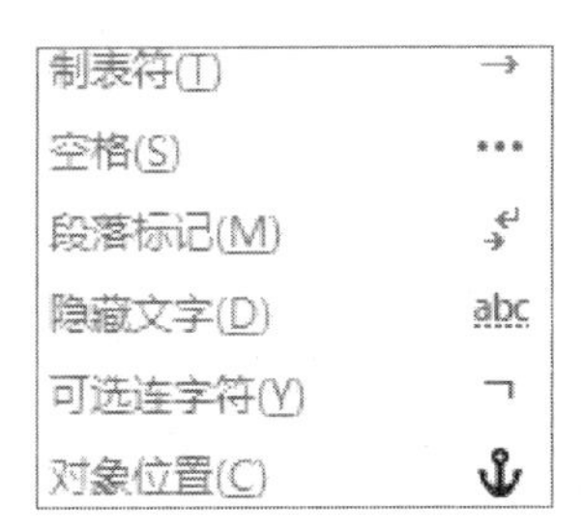

格式字符

步骤

1. 选择“开始”选项卡。 出现“开始”选项卡。	单击 开始
2. 从“段落”组中选择显示/隐藏命令。 显示编辑标记。	单击
3. 再次从“段落”组中选择显示/隐藏命令。 隐藏编辑标记。	单击 ¶

3.5 软回车

概念

软回车或手动换行符可用于将文本显示为两行，但设置文本段落格式时视为一个整体。显示编辑标记时，软回车显示为“↓”。

第 3 课 –↓
使用文档视图↓
按 Shift+Enter 创建换行符↓

第 3 课 –↵
↵
使用文档视图↵
按 Enter 创建两个段落↵

软回车通常用于将太长的题目和标题分割到两行中。如上图左所示，标题显示在课程编号的正下方。应用于任一行的任何段落格式例如对齐、缩进都将影响这两行。

而在上图右中，两行文本之间有一个空行。每一行都是一个单独的段落，可以有独立的段落格式。

步骤

步骤	操作
1. 创建一个新文档。 创建一个空白文档。	单击“文件”选项卡，选择“新建”→“空白文档”
2. 输入“第 3 课”。 出现文本。	输入“第 3 课”
3. 使用键盘创建软回车。 光标移动到下一行。	按 Shift+Enter 键
4. 输入文本“处理文档视图”。 文本出现在下一行。	输入“处理文档视图”
5. 使用键盘创建硬回车。 文本显示在下一行。	按 Enter 键
6. 输入文本“主题”。 出现文本。	输入“主题”

注意文本之间的间距。可以通过单击行的末尾并按 Delete 键删除软回车。

概念实践：将插入点放在第一行的末尾。按 Delete 键。软回车被移除。按 Enter 键插入分段符。关闭文档，不保存。

3.6 打开多个文档

概念

用户可以同时打开多个 Word 文档，并在不同的文档之间切换。

步骤

从“Student”文件夹中打开多个文档的步骤：

1. 选择“文件”选项卡。 显示“文件”选项卡。	单击 文件
2. 选择“打开”命令。 显示打开窗口。	单击 打开
3. 单击“浏览”按钮。 显示“打开”对话框。	单击 浏览
4. 选择适当的驱动器和文件夹。 打开文件夹。	单击“Student”文件夹所在的相应驱动器，然后打开“Student”文件夹。
5. 选择文件。 文件被选中。	单击“BasDoc. docx”
6. 按 Ctrl 键并选择另一个文件。 两个文件都被选中。	按 Ctrl 键并单击“CustInf. docx”
7. 选择“打开”以打开两个文件。 两个文件都打开。	单击 打开(O)

注意，现在两个文档都打开了。

3.7 在文档之间切换

概念

用户可以使用“视图”选项卡上的“切换窗口”按钮在多个文档之间切换。

窗口组中的切换窗口按钮

步骤

在多个文档之间切换的步骤：

1. 选择“视图”选项卡。 显示“视图”选项卡。	单击 视图
2. 选择“窗口”组下的“切换窗口”按钮。 显示下拉菜单，其中列出了所有打开的文档。	单击 切换窗口
3. 选择要查看的文件。 显示该文件。	单击“CustInf. docx”
4. 选择“窗口”组下的“切换窗口”按钮。 显示下拉菜单，其中列出了所有打开的文档。	单击 切换窗口
5. 选择要查看的另一个文件。 显示该文件。	单击“BasDoc. docx”

或者，可以将光标指向任务栏上的 Word 图标，然后单击要显示的文档的缩略图，以切换打开的 Word 文档。

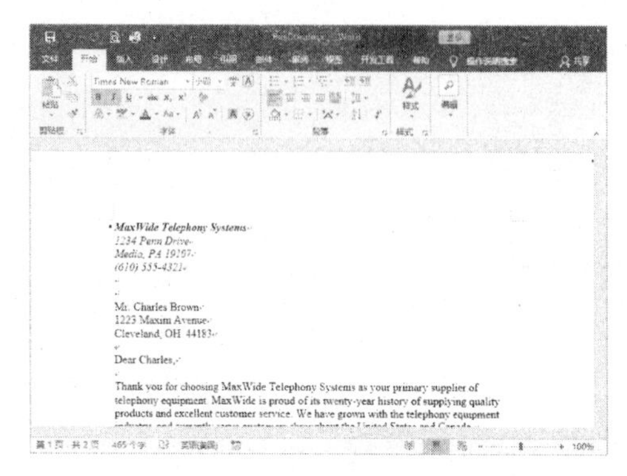

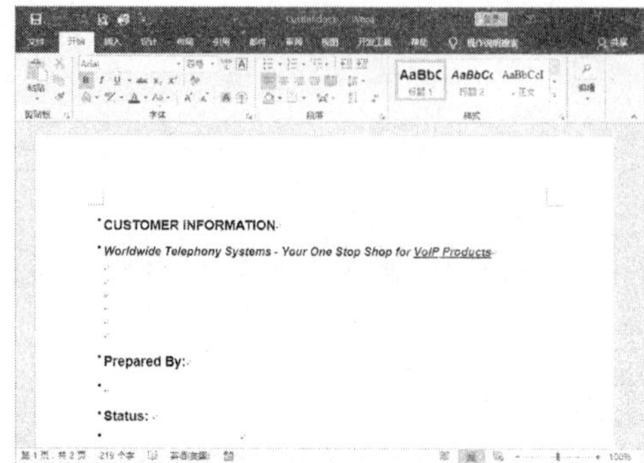

在打开的文档之间切换

3.8 回顾练习

在文档中使用文档视图

1. 打开“AWARD1. docx”。
2. 以全屏阅读(阅读视图)、Web 版式视图、大纲视图和草稿视图查看文档。
3. 显示标尺。
4. 将以下文本的格式编排为“加粗”:
   a. Top regional sales associate for each region
   b. Top regional sales manager
   c. Most enthusiastic
   d. Most creative
5. 删除文本“Most improved”。
6. 将文本保存为“AWARD-Formatted. docx”
7. 打开“AWARD1. docx”和“AWARD-Formatted. docx”。
8. 在两个打开的文档之间切换。
9. 关闭所有文档,不保存。

第 4 课

编辑文本

在本节中，你将学到以下知识：

- 编辑文档中的文本
- 删除文本
- 替换所选文本
- 复制、移动/粘贴文本
- 使用撤消、恢复和重复

4.1 编辑文档中的文本

概念

在 Microsoft Word 中，用户可以使用插入模式或改写模式编辑文本：

- 插入模式是输入文本的默认方式。在该模式中，输入的文本将插入在插入点处。
- 使用改写模式时，插入点右侧的现有文本将在输入时被替换。

步骤

可以使用 Insert 键在插入模式和改写模式之间切换，但需要先启用 Insert 键。

启用 Insert 键在插入模式/改写模式之间切换的步骤：

打开"BasDoc. docx"。

1. 单击"文件"选项卡。 显示后台视图。	单击 文件
2. 单击"选项"按钮。 显示"Word 选项"对话框。	单击 选项
3. 从左窗格中选择"高级"选项。 将显示"高级"详细信息页面。	单击"高级"。
4. 从"编辑选项"部分，选择"用 Insert 键控制改写模式"。 复选框显示为已选中。	选择 ☑ 用 Insert 键控制改写模式(O)
5. 选择"确定"按钮。 "Word 选项"对话框关闭。	单击 确定
6. 右击 Word 窗口底部状态栏上的任意位置。 "自定义状态栏"菜单打开。	右击 Word 窗口底部状态栏上的任意位置。
7. 选择"改写"。 "插入"模式状态显示在状态栏上。	单击"改写"。

概念实践：

1. 在文档底部的新行中，输入句子"The quick brown fox jumps over the lazy dog. "将插入点放在单词"brown"之前。输入单词"light"。注意句子的其余部分向右移动以容纳插入的文本。

The quick |brown fox jumps over the lazy dog.

The quick light |brown fox jumps over the lazy dog.

2. 按键盘上的 Insert 键。注意,状态栏显示“改写”。将插入点放在单词“light”之前。输入单词“muddy”。注意输入的新文本改写右侧的文本。

The quick |light brown fox jumps over the lazy dog.

The quick muddy| brown fox jumps over the lazy dog.

3. 按键盘上的 Insert 键。注意,状态栏现在显示“插入”。
4. 选择单词“muddy”。输入单词“light”。选择单词“dog”中的字母“d”。输入“h”。注意新文本如何替换所选文本。这是改写的另一种方式。

注意:还可以通过单击状态栏中的“插入”或“改写”状态在插入/改写模式之间切换。完成后,确保取消激活改写模式。不保存文档。

4.2 删除文本

概念

要删除文本的单个字符,可使用 Backspace 或 Delete 键。Backspace 键删除插入点左侧的字符。Delete 键删除插入点右侧的字符。

步骤

选择并删除文本步骤:

如有必要,请打开“BasDoc. docx”,更改显示比例,使页宽与窗口宽度一致,然后滚动以显示“Returns”段落。

步骤	操作
1. 选择要删除的文本。 文本被选中。	双击“Returns”标题下第一个句子中的单词“fob”
2. 按 Delete 键。 删除选中的文本。	按 Delete 键

使用 Backspace 键:

步骤	操作
1. 将插入点放在要删除的字符的右侧。 插入点显示在指定字符的右侧。	在第一个句子中,单击单词“returning”中字母“g”的右侧
2. 按 Backspace 键。 插入点左侧的字符被删除。	按 Backspace 键

使用 Delete 键：

1. 将插入点放在要删除的字符的右侧。 插入点显示在指定字符的左侧。	在第一个句子中，单击单词“returning”中字母“i”的左侧
2. 按 Delete 键。 插入点右侧的字符被删除。重复该步骤以删除字符“n”。	按 Delete 键

4.3 替换选中的文本

概念

用户可以通过输入新文本来替换选中的文本，而不必使用 Delete 键。

步骤

如有必要，请滚动以显示“Terms and Conditions of Sale”段落。

1. 选择要替换的文本。 文本被选中。	双击第一段中单词“govern”
2. 输入替换文本。 替换文本显示在文档中。	输入“cover”

4.4 复制、移动/粘贴文本

概念

用户可以从原始位置剪切文本，然后将其移动或粘贴到新位置；还可以复制文本并将其副本粘贴到其他位置。剪贴板用于存储相应操作。

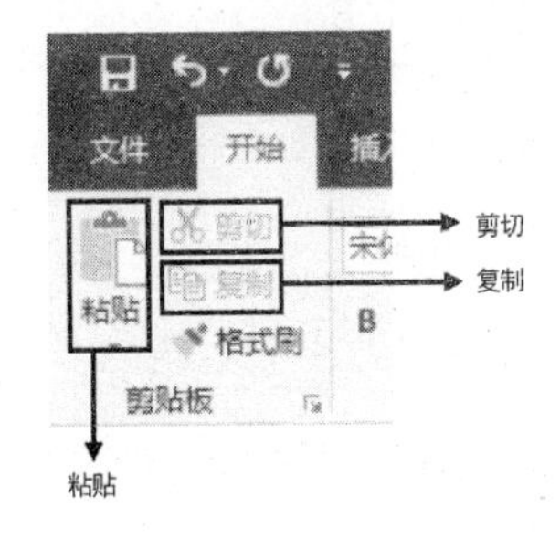

“剪切”“复制”和“粘贴”按钮

步骤

剪切、复制和粘贴选中的文本的步骤：

如有必要，请打开“BasDoc. docx”并显示“开始”选项卡。

使用“段落”组上的显示/隐藏按钮显示所有编辑标记。然后，根据需要滚动以查看“Returns”标题下的两个段落。

1. 选择要移动的文本。 文本被选中。	按住 Ctrl 键并单击“Returns”标题下的第一段中的最后一句“Worldwide Telephony Systems has...”(确保不包括段落标记)
2. 选择“剪贴板”组中的“剪切”按钮。 选中的文本将从文档中删除并被放在剪贴板上。	单击 ✂
3. 将插入点放在要粘贴文本的位置。 插入点显示在新位置。	单击“Returns”标题下第二段末尾的单词“defective”后面的“.”右侧
4. 选择“剪贴板”组中“粘贴”按钮的顶部。 剪贴板中的文本在插入点处粘贴到文档中，并且“粘贴选项”按钮将显示在粘贴文本下方。	单击 粘贴
5. 选择要复制的文本。 文本被选中。	突出显示在标题“Prices”下的第一段中的句子“Subject to change, without notice.”
6. 选择“剪贴板”组中的“复制”按钮。 选中的文本保留在文档中，并且副本被放在剪贴板上。	单击
7. 将插入点放在要粘贴文本的位置。 插入点显示在新位置。	单击“Breakage and Loss”标题下的段落末尾
8. 选择剪贴板组上“粘贴”按钮的顶部。 剪贴板中的文本将粘贴到文档中的插入点处，“粘贴选项”按钮将显示在粘贴文本下方。	单击 粘贴

按 Esc 键可隐藏“粘贴选项”按钮。

在不关闭文档的情况下继续下一步骤。

概念实践：剪切/复制内容并粘贴到另一个文档。

1. 打开“NEWSLETTERS. docx”和“TIPS. docx”文档。
2. 复制内容并粘贴到另一个文档：

复制“TIPS. docx”文档中的编号列表并粘贴到“NEWSLETTERS. docx”文档中的空白表格中。

a. 如有必要，切换到“TIPS. docx”文档（单击“视图”选项卡，选择“切换窗口”，然后单击文档名称）。

b. 选择要复制的文本（选择编号列表）。

c. 单击“开始”选项卡，选择“复制”。

d. 切换到要粘贴的文档（切换到“NEWSLETTERS. docx”文档）。

e. 将插入点放在要粘贴文本的位置（在空白表格内单击）。

f. 单击“开始”选项卡，选择“粘贴”。

3. 剪切内容并粘贴到另一个文档：

将“TIPS. docx”文档中的最后一段移动到“NEWSLETTERS. docx”文档中的表格下方。

a. 如有必要，请切换到“TIPS. docx”文档（单击“视图”选项卡，选择“切换窗口”，然后单击文档名称）。

b. 选择要移动的文本（选择最后一段）。

c. 打开要粘贴内容的其他文档。如果文档已打开，请单击“视图”选项卡，选择“切换窗口”，以选择其他文档（切换到“NEWSLETTERS. docx”文档）。

d. 将插入点放在要粘贴文本的位置（点击表格下方）。

e. 单击“开始”选项卡，选择“粘贴”。

4. 保存并关闭两个文档。

提示：剪切、复制和粘贴的快捷键是复制——Ctrl + C，剪切——Ctrl + X 和粘贴——Ctrl + V。

4.5 使用撤销、恢复和重复

概念

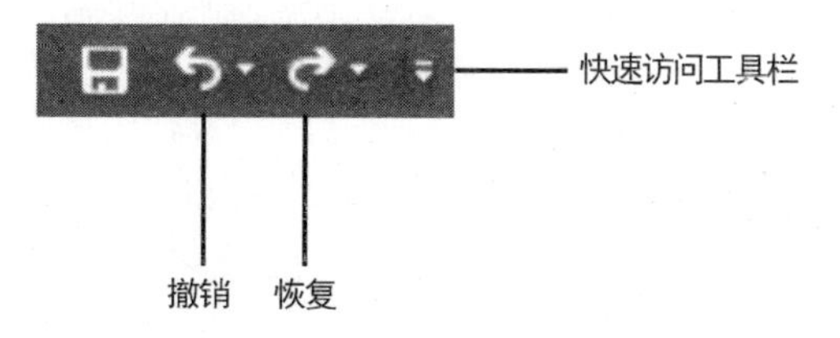

快速访问工具栏中的“撤销”和“恢复”图标

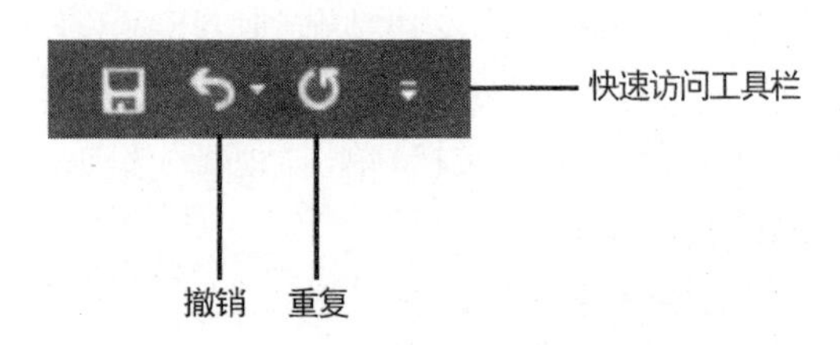

快速访问工具栏中的“撤销”和“重复”图标

撤销、恢复和重复命令是 Microsoft Word 中的基本命令。

撤销命令用于撤销先前的操作。恢复命令用于恢复以前撤销的操作。（只有在使用“撤销”按钮撤销操作时才会显示“恢复”按钮）。而重复命令用于重复上一操作。

例如，如果错误地删除了文本，则可以使用撤销命令撤销删除并恢复文本。如果确定要删除文本，则可以使用恢复命令撤销上一个操作并删除文本。如果删除了某个字符并想要删除其他字符，则可以使用重复命令重复上一个操作并继续删除字符。

步骤

使用撤销和恢复功能的步骤：

在“BasDoc. docx”文档中选择“Payment”标题并将其删除。

1. 要撤销上一个命令或操作，单击快速访问工具栏上的“撤销”按钮。 要撤销多个连续操作，根据需要单击“撤销”按钮。	单击 以撤销上次删除
2. 要重做命令或操作，单击快速访问工具栏上的“恢复”按钮。 恢复命令或操作。要恢复多个连续操作，根据需要单击“恢复”按钮。	单击 以恢复上次删除

关闭文档，不保存。

提示：还可以使用快捷键。撤销操作——Ctrl + Z，恢复/重复操作——Ctrl + Y。

4.6 回顾练习

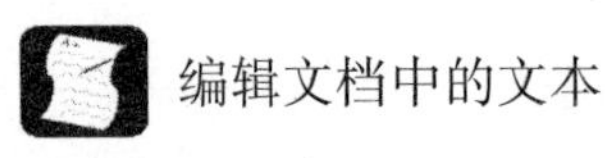

编辑文档中的文本

1. 打开“Employ. docx”。

2. 在"Our benefits include"：段落下方插入一个空行。
3. 在"If you have any questions..."段落下方添加以下文本：
   Three Weeks Paid Vacation
4. 剪切以"As you know"开头的文本段落。
5. 滚动到"Our benefits include："之前的段落。
6. 粘贴第 4 步中剪切的段落。
7. 保存并关闭文档。

第 5 课

设置文本格式

在本节，你将学到以下知识：

- 设置文本格式
- 更改字体
- 更改字号
- 应用加粗/倾斜样式
- 添加下划线
- 更改字体颜色
- 应用下标/上标
- 使用格式刷
- 使用超链接
- 更改大小写
- 清除格式

5.1 设置文本格式

概念

设置文本格式会使文档显得更专业。可以通过更改字体、字号和字体样式(包括粗体、斜体、下划线和颜色)来设置 Microsoft Word 中的文本的格式。

“开始”选项卡上的“字体”和“段落”组用于设置文本格式。

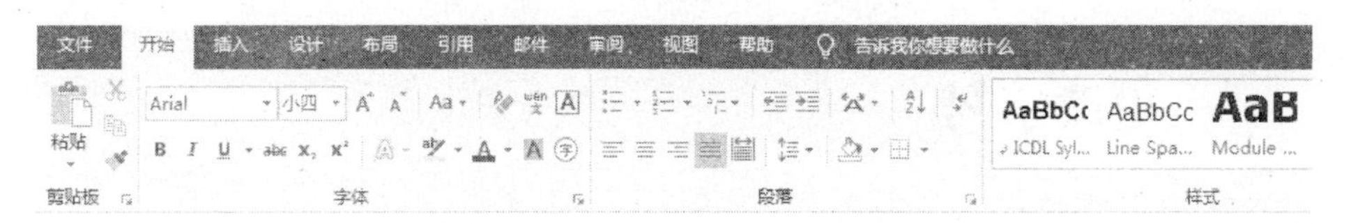

“开始”选项卡上的“字体”组和“段落”组

5.2 更改字体

概念

强调文档中文本的一种方法是更改其字体。字体是一组具有相同设计和形状的字符。用户选择的字体会更改文档的外观。例如,专业文档可能会使用更正式的字体,如“Times New Roman”或“Arial”。而不那么正式的文档可能会使用更具有亲和力的字体,例如“Comic Sans”或“Bradley Hand”。

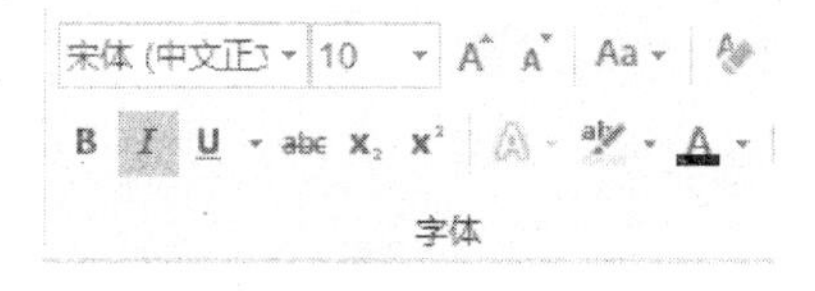

更改字体

步骤

更改现有文本字体的步骤:

从“Student”文件夹打开“FORMAT. docx”。

显示“开始”选项卡。

1. 选择要更改字体的文本。 文本被选中。	突出显示选择第一句中的“Online Video”
2. 单击“字体”组上“字体”框上的箭头。 出现可用字体列表。	单击 Times New Roman ▾
3. 选择所需的字体名称。 该字体应用于选中的文本。	根据需要滚动并单击“Tahoma”

单击文档中的任意位置以取消选择文本。

5.3 更改字号

概念

使字号更大或更小有助于强调文本并区分标题和内容。字号以磅(pt.)(1/72 英寸)为单位。磅数越大,字号越大。

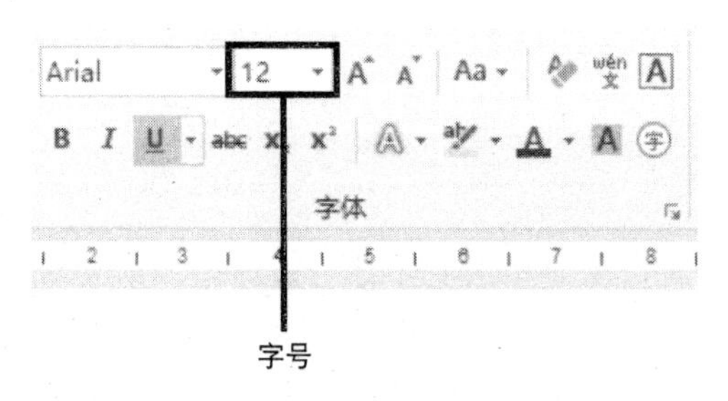

更改字号

步骤

修改现有文本的字号的步骤:
显示“开始”选项卡。

1. 选择要修改字号的文本。 文本被选中。	突出显示选择第一段第二行中的“embed code”
2. 单击“字体”组中“字号”框上的箭头。 出现可用字号列表。	单击 12 ▾
3. 选择所需的字号。 字号应用于选中的文本。	单击“14”

5.4 应用加粗/倾斜样式

概念

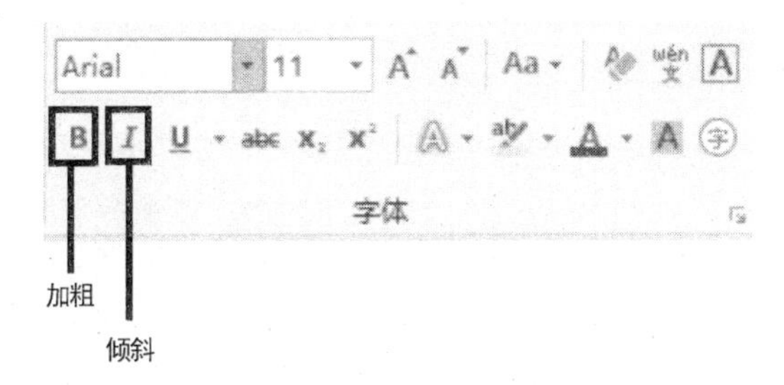

“加粗”和“倾斜”图标

步骤

以加粗和倾斜样式显示现有文本的步骤：
显示整个“开始”选项卡。

1. 选择要更改格式的文本。 文本被选中。	选择文档视图段落开头处的单词“Reading”
2. 单击“字体”组中的“加粗”按钮。 选中的文本被加粗。	单击 **B**
3. 单击“字体”组中的“倾斜”按钮。 选中的文本被斜体显示。	单击 *I*

取消选择文本。

提示：也可以使用快捷键，加粗——Ctrl + B 和倾斜——Ctrl + I。

5.5 添加下划线

概念

Word 支持多种文本下划线样式。只需选择文本，然后单击“下划线”按钮（在“开始”选项卡上的“字体”组中）。单击“下划线”图标 U 旁边的向下箭头以显示更多选项。

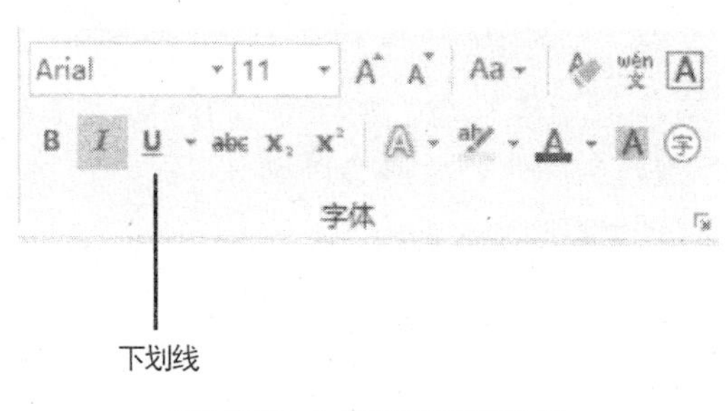

"字体"组中的"下划线"图标

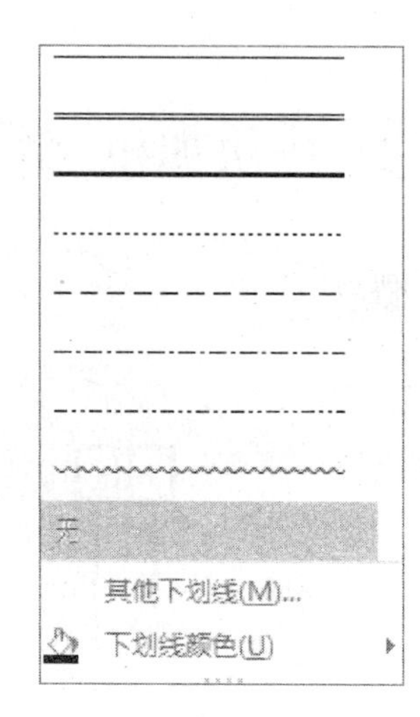

下划线选项

步骤

为文档中的文本加下划线的步骤：

滚动到文档顶部。如有必要，单击"开始"选项卡。

1. 选择要加下划线的文本。 文本被选中。	拖动以选择"Document Themes"标题下第二段中的文本"Themes and Styles"
2. 选择"字体"对话框启动器。 "字体"对话框打开。	单击字体对话框启动器。
3. 选择要应用的下划线样式。 下划线样式被选中并显示在预览框中。	单击 ————————
4. 单击"确定"按钮以确认选择。	单击"确定"按钮

取消选择文本以查看下划线样式。

提示：添加下划线也可以使用快捷键 Ctrl ＋ U。

5.6 更改字体颜色

概念

更改字体颜色可以使文本在文档的白色背景中突显。

步骤

修改现有文本的字体颜色的步骤：

显示“开始”选项卡。

1. 选择要修改字体颜色的文本。 文本被选中。	突出显示选择第一段第二行中的单词“embed code”
2. 单击“字体”组中“字体颜色”框中的箭头。 出现可用字体颜色列表。	单击
3. 选择所需的字体颜色。 字体颜色应用于选中的文本。	单击“蓝色” 标准色

5.7 应用下标/上标

概念

上标是指位置略高于行上文本的字符，下标是指位置略低于行上文本的字符。下标位于基线处或基线之下，而上标则位于基线上面。

例如，水的化学式(H_2O)使用下标“$_2$”，而日期(例如，12th January)使用上标“th”。

宋体 (中文正 五号 Aa B I U abc X_2 X^2

“下标”和“上标”选项

步骤

显示“开始”选项卡。在文档“FORMAT. docx”末尾，输入文本“H2O, 42 = 16”

1. 选择要应用下标的文本。 文本突出显示。	拖动以选择文本“H2O”中的“2”
2. 选择“下标”。 要删除，请再次单击相同的按钮。	单击 X_2
3. 选择要应用上标的文本。 文本突出显示。	拖动以选择文本“42”中的“2”。
4. 选择“上标”。 要删除，请再次单击相同的按钮。	单击 X^2

5.8 使用格式刷

概念

Word 中的格式刷可以将格式从一个文本复制到另一个文本。如果使用了不同的字体、大小和颜色组合来设置文本格式，不必记住使用的精确格式，只需复制格式并将其应用于其他位置。使用“格式刷”选项可以轻松完成此操作。

步骤

使用格式刷功能将字符格式复制到现有文本的步骤：

显示“开始”选项卡。

1. 将插入点放在应用了要复制的格式的文本中。 插入点移动到新位置。	根据需要滚动，然后单击带有“Document View”标题的段落中的文本“Themes and styles”
2. 单击“开始”选项卡上“剪贴板”组中的“格式刷”按钮。 鼠标指针变为工字梁，左侧有画笔。	单击
3. 选择要设置格式的文本。 复制的格式将应用于选中的文本。	选择“Document View”标题下的段落的第五行中的“SmartArt graphics”

5.9 更改大小写

概念

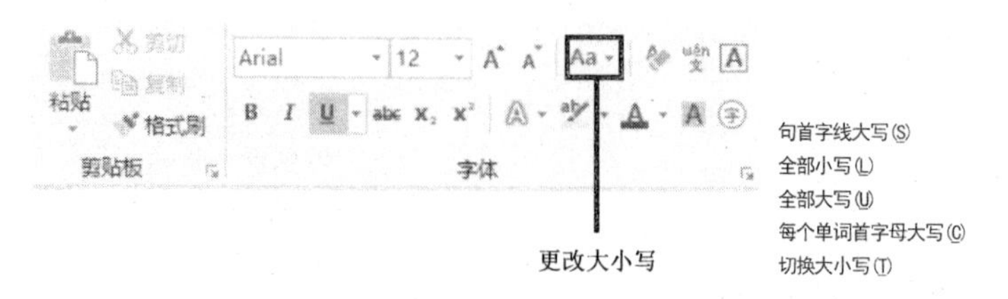

“更改大小写”选项

通过单击“开始”选项卡“字体”组中名为“更改大小写”的单个按钮来更改文档中所选文本的大小写。五个最常见的选项是：

1. 句首字母大写　　将所选句子的第一个字母大写
2. 全部小写　　将选中的文本中所有字母小写
3. 全部大写　　将选中的文本中所有字母大写
4. 每个单词首字母大写　　将所选单词的第一个字母大写
5. 切换大小写　　切换选择中每个字母的大小写，小写字母变为大写字母，反之亦然

步骤

更改所选文本字符大小写的步骤：

显示在文档顶部的“Online Videos”标题下的段落。

1. 选择要更改大小写的文本。 文本被选中。	选择“Online Videos”标题下第四行中的单词“professionally”
2. 选择“更改大小写”按钮。 下拉菜单打开。	单击 Aa
3. 选择所需选项。 更新文本格式。	单击 大写(U)

取消选择文本并查看文档。

不关闭文档，继续下一部分。

5.10 使用超链接

概念

超链接是指向网页、文档或文档一部分的链接，单击链接后可以转到锚文本。Word 中超链接的最常见用途之一是单击时链接到另一个打开的文档。超链接显示为带下划线的文本，通常与主体文本的颜色不同。用户可以创建、编辑和删除超链接。

步骤

创建超链接的步骤：

1. 选择要插入超链接的文本。 文本被选中。	选择“Document Themes”标题下第一行中的单词“Themes”
2. 选择“插入”选项卡并选择“超链接”。 “插入超链接”窗口打开。	单击“插入”选项卡 超链接 按钮
3. 单击“查找范围”栏旁边的“浏览文件”按钮。 将出现一个资源管理器窗口以搜索所需的文件。	单击 查找范围(L): ICDL2018111201YJ
4. 转到“Student”文件夹并选择“Themes. docx”，然后在“链接到文件”窗口中单击“打开”按钮。 文档被选中以作为超链接插入。	浏览到“Student”文件夹。 单击“Themes. docx”，然后单击“打开”按钮
5. 将文档作为超链接插入。 超链接已创建。	在“插入超链接”窗口中单击“确定”按钮

编辑/删除超链接的步骤：

1. 选择要删除的超链接。 文本被选中。	选择作为超链接的单词“Themes”
2. 选择“插入”选项卡并选择“超链接”。 “编辑超链接”窗口打开。	单击“插入”选项卡 超链接
3. 按“删除链接”按钮。 窗口关闭并且超链接被删除。	单击“删除链接”按钮。

5.11 清除格式

概念

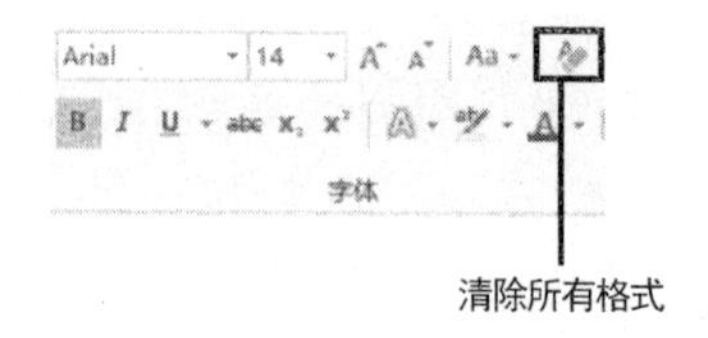

单击“清除所有格式”按钮可以清除应用于文本的格式。清除格式后，文本显示为普通文本，不应用任何格式。

步骤

清除格式的步骤：

1. 选择包含要清除的格式或样式的文本。 应用于文本的格式属性在“字体”组中突出显示。	选择标题为“Online Videos”的段落中的最后两个单词“DIFFERENT GALLERIES”
2. 从“开始”选项卡中的“字体”组中选择“清除所有格式”按钮。 应用的格式被删除。	单击

关闭文档，不保存。

5.12 回顾练习

更改文档中的字符格式

1. 打开“Charex. docx”。
2. 将标题“Welland GoldSmith LLC. ”的字号更改为 20 磅。
3. 将标题“Welland GoldSmith LLC. ”的字体类型更改为“Arial”。
4. 在标题“Welland GoldSmith LLC. ”下创建双下划线。
5. 将“Corporate History”标题加粗并将字号更改为 14 磅。
6. 用斜体表示第一段中的两位创始人的姓名。
7. 使用字体对话框将“Corporate History”标题的大小写更改为大写。
8. 使用格式刷将“Corporate History”标题下的格式复制到“Our Public Years”和“Future Growth”标题。
9. 更正以“In 1992”开始的段落最后一句中的字母大小写。
10. 关闭文档，不保存。

第 6 课

设置段落格式

在本节中，你将学到以下知识：

- 创建与合并段落
- 对齐段落
- 通过单击和输入对齐文本
- 设置段落间距
- 设置行距
- 对段落/文本应用边框/底纹
- 复制段落格式

6.1 创建与合并段落

概念

段落由内容相关的句子或句群组成。将文档分段有助于读者理解其内容。

步骤

创建与合并段落的步骤：

从“Student”文件夹打开“PARFORM. docx”。

有必要，显示整个“开始”选项卡，并切换到页面视图。

步骤	操作
1. 将插入点放在要创建新段落的文档中。 插入点移动到新位置。	在单词“Mexico”后单击
2. 按 Enter 键以创建新段落。 行向下移动以创建一个新段落。	按 Enter 键
3. 再次按 Enter 键以插入空白行。 插入空白行。	按 Enter 键
4. 将插入点放在要合并段落的文档中。 该段居中。	在单词“warranted”后单击
5. 按 Delete 键两次以删除换行符并合并段落。 删除换行符并合并段落。	按 Delete 键两次

6.2 对齐段落

概念

Word 提供了各种段落格式选项。段落对齐是指段落的行相对于左右边缘在文档中对齐的方式。有四种对齐方式：左对齐、居中、右对齐和两端对齐。光标所在段落的对齐类型由“开始”选项卡上的“段落”组中的突出显示的按钮控制。

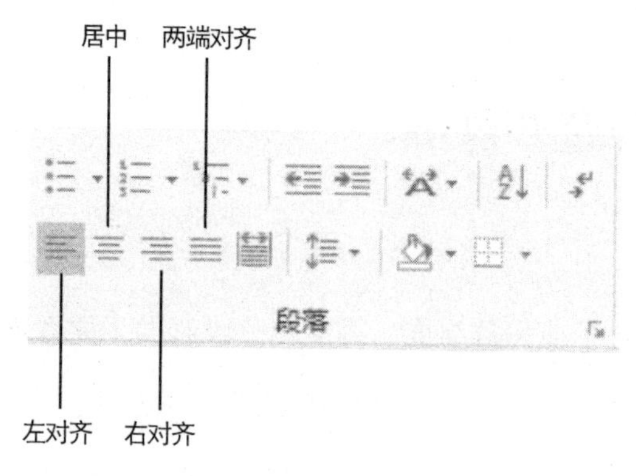

“段落”组中的对齐图标

步骤

使用对齐按钮对齐段落的步骤：

从“Student”文件夹打开“PARFORM. docx”。

显示“开始”选项卡，并切换到页面视图。

1. 将插入点放在要对齐的段落中，或选择多个段落。 插入点移动到新位置，或者段落被选中。	单击页面顶部的文本“Feldman Sparks Pte Ltd.”
2. 单击“右对齐”按钮以右对齐段落。 段落右对齐。	单击
3. 单击“左对齐”按钮以左对齐段落。 段落左对齐。	单击
4. 单击“居中”按钮以使段落居中。 段落居中。	单击
5. 将插入点放在要两端对齐的段落中。 插入点移动到新位置。	单击第一段“Thank you for choosing...”
6. 单击“两端对齐”按钮以使段落两端对齐。 段落两端对齐。	单击

概念实践：左对齐“Dear Rob：”段落。右对齐标题下的电话号码和传真号码。选择信函正文中的最后两个段落并使其两端对齐。单击任意位置以取消选择段落。

6.3 通过单击和输入对齐文本

概念

双击文档区域并输入时，文本将根据用户在文档中双击的位置自动对齐。

例如，如果双击文档的左侧，则文本左对齐。如果双击文档的中心，则文本将居中对齐，“居中”按钮激活。如果双击文档的右侧，则文本右对齐，“右对齐”按钮激活。

步骤

通过单击和输入在文档中插入对齐的文本的步骤：

在页面视图中显示文档，然后滚动以查看信函顶部的公司名称。

1. 指向要插入文本的行的空白区域，然后单击一次。 鼠标指针出现，并附有对齐符号。	指向页面顶部的单词“Feldman”下面的空白行，然后单击一次
2. 指向行的空白区域，直到用鼠标指针出现所需的对齐符号。 鼠标指针出现，带有所需的对齐符号。	将鼠标指针移动到行的中心，直到出现中心对齐字符
3. 双击鼠标按钮。 插入点出现在所需位置。	双击鼠标按钮
4. 输入所需文本。 文本出现在插入点处。	输入“1234 Leisure Drive”，对齐一行

用倾斜样式显示文本“1234 Leisure Drive”。

6.4 设置段落间距

概念

段落间距是指段落之间的垂直距离。默认情况下，当按 Enter 键时，Word 会在每个段落后留 10 磅的间距。用户可以在段前、段后或段前及段后自动插入特殊的间距。

用户可以使用“行和段落间距”按钮添加或删除段落间距。

1. 选择段落。

2. 在“开始”选项卡上，单击“段落”组中的“行和段落间距”按钮。
3. 从列表中选择所需选项。

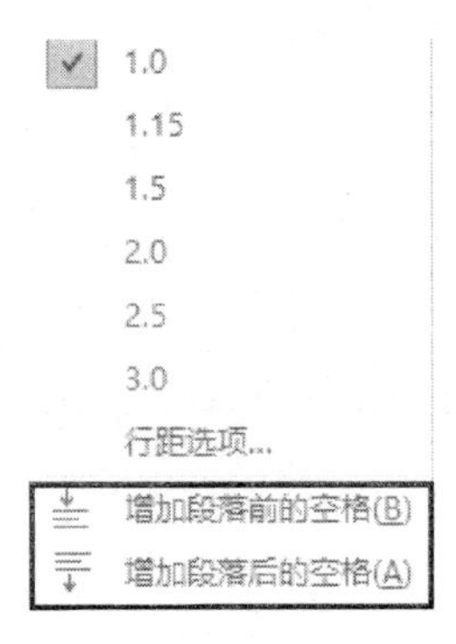

段落间距

最好使用段落间距选项设置段落间距，而不是按 Enter 键。“段前”和/或“段后”间距设置后，Word 会自动在段落间添加空格，因此无需按两次 Enter 键将光标移动到下一段。这些段落间距可以确保文本间隔均匀，使文档更易于阅读。

步骤

通过增加所选段落上方和下方的距离来修改段落间距的步骤：

如有必要，滚动查看信函正文中的第一段。

1. 将插入点放在要更改间距的段落中。 插入点移动到新位置。	单击“Thank you for choosing...”段落
2. 选择“开始”选项卡。 显示“开始”选项卡内容。	单击“开始”选项卡
3. 选择“段落”对话框启动器。 “段落”对话框打开。	单击
4. 单击“缩进和间距”选项卡 显示“缩进和间距”页面。	如有必要，单击“缩进和间距”选项卡
5. 在“间距”下，在“段前”选框中输入所需的段前间距。 数字显示在“段前”选框中。	单击“段前” 至“6 行”
6. 在“间距”下，在“段后”选框中输入所需的段前间距。 数字显示在“段后”选框中。	单击段后 至“6 行”
7. 单击“确定”按钮。 “段落”对话框将关闭，段落上方和下方的间距也会相应更改。	单击 确定

6.5 设置行距

概念

行距是文档中两行之间的距离。默认情况下，行距设置为 1.0 行。可以根据需要增加或减少此距离。在下图中对比了不同的行距，从左到右依次为单倍行距（1 行），1.5 倍行距（1.5 行）和两倍行距（2 行）。

SUMMARY
Tech-savvy, solutions-oriented professional with experience in all aspects of agency operations. An advantage is being an multi-tasking team player with training solutions knowledge.

单倍行距(1行)

SUMMARY
Tech-savvy, solutions-oriented professional with experience in all aspects of agency operations. An advantage is being an multi-tasking team player with training solutions knowledge.

1.5倍行距(1.5行)

SUMMARY
Tech-savvy, solutions-oriented professional with experience in all aspects of agency operations. An advantage is being an multi-tasking team player with training solutions knowledge.

2倍行距(2行)

1.0
1.15
1.5
2.0
2.5
3.0
行距选项...
增加段落前的空格(B)
增加段落后的空格(A)

行距选项

步骤

修改段落中行距的步骤：

如有必要，请显示“开始”选项卡。滚动以查看信函正文中的第一段。

1. 将插入点放在要更改行距的段落中。 插入点移动到新位置。	单击段落“Thank you for choosing...”
2. 单击“段落”组中“行和段落间距”按钮旁的箭头。 将显示可用行距选项列表,并在当前行距旁边显示复选标记。	
3. 选择所需的行距选项。 行距应用于所选段落。	单击“1.0”

练习概念：选择第二段并将行距设置为 1.5。选择第三段并将行距设置为 2.0。

6.6 对段落/文本应用边框/底纹

概念

用户可以应用边框或底纹来区分段落或文本。边框和底纹可以应用于段落或选中的文本。边框可以应用于文本,也可以应用于图像,使文本或图像突出并与其余内容隔开。Word 提供了多种边框风格、线条样式、线条颜色及应用于段落的线条和背景颜色选项。可以在“边框和底纹”对话框中编辑它们。

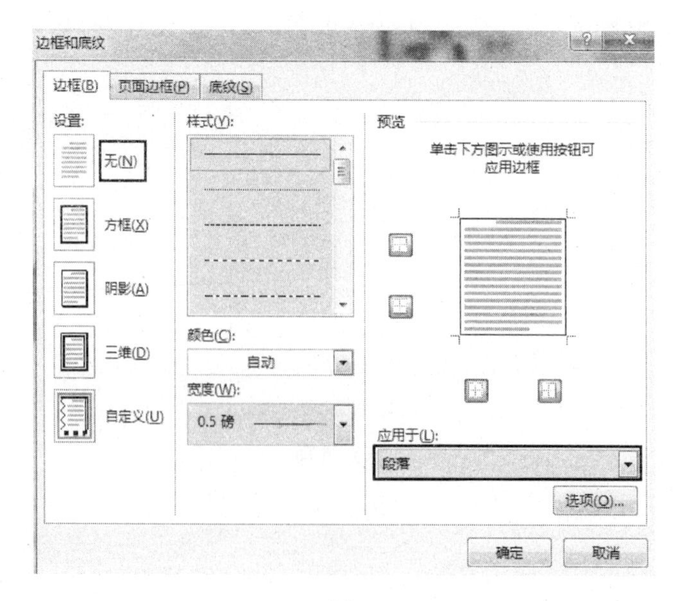

边框

步骤

将边框和底纹应用于段落/文本的步骤：

如有必要，请显示“开始”选项卡。

1. 将插入点放在段落中。 插入点移动到新位置。	单击“Thank you for choosing...”
2. 在“段落”组中，单击“边框”按钮列表箭头，然后选择“边框和底纹”选项。 出现“边框和底纹”对话框。	单击 并选择“边框和底纹”
3. 选择边框设置，然后单击“确定”按钮。 预览区域显示边框。	单击“设置”下的框，设置“应用于：段落”，然后单击“确定”按钮
4. 单击“段落”组中的“底纹”按钮列表箭头并选择底纹颜色。 应用底纹。	单击 并选择“浅蓝”

提示：要将边框应用于所选文本，请在“边框”对话框“应用于”列表中选择“文本”。

6.7 复制段落格式

概念

用户可以将段落格式从一个段落复制到另一个段落，段落间距和行距选项将从源段落复制到目标段落。

步骤

复制一个段落的格式并使用“格式刷”按钮将其粘贴到另一个段落的步骤：

如有必要，请显示“开始”选项卡。

滚动以查看信函正文中的全部三个段落。

1. 将插入点放在包含要复制的格式的段落中。 插入点移动到新位置。	单击段落“Thank you for choosing...”
2. 单击“剪贴板”组中的“格式刷”按钮。 标指针变为工字梁，左侧有画笔。	单击
3. 单击要编排格式的段落。 段落格式应用于新段落。	根据需要滚动，然后单击信函正文中的第二段

概念实践：将段落格式复制到信函正文中的第三段。然后，单击“段落”组中的显示/隐藏编辑标记按钮以显示所有编辑标记。删除第二段“The enclosed packet includes...”上方和下方的段落标记。最后，隐藏格式标记并关闭任务窗格。
关闭“PARFORM.docx”，不保存。

6.8 回顾练习

更改文档中的段落格式

1. 打开“Formatex.docx”。
2. 左对齐段落“To our valued customers：”。
3. 将从“Special offers”到“Promotional items”的行间距改为 1.5 倍行距。
4. 将以“Morning”开头的段落中的段落间距更改为段前 12 行和段后 12 行。
5. 使用格式刷将“Morning”段的格式复制到“Midday”和“Evening”段。
6. 将第二页上的第一段“Directions to...”居中。
7. 关闭文档，不保存。

第 7 课

段落缩进

在本节中，你将学到以下知识：

- 更改左缩进
- 首行缩进
- 创建悬挂缩进
- 创建右缩进

7.1 更改左缩进

概念

段落缩进决定了段落与左页边缘或右页边缘之间的距离。可以通过增加或减少缩进来调整页边缘与段落或段落组之间的间隔。可以通过创建负缩进(也称为减少缩进)将段落拉向左页边缘。还可以创建悬挂缩进,令段落的首行不缩进,但后续行缩进。

"开始"选项卡上"段落"组中的缩进按钮将段落移动到下一个制表位。默认情况下,每两个制表位间相隔 1.27 厘米(0.5 英寸)。

可以使用"增加缩进量"按钮以 1.27 厘米为增量向右缩进一个段落,使用"减少缩进量"按钮以 1.27 厘米为增量减少段落缩进。

步骤

从"Student"文件夹,打开"INDPAR.docx"。

更改段落左缩进的步骤:

显示"开始"选项卡。

1. 将插入点放在要缩进的段落中。 插入点显示在新位置。	单击"special offers"行
2. 单击"段落"组中的"增加缩进量"或"减少缩进量"按钮。 段落缩进相应地改变。	单击 ⇥ 三次

概念实践:选择构成列表的其他三个段落("discounts" "free samples" "promotional items")以及它们之间的空白行,并将它们缩进三个制表位,以便和"special offers"行对齐。选择整个列表并使用"减少缩进量"按钮将缩进减少一个制表位,减少到 2.54 厘米。

也可以使用"段落"对话框设置左缩进。

1. 选择段落。
2. 在"开始"选项卡上,单击"段落"对话框启动器。
3. 在"缩进"部分下设置所需的左缩进。
4. 单击"确定"按钮。

使用“段落”对话框设置左缩进

7.2 首行缩进

概念

根据用户需要，可以仅缩进段落的第一行。首行缩进通常用于段首。使用水平标尺可以简便地创建这种类型的缩进。

水平标尺左侧的缩进标记实际上由两个缩进标记和一个方框组成。顶部三角形是“首行缩进”标记，底部三角形是“悬挂缩进”标记。“首行缩进”标记和“悬挂缩进”标记彼此独立地移动；但是可以拖动“左缩进”标记（方框）以同时移动“首行缩进”和“悬挂缩进”标记。

缩进标记	用途
首行缩进▽	仅从所选段落的第一行缩进
悬挂缩进⌂	缩进所选段落的所有行，但第一行除外
左缩进□	同时移动“首行缩进”标记和“悬挂缩进”标记

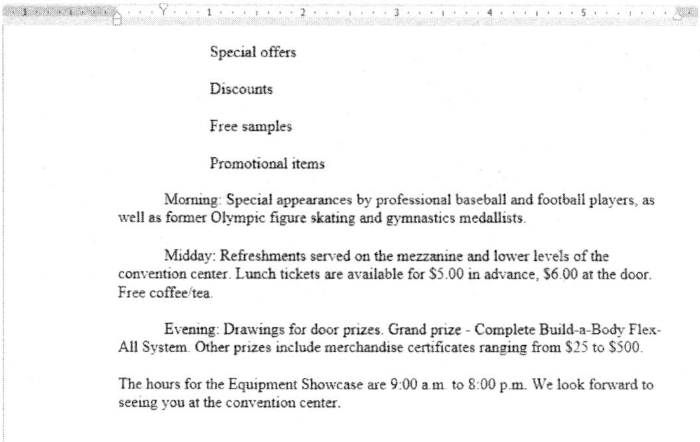

Special offers

Discounts

Free samples

Promotional items

Morning: Special appearances by professional baseball and football players, as well as former Olympic figure skating and gymnastics medallists.

Midday: Refreshments served on the mezzanine and lower levels of the convention center. Lunch tickets are available for $5.00 in advance, $6.00 at the door. Free coffee/tea.

Evening: Drawings for door prizes. Grand prize - Complete Build-a-Body Flex-All System. Other prizes include merchandise certificates ranging from $25 to $500.

The hours for the Equipment Showcase are 9:00 a.m. to 8:00 p.m. We look forward to seeing you at the convention center.

首行缩进

步骤

使用水平标尺缩进段落第一行的步骤：

1. 如果标尺被隐藏，请选择“视图”选项卡的“显示”组中的“标尺”选项。 显示标尺。	单击“标尺”
2. 选择要缩进的段落。 段落被选中。	根据需要滚动并拖动以选择以“Morning”和“Midday”开头的两个段落
3. 将水平标尺上的“首行缩进”标记拖动到所需位置。 拖动时会出现一条虚线，当释放鼠标按钮时，缩进将应用于每个所选段落的首行。	拖动▽

概念实践：将插入点放在“Morning”或“Midday”段落中的任意位置。在“开始”选项卡上的“剪贴板”组中选择“格式刷”。单击“Evening”段落以应用相同的缩进格式。

你还可以使用“段落”对话框设置首行缩进。

1. 选择段落。

2. 在“开始”选项卡上，单击“段落”对话框启动器。
3. 在“缩进”部分下，将“特殊格式”设置为“首行缩进”。
4. 在“缩进值”框中设置所需的首行缩进量。
5. 单击“确定”按钮。

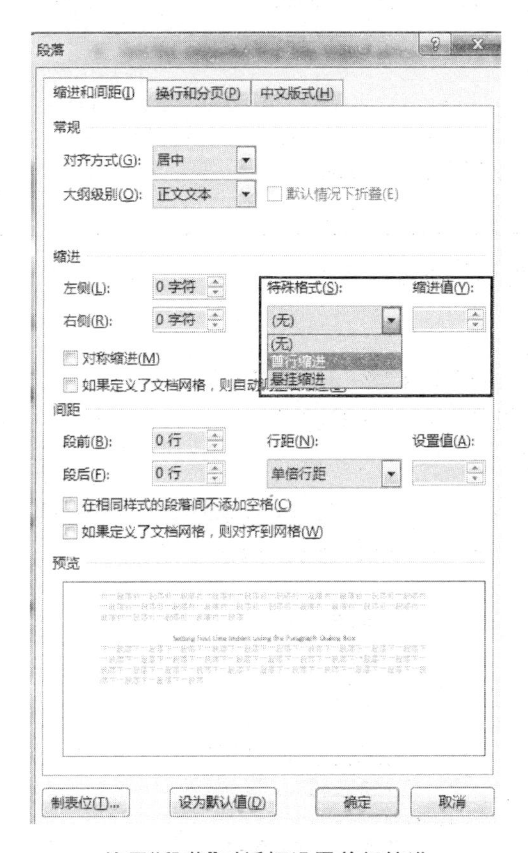

使用“段落”对话框设置首行缩进

7.3 创建右缩进

概念

可以从右边缘缩进一个段落，例如使段落在页面上突出显示。

可以通过拖动水平标尺上的“右边距”标记来右缩进所选文本。“右边距”标记与“悬挂缩进”标记相同，只是它单独出现在水平标尺的右端附近。

步骤

使用水平标尺设置段落右缩进的步骤：

如有必要，滚动文档以显示“右缩进”标记。

1. 选择要缩进的段落。 段落被选中。	拖动从而选择以“Morning”“Midday”和“Evening”开头的三个段落
2. 将水平标尺上的“右缩进”标记拖动到所需位置。 段落相应地改变。	拖动

还可以使用“段落”对话框设置右缩进。

1. 选择段落。
2. 在“开始”选项卡上，单击“段落”对话框启动器。
3. 在“缩进”部分下设置所需的右缩进。
4. 单击“确定”按钮。

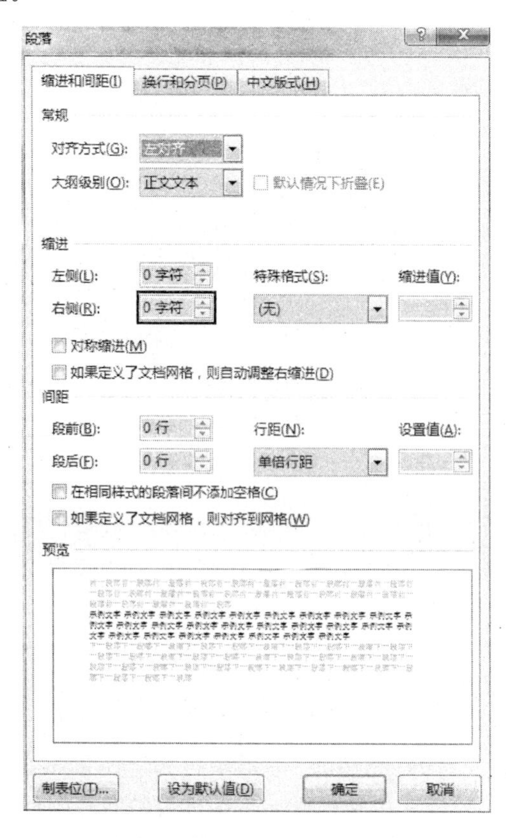

使用“段落”对话框设置右缩进

7.4 创建悬挂缩进

概念

悬挂缩进是应用于第二行及后续行的缩进，使它们比首行缩进更多。它通常应用于参考文献列表，有时用于项目符号列表以使其突出于文本的其余部分。在设置悬挂缩进时，仅将“悬挂缩进”标记向右拖动是关键，因为拖动其下方的方框会更改左缩进。

步骤

1. 选择要缩进的段落。 段落被选中。	选择以“Join over 50 experts”开头的段落
2. 将水平标尺上的“悬挂缩进”标记拖动到所需位置。 段落缩进相应地改变。	拖动⌂

关闭“INDPAR. docx”，不保存更改。

7.5 回顾练习

段落缩进

1. 打开“IndentEX. docx”。
2. 在以“Welland GoldSmith manufactures...”开头的段落中创建 0.5 英寸（一个制表位）的首行缩进。
3. 将以单词“Equipment”开头并以单词“Memorabilia”结尾的列表向右缩进三个制表位。
4. 为列表下的以“Equipment”开头的段落设置 1.5 英寸（三个制表位）的悬挂缩进。
5. 在第 2 页上，为“Terms and Conditions of Sale”下的段落创建一个制表位的左缩进。然后，为同一段落创建一个制表位的右缩进。
6. 关闭文档，不保存。

第 8 课

字符和段落样式

在本节中，你将学到以下知识：

- 应用字符样式
- 应用段落样式

8.1 应用字符样式

概念

样式可以使文档中的格式保持一致。样式是一系列编排格式命令的集合，每一样式有其特定的名称，因此使用起来十分简便。

- 字符样式用于编排段落中的单个字符的格式。
- 段落样式是最重要的样式。当使用段落样式时，Word 可以一次编排整段文本的格式。

步骤

应用字符样式的步骤：

打开“EDIT. docx”。

1. 选择“开始”选项卡。 显示“开始”选项卡。	单击“开始”选项卡
2. 拖动以选择要应用字符样式的文本。 拖动时会突出显示文本。	拖动以选择标题“Payment”下的文本“45 days”
3. 释放鼠标按钮。 文本被选中。	释放鼠标按钮
4. 单击“其他”按钮以查看可用的样式。 快速样式库展开。	单击“开始”选项卡上的“样式”组中的 ▼
5. 单击所需样式。 文本以新样式编排格式。	单击“明显强调”
6. 单击文档以取消选择文本。 取消选择文本。	单击文档区域中的任意位置

8.2 应用段落样式

概念

用户无需选择文本，只需将插入点放在段落中的任何位置，再设置段落样式，即可将样式应用于当前段落。

步骤

应用段落样式的步骤：

打开“EDIT. docx”。

1. 选择“开始”选项卡。 显示“开始”选项卡。	单击“开始”选项卡
2. 单击要应用样式的段落。 插入点显示在段落中。	单击标题“Returns”下的段落“Prior to return...”
4. 单击“其他”按钮以查看可用的样式。 快速样式库展开。	单击“开始”选项卡上的“样式”组中的 ▾
5. 单击所需样式。 文本以新样式编排格式。	单击“List Paragraph”
6. 单击文档以取消选择文本。 取消选择文本。	单击文档区域中的任意位置

关闭“EDIT. docx”。

第 9 课

项目符号和编号

在本节中，你将学到以下知识：

- 输入项目符号或编号列表
- 将项目符号或编号应用于文本
- 添加项目符号或编号列表项
- 从文本中删除项目符号或编号
- 更改项目符号或编号样式

9.1 输入项目符号或编号列表

概念

用户可以向现有文本添加项目符号或编号，或者在键入内容时让 Word 自动创建列表。

默认情况下，如果使用星号或数字“1”开始段落，Word 会识别为正在尝试启动项目符号或编号列表。如果不希望文本变为项目符号或编号列表，则可以单击出现的“自动更正选项”按钮。

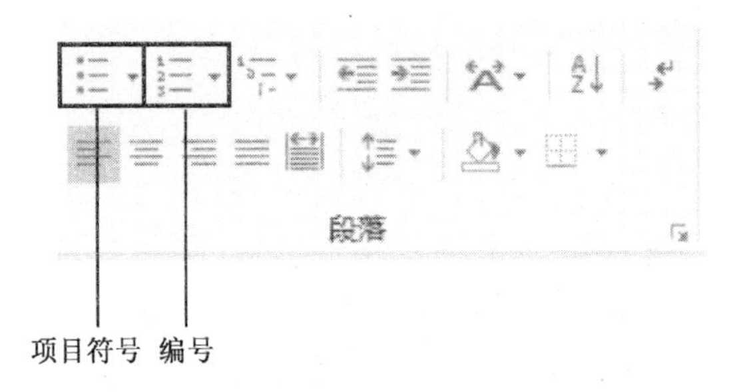

显示编号和项目符号图标的“段落”组

步骤

输入项目符号或编号列表样式的步骤：

从“Student”文件夹，打开“FeldmanSuccess. docx”。

通过单击“视图”选项卡的“显示”组中的“标尺”选项来显示标尺。

1. 单击“开始”选项卡。 显示“开始”选项卡。	单击“开始”选项卡
2. 选择要插入项目符号或编号列表的部分。 插入点出现在所需部分。	单击标题“Product By Order of Sales”下方
3. 在“1.”旁边输入第一条目，然后按 Enter 键。 显示项目符号文本。	输入“CoriMax”
4. 输入第二条目，然后按 Enter 键。 显示项目符号文本。	输入“CallTee”

（续表）

5. 输入第三条目，然后按 Enter 键。 显示项目符号文本。	输入“Maxiflexi”
6. 输入第四条目，然后按 Enter 键。 显示项目符号文本。	输入“DashCall”
7. 输入第五条目，然后按 Enter 键。 显示项目符号文本。	输入“Jalash”

9.2 将项目符号或编号应用于文本

概念

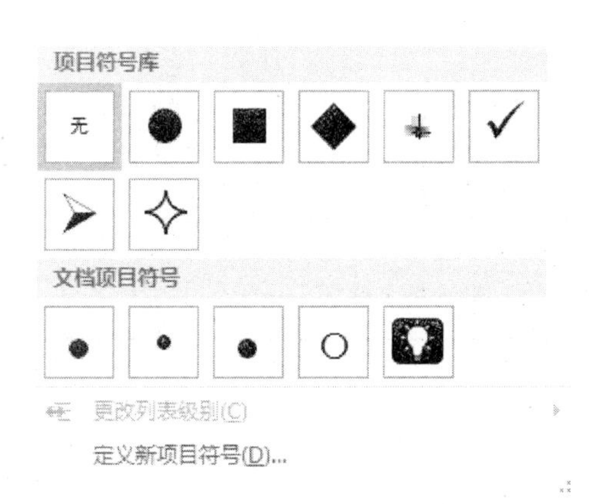

项目符号选项

编号选项

步骤

将项目符号或编号应用于文本的步骤：

从“Student”文件夹打开“FeldmanSuccess. docx”。

单击“视图”选项卡的“显示”组中的“标尺”选项来显示标尺。

1. 突出显示要应用数字或项目符号的项目。 列表项突出显示。	突出显示“Success-Satisfaction Metrics”下的所有项
2. 选择“开始”选项卡。 显示“开始”选项卡。	单击“开始”
3. 在“段落”组中选择“项目符号”按钮的下拉列表。 项目符号库打开。	单击
4. 选择一个选项。 创建项目符号列表。	单击项目符号样式

不关闭文档，继续下一部分。

9.3 添加项目符号或编号列表项

概念

只需在列表末尾或现有列表的中间输入新列表项，即可将新列表项添加到现有列表中。

步骤

添加项目符号或编号列表项的步骤：
滚动以查看“Product By Order of Sales”标题下的所有文本。

1. 在最后一个产品的末尾处选择。 最后一个产品被选中。	单击“Jalash”末尾，然后按 Enter 键
2. 输入新产品名称。 新产品名称被输入。	输入新名称“CheapDiscount”

列表中插入新项目。

9.4 从文本中删除项目符号或编号

概念

只需选择包含项目符号文本或编号的文本，然后从“段落”组中选择“项目符号”或“编号”按钮，即可轻松地从文本中删除项目符号或编号。

步骤

从文本中删除编号或项目符号的步骤：
滚动以查看“Product By Order of Sales”标题。

1. 选择要从中删除包含编号或项目符号的列表项。 拖动时会突出显示文本，但不会显示项目符号。	突出显示“Product By Order of Sales”标题下的“CoriMax”文本至“Jalash”文本
2. 在“段落”组中选择“项目符号”或“编号”按钮的下拉列表，然后选择“无”。 从文本中删除项目符号或编号。	单击 ，然后单击项目符号库中的“无”

单击文档中的任意位置以取消选择文本。

9.5 更改项目符号和编号样式

概念

可以将已应用于现有列表的项目符号或编号更改为项目符号库或编号库中的其他样式。

步骤

更改项目符号或编号样式的步骤：

根据需要滚动以查看“Product By Order of Sales”标题下的所有文本。

1. 突出显示要应用编号或项目符号的项目。 拖动时，列表项突出显示。	突出显示下面的内容：“Product By Order of Sales”“CoriMax”“CallTee”“MaxiFlexi”“DashCall”“Jalash”“CheapDiscount”
2. 选择“开始”选项卡。 显示“开始”选项卡。	单击“开始”选项卡
3. 在“段落”组中选择“编号”按钮的下拉列表。 编号库打开。	单击
4. 选择编号选项。 列表更改为编号列表。	单击 1) 2) 3)

关闭文档，不保存。

9.6 回顾练习

 在文档中应用并创建项目符号和编号列表

1. 打开“Managers. docx”。
2. 使用任意编号样式为“MANAGERS”列表中的每个项进行编号。
3. 单击第一页上列表外的任何位置。
4. 向下滚动到“EMPLOYEES”列表并为列表编号。在“多级列表”库中使用“1. a)、i. ”样式。
5. 关闭文档,不保存。

第 10 课

检查拼写和语法

在本节中，你将学到以下知识：

- 输入时检查拼写/语法
- 自动断字
- 运行拼写和语法检查程序
- 在自定义词库中添加单词

10.1 输入时检查拼写/语法

概念

Microsoft Word 会在用户输入时自动检查拼写和语法，以红色的波浪形下划线指示可能的拼写错误，以绿色的波浪形下划线指示可能的语法错误。

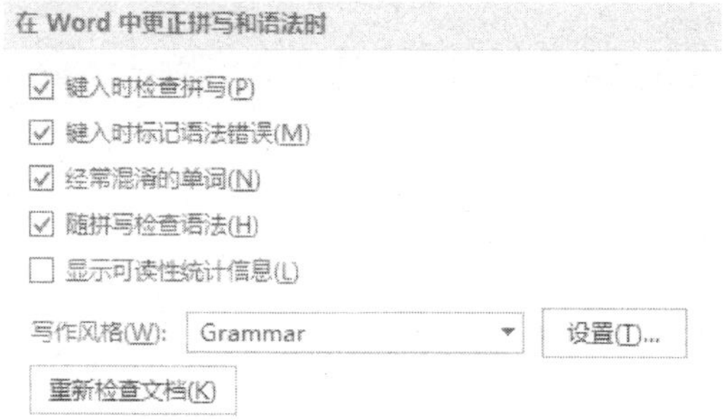

在 Word 中更正拼写和语法时

- [x] 键入时检查拼写(P)
- [x] 键入时标记语法错误(M)
- [x] 经常混淆的单词(N)
- [x] 随拼写检查语法(H)
- [ ] 显示可读性统计信息(L)

写作风格(W): Grammar　设置(T)...

重新检查文档(K)

显示纠正拼写和语法选项的“Word 选项”对话框

步骤

从“Student”文件夹打开“PRDLISTSPELL. docx”。

显示格式标记的步骤：

1. 选择“文件”选项卡。 显示后台视图。	单击 文件
2. 选择“选项”按钮。 “Word 选项”对话框打开。	单击 选项
3. 从“Word 选项”对话框的左窗格中选择“校对”。 显示校对选项。	单击 校对
4. 如有必要，从右侧窗格中选择“键入时检查拼写”。 应用所选的选项。	单击“键入时检查拼写”
5. 单击“确定”按钮以接受更改。 “Word 选项”对话框关闭。	单击 确定

不关闭文档，继续下一部分。

10.2 自动断字

概念

启用自动断字时，Word 会在需要时自动插入断字符，例如当一个单词太长而无法放在一行的末尾时。如果编辑中将单词移动到其他位置，断字符则会被删除。

自动断字有助于创建单词均匀分布，视觉上吸引人的文档。

School newsletters are a key communications method and have been identified in recent surveys as
the number one method by which parents receive information about their child's school. Most
schools generate newsletters and do an excellent job of conveying information about what's
happening at their school. The following tips list has been compiled by comparing newsletters and
requests from website users.

非断字段落

School newsletters are a key communications method and have been identified in recent surveys as
the number one method by which parents receive information about their child's school. Most
schools generate newsletters and do an excellent job of conveying information about what's hap-
pening at their school. The following tips list has been compiled by comparing newsletters and re-
quests from website users.

断字段落

步骤

1. 选择“布局”选项卡。 显示“布局”选项卡的内容。	单击 布局
2. 单击“页面设置”组中的“断字”。 显示下拉菜单。	单击“断字”
3. 选择“自动”。 “自动”选项被选中。	单击“自动”

不关闭文档，继续下一部分。

10.3 运行拼写和语法检查程序

概念

Word 有一个由数万个单词组成的内置词库。输入单词时，Word 会依据该词库进行检查。如果找不到该单词，则会为文档中的该词标记红色波浪下划线。此外，Word 还突出显示句子中重复的单词。

输入文档后，可以运行拼写和语法检查程序来检查句子和单词的错误。

步骤

运行拼写和语法检查程序的步骤：

从“Student”文件夹打开“PRDLISTSPELL. docx”。

1. 选择“审阅”选项卡。 显示“审阅”选项卡。	单击“审阅”
2. 在“校对”组中选择“拼写和语法”。 显示“拼写检查”窗格，其中单词“Produt”标有红色波浪线。建议显示正确的拼写。	单击 字A 拼写和语法
3. 选择正确的拼写。 使用正确的拼写更改拼写错误的单词。	单击“Product”
4. 选择“忽略”以跳过内置拼写和语法检查程序无法识别的单词。 编辑窗格显示的单词 CoriMax 标有红色波浪线。下面显示与 CoriMax 相关的类似单词的建议。	单击“忽略”

不关闭文档，继续下一部分。

提示：Word 上的拼写和语法检查程序无法完全准确地识别文本中的错误单词，因为拼写正确的单词（如名字或产品名称）可能不在 Microsoft Word 使用的词库中。如果某个单词多次出现在文档中，并且你希望 Word 在拼写和语法检查程序中忽略它，当拼写和语法检查程序中出现该特定单词时，单击“全部忽略”。

10.4 在自定义词库中添加单词

概念

拼写和语法检查程序将文档中的单词与主词库中的单词进行比较。主词库包含最常见的单词,但它可能无法识别许多专有名词,包括可能经常出现在文档中的地名和人名。

此外,某些单词在主词库中的大写方式可能与用户希望的不同。

将这些单词添加到词库将防止拼写检查程序错误地将它们标记为错误。

步骤

在自定义词库中添加单词的步骤:

打开"PRDLISTSPELL. docx"。注意,产品名称下面有一条红色波浪线。

1. 选择"审阅"选项卡。 显示"审阅"选项卡。	单击"审阅"选项卡
2. 选择"拼写和语法"按钮。 编辑窗格显示为带有红色波浪线的单词"CoriMax"。建议如下所示。	单击 字A 拼写和语法
3. 选择"添加"。 该词被添加到词库中。	单击"添加"

关闭文档,不保存。

10.5 回顾练习

使用拼写和语法检查程序来审阅文档

1. 打开"EDIT. docx"。
2. 运行拼写和语法检查程序以更正文档中存在的所有拼写和语法错误。
3. 将单词"Welland GoldSmith"添加到自定义词库。
4. 关闭"EDIT. docx"。

第 11 课

使用查找和替换

在本节中,你将学到以下知识:

- 使用查找
- 使用替换

11.1 使用查找

概念

用户可以使用 Microsoft Word 查找和替换文本、特殊字符、格式、分节符、分页符等。可以使用通配符来查找包含特定字母或字母组合的单词或短语，从而扩大搜索范围。

查找
替换
选择
编辑

“编辑”组

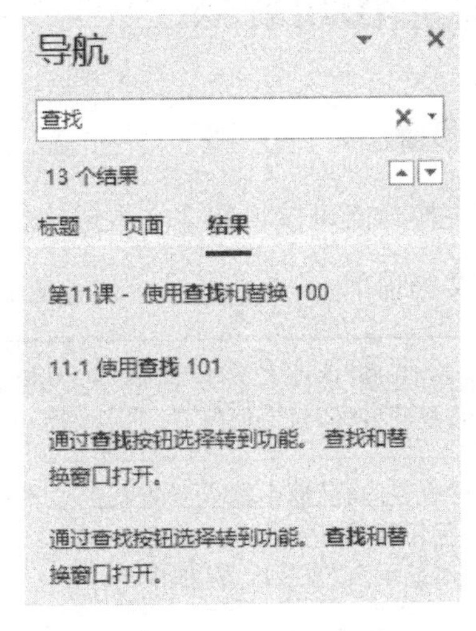

显示搜索结果的“导航”窗格

步骤

使用查找功能查找文档中的文本的步骤：

从“Student”文件夹打开“CGA. docx”。

转到文档顶部。

1. 选择“开始”选项卡下的“编辑”组。 显示“编辑”组中按钮。	查找 替换 选择 编辑
2. 选择“编辑”组中的“查找”按钮。 显示“导航”窗格。	单击 查找

（续表）

3. 在搜索框中输入要查找的文本。 搜索文本的所有匹配项都在文档中突出显示。	输入“gift”
4. 选择导航窗格中的向下箭头以转到搜索文本的下一个匹配项。 搜索文本的下一个匹配项会突出显示，或者“Microsoft Office Word”消息框会通知已完成搜索。	单击 ▼

11.2 使用替换

步骤

使用替换功能可以将特定文本或字符替换为其他文本或字符。

转到文档顶部。

1. 选择“开始”选项卡上的“编辑”组中的“替换”按钮。 “查找和替换”对话框打开，其中文本位于“查找内容”框中。	单击 替换
2. 在“查找内容”框中输入要查找的文本。确保输入的文本没有任何格式。 文本显示在“查找内容”框中。	输入“foundation”
3. 选择“替换为”框。 插入点出现在“替换为”框中。	按 Tab 键。
4. 输入所需的替换文本。 文本显示在“替换为”框中。	输入“organisation”
5. 选择“查找下一处”。 突出显示文档中第一次出现的搜索文本。	单击 查找下一处(F)
6. 选择“替换”以使用替换文本替换当前匹配项，“全部替换”将所有匹配项替换为替换文本，或选择“查找下一处”以跳过当前匹配项。 替换或跳过文本，突出显示下一处搜索文本，或者“Microsoft Office Word”消息框通知已完成搜索文档。	单击 替换(R)
7. Word 完成搜索后，选择“确定”按钮。 “Microsoft Office Word”消息框关闭。	单击“确定”按钮
8. 完成文本替换后，选择“关闭”。 “查找和替换”对话框关闭。	单击 ×

单击文档中的任意位置以取消选择文本。
关闭“CGA. docx”。

11.3 回顾练习

在文档中使用查找和替换

1. 打开“FINDEX. docx”。
2. 用单词“product”替换所有“sample”。
3. 关闭文档，不保存。

第 12 课

页眉和页脚

在本节中,你将学到以下知识:

- 使用页眉/页脚库创建页眉和页脚
- 使用页码库插入页码
- 插入当前日期
- 插入文件名
- 将域插入页眉/页脚
- 删除页眉/页脚

12.1 使用页眉/页脚库创建页眉和页脚

概念

用户可以为 Word 文档添加页眉和页脚。页眉是显示在每个页面顶部的文本，而页脚是显示在每个页面底部的文本。

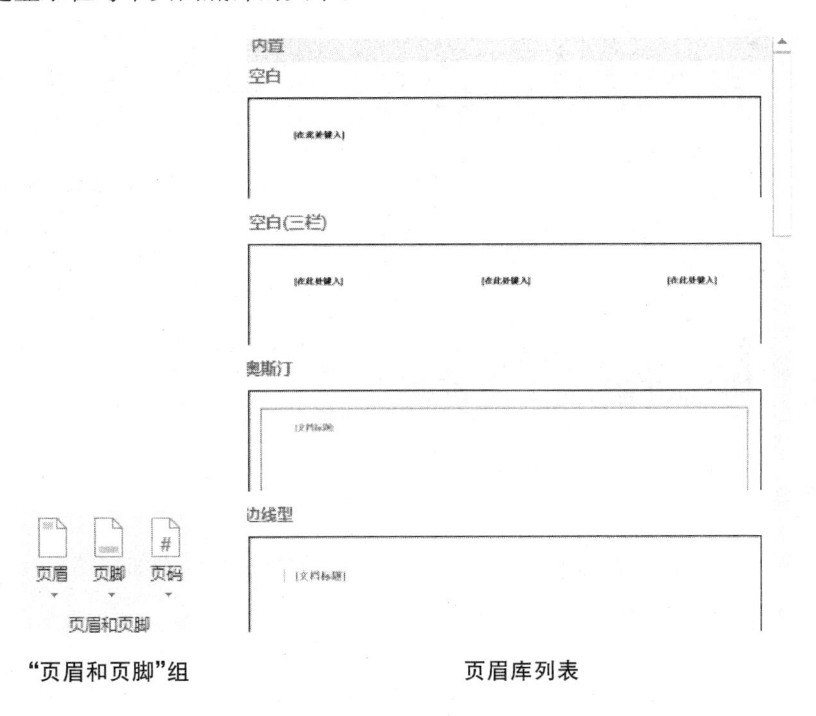

"页眉和页脚"组　　　　　　页眉库列表

步骤

使用页眉/页脚库创建页眉和页脚的步骤：

从"Student"文件夹打开"HeaderFooter. docx"。

1. 选择"插入"选项卡。 显示"插入"选项卡。	单击 插入
2. 从"页眉和页脚"组中选择"页眉"按钮。 显示页眉库。	单击 页眉

（续表）

3. 从页眉库选择所需页眉。 选中的页眉应用于文档，并且插入点位于页眉中。显示“页眉和页脚工具设计”上下文选项卡。	根据需要滚动，然后单击“边线型”
4. 根据需要编辑页眉。	保留页眉文本
5. 从“页眉和页脚”组中选择“页脚”按钮。 显示页脚库。	单击 页脚
6. 从页脚库中，选择所需的页脚。 选中的页脚应用于文档，插入点位于页脚中。	根据需要滚动，然后单击“边线型”
7. 根据需要编辑页脚。 编辑页脚。	按 Delete 键两次以删除页码

不关闭文档，继续下一部分。

12.2 使用页码库插入页码

概念

如果希望每页上都有页码，并且页码中不包含任何其他信息（例如文档标题或文件的位置），则可以从页码库中快速添加页码。

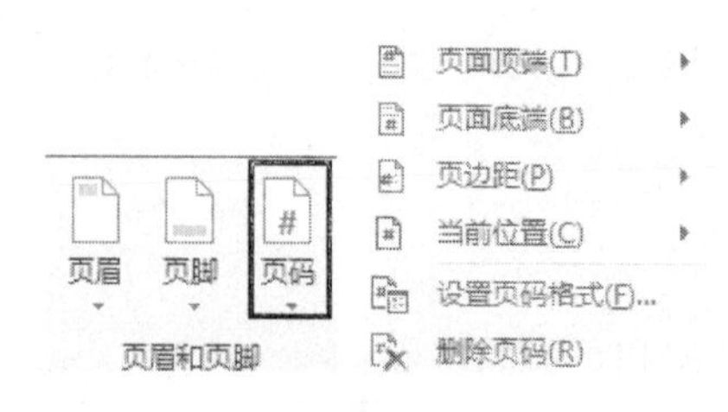

页码列表选项

步骤

使用页码库插入页码的步骤：

打开“HeaderFooter. docx”。确保处于页面视图。

1. 选择“插入”选项卡。 显示“插入”选项卡。	单击 插入
2. 在“页眉和页脚”组中选择“页码”。 下拉菜单打开。	单击 页码
3. 根据页码所需的位置指向相关选项。 子菜单打开。	指向 页边距(P)
4. 根据所需的位置和样式选择一个选项。 页码已插入。页眉打开，显示“页眉和页脚工具”选项卡。	单击“强调线(左侧)”
5. 单击“关闭页眉和页脚”。 页眉关闭，并显示“开始”选项卡。	单击 关闭页眉和页脚 关闭

关闭“HeaderFooter. docx”。

12.3 插入当前日期

概念

“日期和时间”对话框

步骤

将当前日期插入文档的页眉或页脚的步骤：
从“Student”文件夹打开“EquipmentReview. docx”。

1. 选择“插入”选项卡。 显示“插入”选项卡。	单击 插入
2. 在“页眉和页脚”组中选择“页眉”或“页脚”按钮。 页眉或页脚库打开。	单击 页码
3. 选择“编辑页眉”或“编辑页脚”选项。 页眉或页脚区域打开以进行编辑，并显示“页眉和页脚工具”选项卡。	单击 编辑页眉(E)
4. 在“插入”组中选择“日期和时间”按钮。 “日期和时间”对话框打开。	单击 日期和时间
5. 选择所需的日期格式。 所需的格式被选中。	单击列表中的第三个选项
6. 选择“确定”按钮。 “日期和时间”对话框关闭，日期插入页眉或页脚中。	单击“确定”按钮。
7. 将插入点放在要插入文件名的位置。 插入点显示在新位置。	按 Tab 键一次

继续下一部分。

12.4 插入文件名

概念

可以将文档信息（如文件名、作者、文件路径或主题）放入页眉或页脚中。

步骤

确保插入点位于页眉或页脚区域中的所需位置。

1. 在“插入”组中选择“文档信息”按钮。 显示下拉菜单。	单击 文档信息
2. 选择“文件名”。 插入文件名。	单击“文件名”

（续表）

3. 单击“关闭页眉和页脚”。 页眉关闭，并显示“开始”选项卡。	单击 关闭页眉和页脚 关闭

12.5 将域插入页眉/页脚

概念

用户可能希望在页眉或页脚中插入域，例如插入作者姓名或各类编号。

步骤

将域插入页眉/页脚的步骤：

1. 选择“插入”选项卡。 显示“插入”选项卡。	单击“插入”
2. 选择“页眉”或“页脚”按钮。 插入文件名。	单击“页眉”
3. 从下拉列表选择“编辑页眉”。 显示“页眉和页脚工具设计”选项卡。	单击“编辑页眉”
4. 选择“文档部件”按钮。 显示选项列表。	单击“文档部件”
5. 选择“域…”。 “域”窗口打开，其中包含要插入的域类型列表。	单击“域…”
6. 选择适当的域并将其插入页眉或页脚。 域插入页眉或页脚。	单击“Author”，然后单击“确定”按钮

12.6 删除页眉/页脚

概念

如果不再需要使用页眉或页脚或插入了错误的页眉或页脚，也可以将页眉或页脚从文档中删除。

步骤

删除页眉/页脚的步骤：

1. 选择"插入"选项卡。 显示"插入"选项卡。	单击"插入"
2. 选择"页眉"或"页脚"按钮。 插入文件名。	单击"页眉"
3. 单击下拉列表末尾处的"删除页眉"或"删除页脚"。 页眉或页脚被删除。	单击 删除页眉(R)

关闭文档,不保存。

12.7 回顾练习

为文档创建页眉和页脚

1. 打开"Headerex.docx"。
2. 在第 2 页上插入空白页眉。添加当前日期,使用包含星期的格式。
3. 在第 2 页的页脚中间插入页码。
4. 删除包含星期的页眉。
5. 关闭文档,不保存。

第 13 课

使用制表位和表格

在本节中,你将学到以下知识:

- 使用制表位
- 设置制表位
- 删除制表位
- 清除所有制表位
- 插入表格
- 在表格中导航
- 选择表格
- 向表格中插入行和列
- 向表格添加文本
- 隐藏和显示网格线
- 将行和列插入表格中
- 更改列宽和行高
- 为表格添加边框
- 从表格删除边框
- 添加和删除底纹
- 删除表格

13.1 使用制表位

概念

如果希望文本显示在页面中的固定位置，可以使用制表位（制表符）来分隔文本。最好使用制表位，而不是使用空格键插入空格来创建间距。制表位使文本和间距的选定和编辑更加简便和高效。

默认情况下，每按一次 Tab 键，插入点将向右移动一个制表位。

Tab 键

可以在段落中的任意位置创建多个制表位。使用水平标尺左侧的制表符选择器按钮可以在可用制表位[左对齐、右对齐、居中、小数点对齐（对于数值数据）、竖线对齐]之间切换。

单击标尺上的L以调整要插入的制表位类型。如果标尺不可见，请单击“视图”选项卡，然后选中“显示”组中的“标尺”选项。

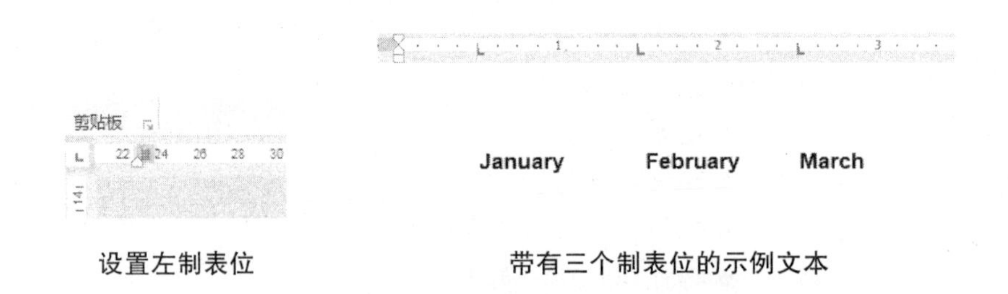

设置左制表位　　　　带有三个制表位的示例文本

不同的制表位以不同方式定位文本。文本和数字左对齐到左对齐制表位，在居中制表位下居中，并右对齐到右对齐制表位。文本中的第一个小数点、句点或数字与小数点对齐制表位对齐。输入数字列表并希望其小数点对齐时，可以使用小数点对齐制表位。竖线对齐制表位会在制表位上插入一个垂直条。

左对齐	居中	右对齐	小数点对齐
Gold	High	Australia	984.30
Platinum	Medium	Russia	894.20
Silver	Low	Chile	16.26

设置制表位

13.2 设置制表位

概念

制表位(制表符)可以设置在一行中的任何位置,并且可以组合设置不同制表位。

可以通过单击水平标尺左侧的制表符选择器按钮来创建制表位,直到显示所需的制表位。然后单击水平标尺上的所需位置。还可以使用"制表位"对话框输入制表位类型和位置。

创建制表位后,可以在使用所选制表位编排格式的行中输入文本。每次按 Enter 键,新段落都会使用相同制表位编排格式。

步骤

从"Student"文件夹打开"TABRPT.docx"。

设置制表位(制表符)的步骤:

如有必要,显示水平标尺。

使用"开始"选项卡上"段落"组中的显示/隐藏编辑标记按钮显示编辑标记。

步骤	操作
1. 将插入点放在要添加制表位的行中。 插入点出现在新位置。	单击"Regional Expense Report"下方的行
2. 要设置左对齐制表位,请单击制表符选择器按钮,直到出现"左对齐式制表符"。 出现左对齐制表位。	如有必要,单击
3. 在需要制表位的位置处单击水平标尺。 左对齐制表位在所选位置处出现在标尺上。	在水平标尺上 1 厘米处单击
4. 要设置居中制表位,请单击制表符选择器按钮直到出现"居中式制表符"。 出现居中制表位。	单击至

（续表）

5. 在需要制表位的位置处单击水平标尺。 居中式制表位在所选位置处出现在标尺上。	在水平标尺上 4 厘米处单击
6. 要设置右对齐制表位，单击制表符选择器按钮直到出现“右对齐式制表符”。 出现右对齐式制表位。	单击至
7. 在需要制表位的位置处单击水平标尺。 右对齐式制表符在所选位置处出现在标尺上。	在水平标尺上 8 厘米处单击
8. 要设置小数点对齐制表符，单击制表符选择器按钮直到出现“小数点对齐式制表符”。 出现小数点对齐制表位。	单击至
9. 在需要制表位的位置处单击水平标尺。 小数点对齐制表符在所选位置处出现在标尺上。	在水平标尺上 10 厘米处单击

按 Tab 键移动到第一个制表位并输入单词“Northeast”。按 Tab 键移动到下一个制表位并继续输入文本，如下图所示。在行的末尾，按 Enter 键开始一个新段落，然后输入第二行。

Northeast	Stephanie Smith	610-555-1234	$ 56.45
Southeast	Nathan Brown	404-321-8563	$ 100.25

关闭“TABRPT.docx”。

提示：还可以使用“制表位”对话框设置制表位。通过打开“开始”选项卡上的“段落”对话框启动器并单击“制表位...”按钮可以打开“制表位”对话框。

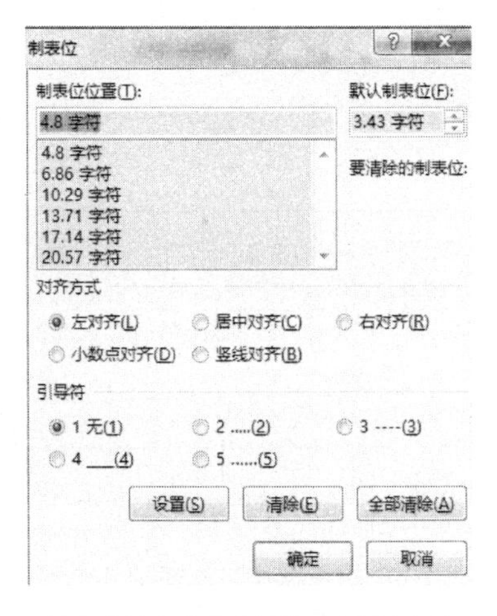

使用“制表位”对话框设置制表位

概念实践：设置制表位

1. 创建新的空白文档。
2. 在“开始”选项卡上，单击“段落”组的对话框启动器。
3. 单击“制表位...”按钮。
4. 要在 1 厘米位置处设置左对齐制表位：
   a. 在“制表位位置”框中输入“1.0”。
   b. 如有必要，选择“对齐方式”下的“左对齐”。
   c. 单击“设置”。
5. 要在 3 厘米位置处设置居中对齐制表位：
   a. 在“制表位位置”框中输入“3.0”。
   b. 如有必要，选择“对齐方式”下的“居中”。
   c. 单击“设置”。
6. 重复以上步骤以设置以下两个制表位：
   a. 在位置 8.0 厘米处的右对齐制表位。
   b. 在位置 12.0 厘米处的小数点对齐制表位。
7. 单击“确定”按钮。

2 1 1 2 3 4 5 6 7 8 9 10 11 12 13 14 15 17 18

标尺上的制表位设置

13.3 删除制表位

概念

可以使用“制表位”对话框删除制表位，也可以将它们拖离水平标尺。

步骤

使用标尺删除并移动制表位的步骤：

从“Student”文件夹打开“TABS.docx”。

1. 要删除制表位，请选择要从中删除制表位的文本。 文本被选中。	三击“Region”
2. 将所需的制表符拖离标尺。 从标尺中移除制表符，与制表符对齐的任何文本均移动到右侧的下一个制表符处。	将“左对齐式制表符”拖离标尺 1 厘米处。

或者，使用“制表位”对话框删除制表位，请选择要删除的制表位，然后单击“清除”按钮。

13.4 清除所有制表位

概念

输入完用制表位分隔的文本后，你可能希望恢复默认制表位以输入更多用制表位分隔的文本或段落文本。将插入点放在用制表位分隔的文本下面然后清除现有制表位可以返回默认制表位集。清除制表位会将其从当前或选中的段落中删除。

用户可以选择清除特定制表位，也可以同时清除所有制表位。清除制表位的快捷方法是使用“制表位”对话框。

步骤

清除所有制表位的步骤：

如果显示比例调整为适宜页宽，可能更容易使用制表位。

从“Student”文件夹打开“TABS. docx”。

步骤	操作
1. 选择要从中清除制表位的段落。 段落被选中。	拖动选择所有文本
2. 单击“段落”对话框启动器箭头。 “段落”对话框打开。	单击“段落”组中的
3. 选择“制表位...”按钮。 “制表位”对话框打开。	单击 制表位(T)...
4. 选择“全部清除”。 所有制表位均被清除。	单击“全部清除”按钮
5. 选择“确定”。 “制表位”对话框关闭，并且水平标尺上不显示任何制表符。	单击“确定”按钮

关闭“TABS. docx”，不保存。

13.5 插入表格

概念

用表格呈现信息是常用功能。例如,具有不同功能的产品列表最好在表格中呈现。

表格由水平行和垂直列组成,行和列的交集是单元格。可以在每个单元格中输入文本和数字。

用户可以使用不同的方法插入表格。可以使用“插入表格”对话框输入所需的行和列以及其他要求,也可以拖动以在“插入表格”网格中选择所需的单元格数。还可以使用“绘制表格”功能来绘制表格。

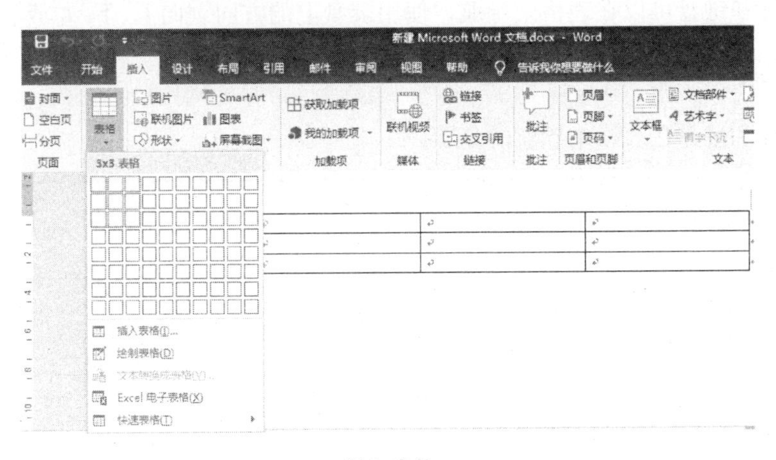

插入表格

步骤

创建表格的步骤:

创建一个新的空白文档。

1. 选择“插入”选项卡。 显示“插入”选项卡。	单击 插入
2. 选择“表格”组中的“表格”按钮。 “插入表格”菜单打开,包括“插入表格”网格。	单击 表格

（续表）

3. 在“插入表格”网格上拖动以选择表格中的行数和列数。释放鼠标按钮时，文档中将显示具有指定行数和列数的表格。显示“表格工具”选项卡。	拖动一个“3x3 表格”

将文档在“Student”文件夹中保存为“TABLE1. docx”。不关闭文档，继续下一部分。

13.6 在表格中导航

概念

使用鼠标和键盘可以在表格中导航。使用键盘上的方向键向上、下、左或右移动。

步骤

使用鼠标和键盘在表格中导航的步骤：

1. 单击要选择的单元格。 插入点显示在新位置。	单击第一行的中心单元格
2. 按 Tab 键移至下一个单元格。 插入点移动到下一个单元格。	按 Tab 键
3. 按 Shift ＋ Tab 组合键移至上一个单元格。 插入点移动到上一个单元格。	按 Shift＋Tab 组合键
4. 按 ↓ 键向下移动一个单元格。 插入点移动到当前单元格下方的单元格。	按 ↓ 键
5. 按 → 键向右移动一个单元格。 插入点移动到当前单元格右侧的单元格。	按 → 键
6. 按 ← 键向左移动一个单元格。 插入点移动到当前单元格左侧的单元格。	按 ← 键
7. 按 ↑ 键向上移动一个单元格。 插入点移动到当前单元格上方的单元格。	按 ↑ 键

13.7 选择表格

概念

必须选择表格或表格的某些部分才能设置表格格式或编辑表格。选择整个表格的最简单方法是使用表格移动控点。将鼠标放在表格上，然后单击左上角的表格移动控点。

Monday	Tuesday

使用表格移动控点选择表格

还可以使用“表格工具”→“布局”选项卡的“表”组中的“选择”按钮选择表格或表格的某些部分。

步骤

选择表格的步骤：

1. 将插入点放在表格内。 插入点出现在表格内。	单击表格内的任意位置
2. 选择“表格工具”→“布局”选项卡。 显示“表格工具”→“布局”选项卡。	单击“布局”选项卡
3. 选择“表”组中的“选择”按钮。 下拉菜单打开。	单击 选择 ▾
4. 选择“选择表格”选项。 整个表格被选中。	单击“选择表格”
5. 选择表格的第一行。 该行被选中。	单击第一行，然后单击“选择行”
6. 选择表格的第一列。 该列被选中。	单击第一列，单后单击“选择列”

单击文档中的任意位置以取消选择该表格。

13.8 向表格中插入行和列

步骤

向表格中插入行和列的步骤：

1. 将插入点放在要插入行的位置附近的单元格中。 插入点出现在单元格中。	单击第一行
2. 选择“表格工具”→“布局”选项卡。 显示“表格工具”→“布局”选项卡。	单击“布局”选项卡
3. 要插入行，选择“行和列”组中的“在上方插入”或“在下方插入”按钮。 插入新的行。	单击 在下方插入
4. 单击文档中的任意位置以取消选择插入的行。	单击文档中的任意位置
5. 将插入点放在要插入列的位置附近的单元格中。 插入点出现在单元格中。	单击“Product”单元格
6. 要插入列，请选择“行和列”组中的“在左侧插入”或“在右侧插入”按钮。 插入新的列。	单击 在左侧插入
7. 单击文档中的任意位置以取消选择插入的列。	单击文档中的任意位置

13.9 向表格添加文本

概念

通过单击单元格并输入文本，可以将文本添加到任意单元格。

可以对单个单元格、行或列，选中的单元格、行或列，或整个表格设置格式。

步骤

向表格中输入文本的步骤：

1. 将插入点放在要输入文本的单元格中。 插入点显示在新位置。	如有必要，单击左上角的单元格
2. 输入所需的文本。 文本显示在单元格中。	输入“Sales Person”

概念实践：在表格中输入以下文本。

要从一个单元格移动到另一个单元格，请按 Tab 键或使用鼠标。

Sales Person	Manager	Phone Number
Sally Brown	Jolly Smith	610-555-1234
Jackie Tan	Chris Brown	404-321-8563

不关闭文档，继续下一部分。

13.10 隐藏和显示网格线

概念

Sales Person	Manager	Phone Number
Sally Brown	Jolly Smith	610-555-1234
Jackie Tan	Chris Brown	404-321-8563

显示网格线的表格

Sales Person	Manager	Phone Number
Sally Brown	Jolly Smith	610-555-1234
Jackie Tan	Chris Brown	404-321-8563

隐藏网格线的表格

步骤

隐藏和显示表格中网格线的步骤：

如有必要，隐藏表格中的边框。选择整个表，然后选择“表格工具”→“设计”选项卡。

1. 将插入点放在表格的任何单元格中。 插入点移动到新位置。	单击表格中的任意位置。
2. 选择“表格工具”→“布局”选项卡。 显示“布局”选项卡。	单击“布局”选项卡
3. 选择“表”组中的“查看网格线”按钮以隐藏网格线。 网格线被隐藏。	单击 查看网格线
4. 再次选择“表”组中的“查看网格线”按钮以显示网格线。 显示网格线。	再次单击 查看网格线

概念实践：确保网格线被显示。在“打印预览”中查看文档；注意网格线并没有出现，即使它们被显示在文档中。然后，关闭打印预览。

13.11 将行和列插入表格中

步骤

将行和列插入表格中的步骤：

打开“TABLE1. docx”。

1. 右击要在其上插入行的行。 显示快捷菜单。	鼠标右击最后一行
2. 从“插入”快捷菜单中选择“在上方插入行”选项。 在最后一行之前添加一个空行。	单击“插入”，然后单击 在上方插入
3. 右击要在其右侧插入列的列。 显示快捷菜单。	右击第一列
4. 从“插入”快捷菜单中选择“在左侧插入列”选项。 在第一列左侧添加一个空白列。	单击“插入”，然后单击 在左侧插入

提示：要删除表格行/列，请选择行/列，选择“表格工具”→“布局”选项卡，单击“删除”按钮，然后选择相应的选项以删除行/列。

保存"TABLE1. docx"。

13.12 更改列宽和行高

步骤

更改列宽和行高的步骤：

1. 将光标定位到行以增加高度。	单击表格的第一行
2. 单击"表格工具"→"布局"选项卡。 显示该选项卡。	单击"布局"选项卡
3. 单击"单元格大小"组中的"高度"选值框向上或向下箭头。 所选行的高度相应更改。	单击"高度"选值框的箭头以将高度设置为"2 厘米"
4. 单击"单元格大小"组中的"宽度"框，输入所需高度，然后按 Enter 键。 所选列的宽度相应更改。	单击"宽度"框，输入"4 厘米"，然后按 Enter 键

单击表格外部以取消选择单元格。

提示：还可以使用鼠标更改列宽和行高。

使用拖动方法更改列宽的步骤：

1. 将鼠标放在要调整大小的列的右边界上。鼠标指针将更改为列调整大小光标(+||+)。
2. 单击并拖动边界，直到列宽为所需宽度。

使用拖动方法更改行高的步骤：

1. 将鼠标放在要调整大小的行的下边界上。鼠标指针将更改为行调整大小光标(÷)。
2. 单击并拖动边界，直到行高为所需高度。

13.13 为表格添加边框

步骤

为表格添加边框的步骤：

根据需要滚动以查看页面底部的表格。

1. 选择表格中要添加边框的单元格、行或列。 选择表格中的单元格、行或列。	拖动选择整个表格
2. 选择“表格工具”→“设计”选项卡。 显示“设计”选项卡。	单击“设计”选项卡
3. 单击“边框”组中的“边框”按钮下箭头。 打开可用边框样式列表。	单击 边框
4. 选择“边框和底纹”。 出现“边框和底纹”对话框。	单击 边框和底纹(O)...
5. 在“设置”下选择边框类型。 边框类型显示在预览区域中。	单击 全部(A)
6. 选择所需的边框线样式。 边框线样式显示在预览区域中。	单击“样式”列表中第 3 行的样式 样式(Y):
7. 选择所需的边框线颜色。 边框线颜色显示在预览区域中。	单击“颜色”列表，然后单击“标准色”中的“蓝色”
8. 选择所需的边框线宽度。 边框线宽度显示在预览区域中。	单击“宽度”列表，然后单击“1 磅”
9. 单击“确定”按钮。 应用边框。	单击“确定”按钮

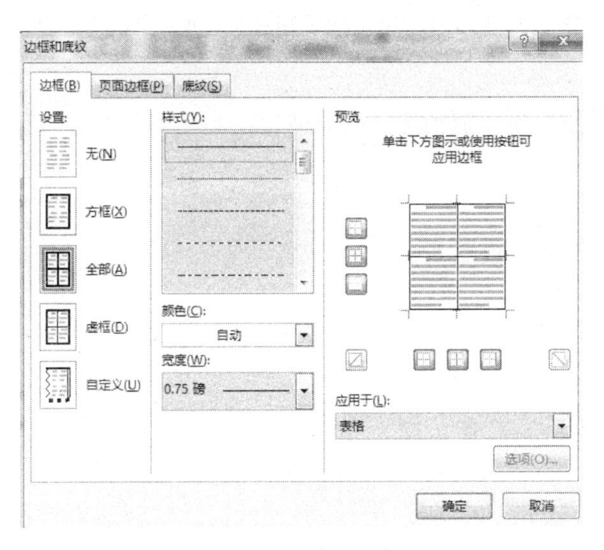

使用"边框和底纹"对话框添加边框

13.14 从表格删除框线

步骤

为表格删除框线的步骤:

根据需要滚动以查看页面底部的表格。

1. 选择要从中删除框线的表格对象。 表格对象被选中。	单击选择栏以选择表格的最后一行
2. 选择"表格工具"→"设计"选项卡。 显示"设计"选项卡。	如有必要,单击"设计"
3. 单击"边框"组中的"笔样式"按钮。 打开可用线条样式列表。	单击
4. 选择"无边框"选项。 "无边框"选项显示在"笔样式"框中。	单击"无边框"
5. 单击"边框"组中的"边框"按钮箭头。 可用框线位置库打开。	单击"边框"
6. 选择与要删除的框线对应的选项。 框线从表格中删除。	单击"下框线"

单击文档中的任意位置以取消选择该表格。注意,表格底部边缘不再出现框线。

概念实践：选择整个表格，并使用“边框”组中“边框”中的“无边框”选项从表格中删除所有框线。

单击文档中的任意位置以取消选择该表格。

13.15 添加和删除底纹

步骤

为表格中文本添加和删除底纹的步骤：

1. 选择要添加或删除底纹的文本或表格对象。 文本或表格对象被选中。	拖动选择表格的第一行
2. 选择“表格工具”→“设计”选项卡。 显示“设计”选项卡。	单击“设计”选项卡
3. 在“表格样式”组中选择“底纹”按钮。 打开可用的底纹颜色库。	单击 底纹
4. 选择要添加的底纹，或选择“无颜色”选项以删除底纹。 底纹应用于文本或表格对象，或者从文本或表格对象中删除。	单击“白色，背景 1，深色 25%”(第 1 列，第 4 行)

取消选择行以查看底纹。

概念实践：选择表格的第一行并使用“无颜色”选项从单元格中删除底纹。

提示：还可以使用“开始”选项卡上“段落”组中的“底纹”按钮实现此操作。

保存并关闭“TABLE1.docx”。

13.16 删除表格

步骤

从 Word 文档中删除表格的步骤：

1. 将插入点放在表格内。 插入点出现在表格中。	单击表格内的任意位置
2. 选择“表格工具”→“布局”选项卡。 显示“表格工具”→“布局”选项卡。	单击“布局”选项卡
3. 选择“表”组中的“选择”按钮。 打开下拉菜单。	单击 选择
4. 选择“选择表格”选项。 整个表格被选中。	单击“选择表格”
5. 在“表格工具”→“布局”选项卡下，单击“行和列”组中的“删除”按钮。 打开下拉菜单。	单击 删除
6. 选择“删除表格”选项。 表格被删除。	单击“删除表格”

13.17 回顾练习

创建和应用表格

1. 创建一个新的空白文档。显示段落标记和“插入”选项卡。
2. 创建下表，使用鼠标或键盘从一个单元格移动到另一个单元格：

Product Name	Price
Amizone	$ 67.99
EarthWeb	$ 125.99

3. 关闭文档，不保存。

第 14 课

插入图形

在本节中，你将学到以下知识：

- 插入联机图片
- 插入图片
- 插入绘制对象
- 插入图表
- 在同一文档内复制/移动对象
- 在打开的文档之间复制/移动对象

14.1 插入联机图片

概念

插入图片或图形对象是 Microsoft Word 中的常见操作,图形可以更好地说明理论和概念,也可以分解冗长文本。可以从互联网、本地或在线驱动器中插入图像。

步骤

从“Student”文件夹打开“LTRGRPH. docx”。

1. 将插入点放在要插入联机图片的位置。 插入点移动到新的位置。	单击第一页上的最后一个段落
2. 选择“插入”选项卡。 显示“插入”选项卡。	单击 插入
3. 选择“插图”组中的“联机图片”按钮。 “插入图片”任务窗格。	单击 联机图片
4. 选择相应的在线搜索工具(例如“必应”),然后将插入点放在搜索框中。	单击搜索框
5. 输入所需的关键词。 符合搜索条件的图片的缩略图显示在结果框中。	输入“fitness”,然后按 Enter 键
6. 根据需要滚动,然后选择所需图片以将其插入在插入点处。	必要时滚动,然后单击所选图像然后选择“插入”按钮。

插入联机图片

必须先选中图片，然后才能对其进行编辑或设置格式。单击图片即可将其选中。

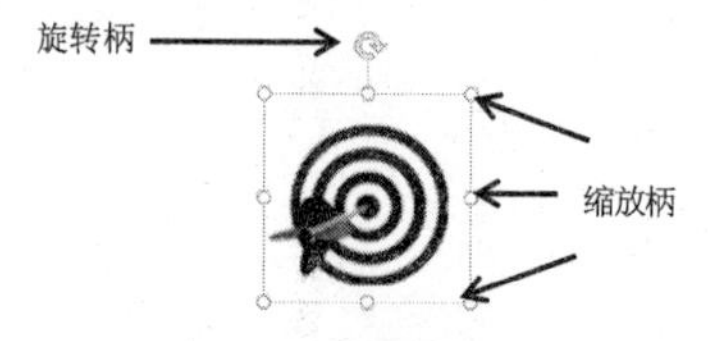

所选图片边角处的缩放柄

编辑图像时，可以选择是否保持其纵横比。图像的纵横比是其高度与宽度的比例。使用位于图像每个角上的缩放柄编辑图像时，默认保持其纵横比。

锁定/解锁图像纵横比的步骤：

1. 选择图像，然后单击“图片工具”→“格式”选项卡。
2. 单击“高级版式：大小”对话框启动器。

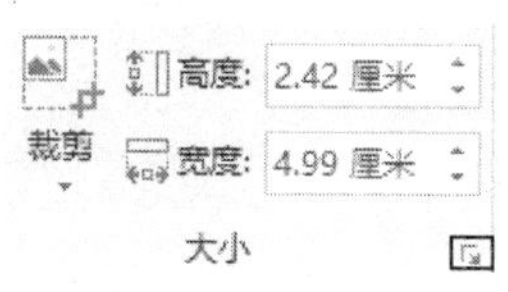

3. 选择/取消选中“锁定纵横比”复选框。

4. 单击“确定”按钮。

根据选择的选项，使用缩放柄编辑图像将改变其外观。当纵横比被锁定时，图像将保持原始纵横比，但是当它被解锁时，可以将图像编辑成新的形状，而不是仅增大或减小尺寸。

如果要删除图片，请选择它并按 Delete 键。

提示：通过拖动缩放柄或通过在“大小”组中的数值框中指定图片的精确高度和宽度来调整图片大小。

指定图片的大小

14.2 插入图片

概念

用户可能想要将计算机或本地驱动器中的图片插入文档。图片文件格式包括 *. jpg、*. gif、*. png、*. bmp 和 *. tif。

步骤

转到“LTRGRPH. docx”的第 2 页。

1. 将插入点放在要显示的文档中。 插入点出现在新位置中。	单击第 2 页上段落“Body Lean Practice Bike”的开头
2. 选择“插入”选项卡。 显示“插入”选项卡。	单击“插入”选项卡
3. 单击“插图”组中的“图片”按钮。 打开“插入图片”对话框。	单击 图片
4. 选择包含要插入的图片文件的驱动器。 显示可用文件夹和文件的列表。	单击包含“Student”文件夹的驱动器
5. 选择包含要插入的图片文件的文件夹。 显示可用文件的列表。	单击“Student”文件夹
6. 选择要插入的图片文件。 文件被选中。	单击“BIKE . jpg”
7. 选择“插入”按钮的左侧部分。 “插入图片”对话框关闭，图片出现在文档中。	单击“插入”按钮

14.3 插入绘制对象

概念

绘制的对象包括线条、矩形、箭头总汇和其他形状。

步骤

从“Student”文件夹打开“LTRGRPH. docx”。

1. 将插入点放在要绘制对象的文档中。 插入点显示在所选位置中。	单击文档末尾
2. 选择“插入”选项卡。 显示“插入”选项卡。	单击 插入
3. 单击“插图”组中的“形状”按钮。 形状列表打开。	单击 形状
4. 选择形状。 形状被选中，并且鼠标指针变为十字准线。	在“矩形”下，单击“矩形” 矩形
5. 单击要在文档中显示形状的位置，然后拖动，直到形状满足所需的大小。 形状出现在文档中。	单击页面的空白区域并拖动以绘制形状
6. 选择形状并输入文本。 每个形状都是一个文本框。文本显示在形状中。	单击该矩形，并输入“SALE” SALE
7. 通过单击并拖动缩放柄来调整形状大小。 形状的大小被调整。	单击并拖动缩放柄以获得正确大小的绘制对象 SALE

必须先选中形状，然后才能对其进行编辑或设置格式。单击形状边框即可将其选中。

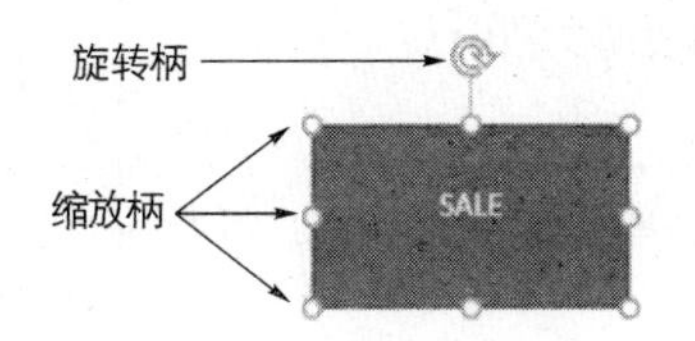

边角处有缩放柄的所选形状

如果想删除该形状,需按 Delete 键。

提示：在拖动时按住 Shift 键可绘制正方形或圆形。

14.4 插入图表

概念

图表通常比表格中的数字能更好地呈现信息。Word 采用工作表输入图表数据，就像 Microsoft 试算表应用程序 Excel 一样。

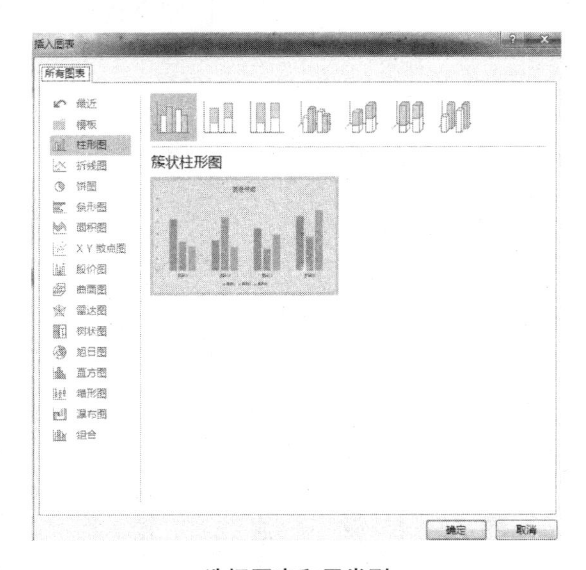

选择图表和子类型

步骤

创建新的空白文档。

1. 将插入点放在要插入图表的文档中。 插入点移动到该位置。	单击页面顶部。
2. 选择“插入”选项卡，然后单击“插图”组中的“图表”按钮。 出现“插入图表”对话框。	单击“插入”并单击 图表
3. 选择图表和子类型。 图表类型被选中。	单击“柱形图”，然后单击“簇状柱形图”。
4. 单击“确定”。 图表将插入带有工作表窗口的文档中。 工作表中显示的数据是占位符源数据。源数据用于创建图表，需用实际数据替换。	单击“确定”按钮。
5. 在工作表中输入图表数据，然后关闭工作表窗口。 使用输入的数据更新图表。	输入下图显示的数据并关闭“Microsoft Word”中的“图表”窗口。
6. 添加图表标题。 出现图表标题。	单击“图表标题”框，然后输入“First Quarter Sales”。
7. 选择图表并根据需要调整大小。 图表已调整大小。	单击图表以选择它，然后单击并拖动缩放柄以调整图表的大小。

	A	B	C	D
1		Jan	Feb	Mar
2	North	4.3	2.4	2
3	South	2.5	4.4	2
4	East	3.5	1.8	3
5	West	4.5	2.8	5

图表数据

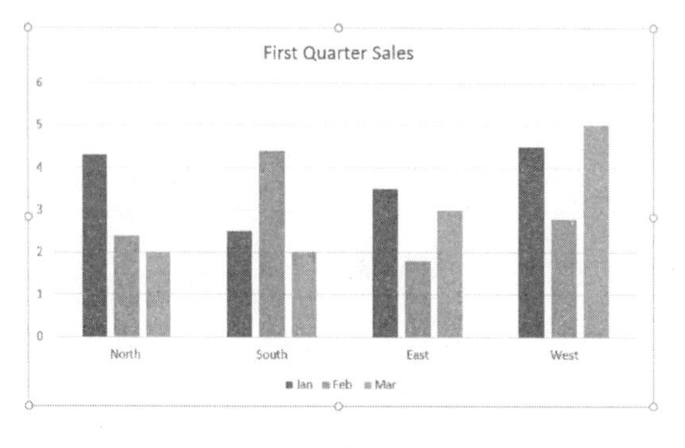

带有缩放柄的所选图表

如果要删除图表，只需单击图表将其选中，然后按 Delete 键。

将文档保存为“WORDCHART. docx”并关闭文档。

14.5 在同一文档内复制/移动对象

步骤

在同一文档内复制对象的步骤：

从“Student”文件夹打开“LTRGRPH. docx”。

1. 选择要创建副本的对象。 对象被选中。	单击文档末尾的矩形
2. 选择“开始”选项卡，然后单击“剪贴板”组中的“复制”按钮。 对象被复制。	单击“复制”按钮
3. 将插入点放在文档中要显示对象副本的位置。 插入点显示在新位置中。	按 Ctrl＋Home 组合键以转到文档开头
4. 选择“开始”选项卡，然后单击“剪贴板”组中的“粘贴”按钮。 对象的副本被粘贴到新位置。	单击“粘贴”按钮

替代方法：

- 右击对象并选择“复制”，然后右击要粘贴对象的位置，选择“粘贴”。
- 选择对象，按 Ctrl 键，单击并将其拖动到新位置。

在同一文档内移动对象的步骤：

1. 选择要移动的对象。 对象被选中。	单击第 2 页上的图片
2. 选择“开始”选项卡，然后单击“剪贴板”组中的“剪切”按钮。 对象被剪切。	单击“剪切”按钮
3. 将插入点放在文档中要显示对象的位置。 插入点显示在新位置中。	按 Ctrl＋End 组合键以转到文档末尾
4. 选择“开始”选项卡，然后单击“剪贴板”组中的“粘贴”按钮。 对象被粘贴到新位置。	单击“粘贴”按钮

替代方法：

- 右击对象并选择“剪切”，然后右击要粘贴对象的位置，选择“粘贴”。
- 选择对象，单击并将其拖动到新位置。

14.6 在打开的文档之间复制/移动对象

概念

将对象从一个文档复制/移动到另一个文档时，如果源文档(包含对象的文档)和目标文档(将对象粘贴到其中的文档)都打开，则会更便于操作。用户可以使用“视图”选项卡的“窗口”组中的“切换窗口”按钮在文档之间切换。

步骤

打开文档“LTRGRPH. docx”和“PRDLISTSPELL. docx”。

1. 在源文档中选择要复制/移动的对象。 对象被选中。	单击“LTRGRPH. docx”的第 2 页上的图片
2. 选择“开始”选项卡，然后单击“剪贴板”组中的“剪切”或“复制”按钮。 对象被剪切或复制。	单击“剪切”按钮
3. 切换到目标文档。 显示目标文档。	单击“视图”，单击“切换窗口”，单击“PRDLISTSPELL. docx”
4. 将插入点放在目标文档中你希望对象显示的位置。 插入点显示在新位置中。	按 Ctrl＋End 组合键以转到文档末尾
5. 选择“开始”选项卡，然后单击“剪贴板”组中的“粘贴”按钮。 对象被粘贴到新位置。	单击“粘贴”按钮

保存两份文档。关闭“PRDLISTSPELL. docx”。

14.7 回顾练习

插入图形

1. 打开“Graphex. docx”。
2. 确保处于页面视图中，并且如有必要，显示水平标尺。
3. 关闭文档，不保存。

第 15 课

邮件合并

在本节中，你将学到以下知识：

- 使用邮件合并
- 合并到打印机
- 创建邮件标签
- 选择标签选项
- 添加数据源
- 插入标签合并域
- 将标签合并到新文档

15.1 使用邮件合并

概念

邮件合并用于使用存储在列表、数据库或电子表格中的信息创建多封信件或多个标签。收件人的姓名、地址等信息可以个性化设置。同一数据源可用于创件信件和邮件标签。

执行邮件合并的基本步骤是：

1. 创建主文档
选择要使用邮件合并创建的文档类型(例如,信函、电子邮件、信封、标签或目录)。主文档应包含所有待合并文档中的共有内容。

2. 选取或创建数据源
数据源包含要在主文档中显示的个性化信息。用户可以创建新数据源或使用现有数据源。可以作为数据源的文件类型包括 Word 表格、Excel 文件,或Access数据库。

3. 插入合并域
指定要将数据源中的信息插入主文档的位置。

4. 预览合并结果
预览合并数据源中的信息后文档的显示方式。

5. 完成合并
将数据源中的数据合并到主文档中的合并域中,为数据源中的每条记录创建一个文档。

“邮件合并”任务窗格可指导用户创建、打开和修改主文档和数据源。任务窗格提供了该过程中每个步骤的说明。使用任务窗格时,可以返回上一步以查看或修改邮件合并设置。

步骤

开始邮件合并。

从“Student”文件夹打开“CANCUN1. docx”。你想创建(此处为你要创建的内容的说明,例如包含地址的合并文档或私人信件……)

1. 选择“邮件”选项卡。 显示“邮件”选项卡。	单击“邮件”选项卡
2. 在“开始邮件合并”组中选择“开始邮件合并”按钮。 打开下拉菜单。	单击 开始 邮件合并
3. 选择要执行的邮件合并类型。 文档将准备开始执行特定类型的邮件合并。	单击“信函”
4. 选择“选择收件人”按钮，然后选择“使用现有列表...”。 打开“选取数据源”窗口。	单击“选择收件人”和“使用现有列表...”
5. 选择要用于邮件列表的相应文档。 文档被选中。	单击“Student”文件夹中的“ADDRESS. docx”，然后单击“打开”按钮
6. 将插入点放在主文档中要插入合并域的位置。 插入点移动到新位置。	如有必要，按 Ctrl+Home 组合键
7. 选择“编写和插入域”组中的“地址块”。 打开“插入地址块”窗口。	单击“地址块”按钮

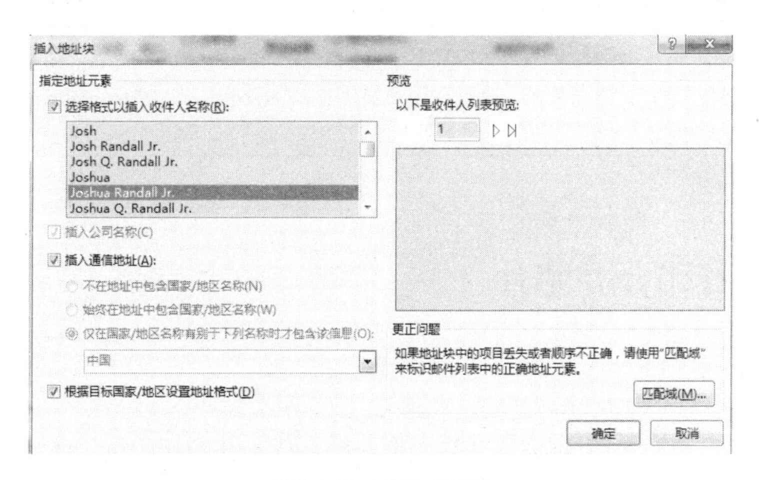

“插入地址块”对话框

8. 选择或取消选择所需选项。 相应地选择或取消选择选项，并在右侧显示收件人列表中第一个地址的预览。	单击“选择格式以插入收件人名称”列表中的“Mr. Josh Randall Jr.”。如有必要，单击“匹配域...”，并将地址列表中的“Post_Code”与“邮政编码”域匹配

（续表）

9. 选择“确定”按钮。 “插入地址块”对话框关闭。分组合并域将在插入点处插入主文档中。	单击“确定”按钮
10. 通过在“预览结果”组中选择“预览结果”，预览当前合并结果。 选择此选项后，信函预览将显示在同一文档中。要恢复正常，请取消选择“预览结果”按钮。	单击“预览结果”
11. 在“预览结果”下，选择“下一记录”按钮以预览每个合并的记录。 合并后的记录依次被预览。	单击 ▶
12. 在“预览结果”下，选择“上一记录”按钮以浏览合并的记录。 合并后的记录依次被预览。	单击 ◀
13. 要完成合并，请选择“完成并合并”下拉按钮。 出现下拉列表。	单击“完成并合并”
14. 在列表中，选择“编辑单个文档...”选项。 打开“合并到新文档”对话框。	单击“编辑单个文档...”
15. 选择要合并到新文档的记录。 选择相应记录。	如有必要，选择“全部”
16. 选择“确定”按钮。 “合并到新文档”对话框关闭。选择的记录显示在新的合并文档中。	单击“确定”按钮

15.2 打印合并邮件

概念

预览合并的文档后，可以不创建文档而将它们直接合并到打印机。此选项使用户可以轻松打印合并文档，而无需创建或保存新的合并文档。

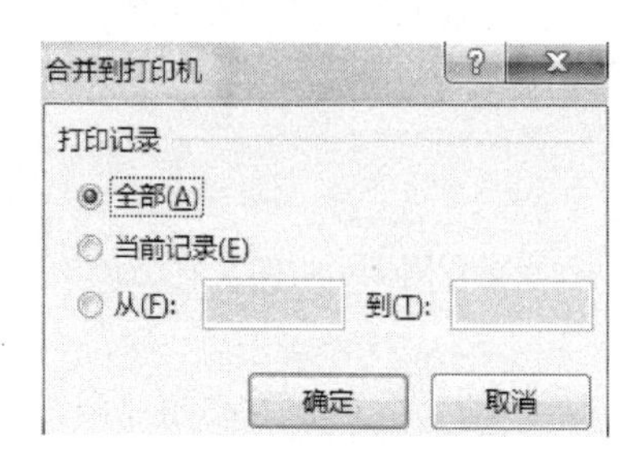

步骤

将邮件合并到打印机的步骤：

选择“邮件”选项卡。

1. 在“完成”组中，选择“完成并合并”。 显示下拉菜单。	单击 完成并合并 完成
2. 选择所需的打印输出。 打开“合并到打印机”对话框。	选择“打印文档”
3. 选择要合并到打印机的记录。 选择相应记录。	如有必要，单击 全部(A)
4. 选择“确定”按钮。 “合并到打印机”对话框关闭，并且“打印”对话框打开。	单击 确定
5. 在“打印”对话框中选择所需选项，然后选择“确定”按钮。 “打印”对话框关闭，Word 将打印合并后的信函。	单击 确定

关闭所有打开的文档，不保存。

15.3 创建邮件标签

概念

标签可用于打印地址或名牌。用户可以从多种标准标签规格中选择其尺寸。

创建邮件标签的第一步是创建新的空白文档。主文档确定后，选择要创建的标签类型，再设置所需的合并域并完成合并。

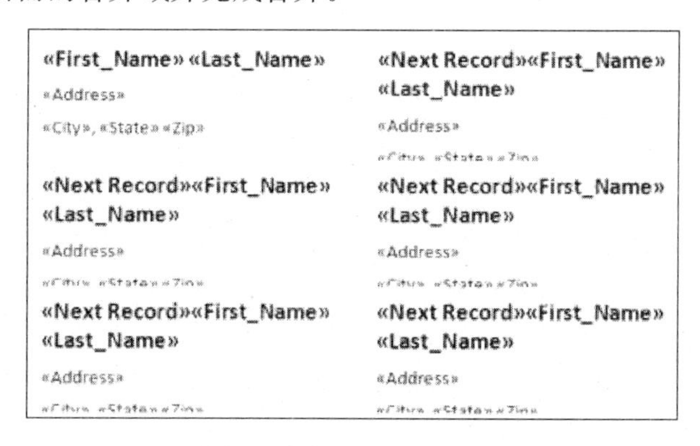

«First_Name» «Last_Name»
«Address»
«City», «State» «Zip»

«Next Record»«First_Name» «Last_Name»
«Address»

«Next Record»«First_Name» «Last_Name»
«Address»

«Next Record»«First_Name» «Last_Name»
«Address»

«Next Record»«First_Name» «Last_Name»
«Address»

«Next Record»«First_Name» «Last_Name»
«Address»

包含插入的合并域的标签主文档

步骤

创建邮件标签的步骤：

打开新的空白文档。

1. 选择功能区上的“邮件”选项卡。 显示“邮件”选项卡。	单击“邮件”选项卡
2. 选择“开始邮件合并”组中的“开始邮件合并”按钮。 打开下拉菜单。	单击 开始邮件合并
3. 选择“标签”选项。 打开“标签选项”对话框。	单击 标签(A)...

15.4 选择标签选项

概念

创建标签的第一步是创建主文档。要创建标签主文档，必须确定标签类型以及使用的打印机。用户可能会从某个标签纸供应商处采购标签纸。每张标签纸都有其特定尺寸，并包含若干具有特定尺寸的标签。

步骤

选择标签选项的步骤：

1. 选择“标签供应商”列表。 显示可用供应商列表。	单击“标签供应商”下拉箭头
2. 选择所需的标签供应商。 选定的供应商显示在“标签供应商”框中。	单击“Avery A4/A5”
3. 从“产品编号”列表框中选择所需的产品编号。 选择产品编号，相应标签信息显示。	根据需要在产品编号列表框中滚动，然后单击“6029”
4. 单击“确定”按钮。 “标签选项”对话框将关闭，空白标签将显示在主文档中。	单击 确定

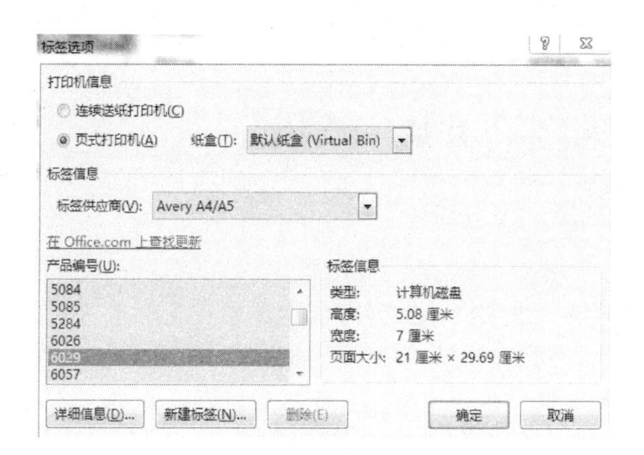

设置标签选项

空白标签被调整为相应的尺寸和版式。

15.5 添加数据源

概念

创建邮件标签主文档后，必须创建或指定数据源。数据源包含要插入标签的变量信息（例如名称和地址）。可以选取现有数据源或创建新数据源。

步骤

添加数据源的步骤：

步骤	操作
1. 单击“邮件”选项卡。 显示“邮件”选项卡。	单击“邮件”选项卡
2. 单击“选择收件人”。 显示下拉列表。	单击“选择收件人”
3. 选择“使用现有列表”。 打开“选取数据源”对话框。	单击“使用现有列表”
4. 选择存储数据源的驱动器。 可用文件夹和文件列表显示在“选取数据源”对话框的右侧部分。	单击“Student”文件夹
5. 选择所需的数据源文件。 选择文件名。	单击“Custdb. docx”
6. 选择“打开”按钮。 “选择数据源”对话框将关闭。	单击 打开(O)

15.6 插入标签合并域

概念

将标签合并域直接插入主文档。根据需求创建第一个标签,确保其包含所有必要的标点符号和间距。例如,如果在第一行插入"Title"和"LastName"域,则应在两个合并域之间插入空格。在创建第一个标签后,使用"更新所有标签"按钮将合并域复制到其余的标签。

步骤

插入标签合并域的步骤:

1. 要插入单个合并域,请选择"编写和插入域"下的"插入合并域"按钮。 "插入合并域"对话框打开。	单击"插入合并域"按钮的上半部分
2. 选择要插入的第一个域。 域被选中。	单击"ContactName"
3. 单击"插入"按钮或按 Enter 键。 域被插入。	单击"插入"按钮或按 Enter 键
4. 选择要插入的下一个域。 域被选中。	单击"Address_Line_1"
5. 单击"插入"按钮或按 Enter 键。 域被插入。	单击"插入"按钮或按 Enter 键
6. 选择要插入的下一个字段。然后,单击"插入"按钮或按 Enter 键。 域被插入。	单击"Country",单击"插入"按钮或按 Enter键
7. 插入所有所需字段后,单击"关闭"按钮。 "插入合并域"对话框将关闭。	单击"关闭"按钮
8. 向合并域添加任何所需的间距或标点符号。 合并域的布局根据需要更新	插入点移至"Address_Line_1"合并域前,然后按 Enter 键,插入点移至"Country"合并域前,然后按 Enter 键
9. "编写和插入域"组下,选择"更新标签"按钮。 使用与第一个标签相同的合并域更新所有标签。	单击 更新标签

注意，Word 已自动在除第一个标签之外的所有标签的开头插入“下一记录”域。合并标签时，这会提示 Word 在到达每一新标签时查看数据源中的下一条记录。

15.7 将标签合并到新文档

概念

设置主文档并选择标签的数据源时，就可以执行合并了。在打印前应先预览标签，以便进行必要的更改。如果发现排版错误，可以在合并文档中更正，但如果打算再次利用该数据，还必须在数据源中更正。

完成合并后，可以将标签直接合并到打印机，也可以将它们合并到新文档中。对新合并文档中的各个标签所做的更改不会保存到主文档或数据源中。

完成更改后，用户可以将合并的文档另存为独立文档，也可以将合并的文档发送到打印机，然后关闭，不保存。

步骤

将标签合并到新文档的步骤：

1. 在“完成”组中，选择“完成并合并”按钮。 显示下拉列表。	单击 完成并合并
2. 选择“编辑单个文档”。 打开“合并到新文档”对话框。	选择“编辑单个文档”
3. 选择要合并到新文档的记录。 记录被选中。	如有必要，单击 ◎ 全部(A)
4. 选择“确定”按钮。 “合并到新文档”对话框关闭，并将选中的记录合并到新文档中。	单击 确定

滚动查看标签。选择“文件”选项卡，单击“打印”选项中的“打印”按钮可以打印合并文档。

要将合并文档发送到打印机，需单击“邮件”选项卡“完成”组中的“完成并合并”。选择“打印文档...”并选择“全部”“当前记录”或输入要打印的合并文档的特定范围。单击“确定”按钮，然后在“打印”窗口中单击“确定”按钮。

关闭合并的标签文档，不保存。

15.8 回顾练习

邮件合并

1. 打开“INTRVW1. docx”。
2. 通过打开“邮件合并”任务窗格开始邮件合并。
3. 使用名为“ADDRESS. docx”的现有列表。
4. 在日期之后插入地址块。
5. 完成合并,生成单个信函。

第 16 课

设置文档格式

在本节中，你将学到以下知识：

- 插入手动分页符
- 删除手动分页符
- 设置页面方向
- 设置文档页边距
- 更改纸张大小
- 打印预览
- 打印当前页面或特定页面
- 打印多份副本
- 打印文档的特定部分

16.1 插入手动分页符

概念

当内容填满一个页面，进入下一页的时候，Word 会自动插入分页符。如果希望页面在其他位置中止或希望插入新页面，则可以插入手动分页符。

推荐使用分页符，而不是插入多个段落标记来添加新页面。

“页面”组

步骤

将手动分页符插入文档的步骤：

从“Student”文件夹打开“Docformat. docx”。

1. 单击要插入分页符的文档。 插入点显示在新位置。	根据需要滚动，然后单击文本“Terms and Conditions of Sale”标题的左侧
2. 选择“插入”选项卡。 显示“插入”选项卡的内容。	单击“插入”选项卡
3. 选择“分页”按钮。 手动分页符显示在当前行的上方，并且相应地调整分页。	单击 分页

提示：也可以将插入点放在要插入新页面的位置，然后按 Ctrl ＋ Enter 组合键插入分页符。

16.2 删除手动分页符

概念

Word 自动插入的分页符无法删除。用户只能删除手动插入的分页符。

步骤

删除手动分页符的步骤：

滚动到 Docformat.docx 的第 3 页。单击“开始”选项卡的“段落”组中的“显示/隐藏编辑标记”按钮。注意，“Advertising Agreement”标题上方可见手动分页符。

分页符标记

1. 选择要删除的手动分页符。 分页符被选中。	单击“Advertising Agreement”标题上方的手动分页符
2. 按 Delete 键。 从文档中删除手动分页符，并相应地调整分页。	按 Delete 键

提示：如果插入点位于分页符标记之前，按 Delete 键删除分页符；如果插入点位于分页符后面，按 Backspace 键删除分页符。

16.3 设置页面方向

概念

根据文档中的内容，可能需要更改页面方向。例如，如果文档中包含具有许多列的宽表格，则最好采用横向页面。

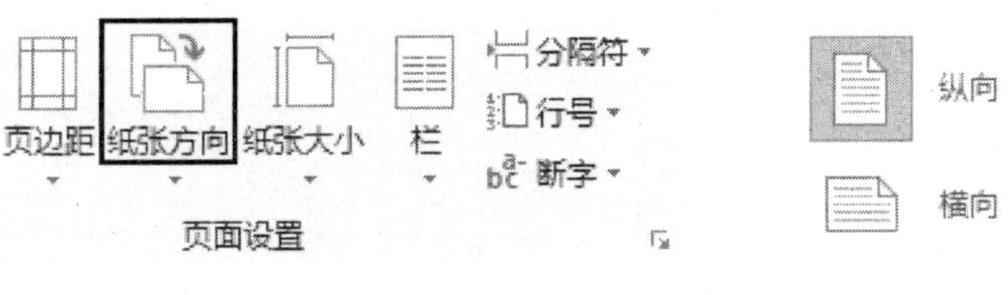

“页面设置”组　　方向列表选项

步骤

更改文档的页面方向的步骤：

切换到页面视图。

1. 选择“布局”选项卡。 显示“布局”选项卡的内容。	单击“布局”选项卡
2. 选择“页面设置”组中的“纸张方向”按钮。 方向菜单打开。	单击 纸张方向
3. 选择“纵向”或“横向”选项。 选择所需的方向。	单击 横向

移至文档顶部。切换到页面视图以查看新的页面方向。

概念实践：打开“页面设置”对话框并将文档恢复到纵向。

16.4 设置文档页边距

概念

文档的页边距是文档边缘和文档文本之间的间距。可以调整文档的页边距以更改文档的布局。

“页面设置”组　　页边距列表选项

步骤

调整文档页边距的步骤：

切换到页面视图。

1. 选择“布局”选项卡。 显示“布局”选项卡的内容。	单击“布局”选项卡
2. 选择“页面设置”组中的“页边距”按钮。 显示下拉菜单。	单击 页边距
3. 选择“自定义边距...”选项。 “页面设置”对话框打开。	单击“自定义边距...”
4. 单击“页边距”选项卡，在“上”选值框中，输入所需的上边距。 数字显示在“上”选值框中。	单击“上” 至“2.5 厘米”
5. 在“下”选值框中，输入所需的下边距。 数字显示在“下”选值框中。	单击“下” 至“4 厘米”
6. 在“左”选值框中，输入所需的左边距。 数字显示在“左”选值框中。	单击“左” 至“5 厘米”
7. 在“右”选值框中，输入所需的右边距。 数字显示在“右”选值框中。	单击“右” 至“2 厘米”
8. 选择“确定”按钮。 页面设置对话框关闭，文档页边距也相应更改。	单击 确定

16.5 更改纸张大小

概念

用户可以调整文档的纸张大小以匹配文档的打印方式。例如，可能需要在比标准页面大的页面上打印小型海报。

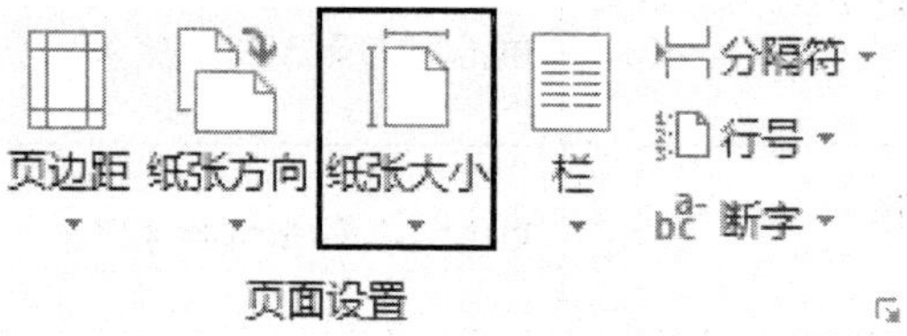

“页面设置”组

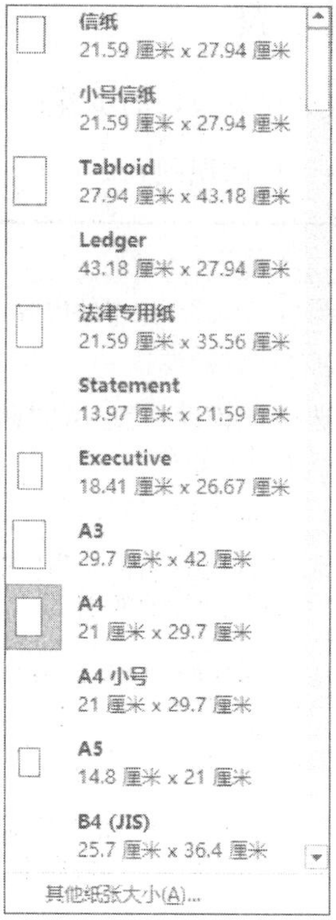

纸张大小列表选项

步骤

更改文档纸张大小的步骤：

1. 选择“布局”选项卡。 显示“布局”选项卡的内容。	单击  布局
2. 从“页面设置”组中选择“纸张大小”按钮。 显示出不同纸张大小的下拉菜单。	单击  纸张大小
3. 选择所需的纸张大小。 选定的纸张大小被选中。	单击  法律专用纸 21.59 厘米 x 35.56 厘米

不关闭文档，继续下一部分。

16.6 打印预览

概念

在打印之前，可以预览文档以查看内容在每个页面上的显示方式。打印预览功能显示的页面与打印出的页面一致。使用打印预览功能，则可以避免因打印了未完成的文档版本而浪费时间和纸张。

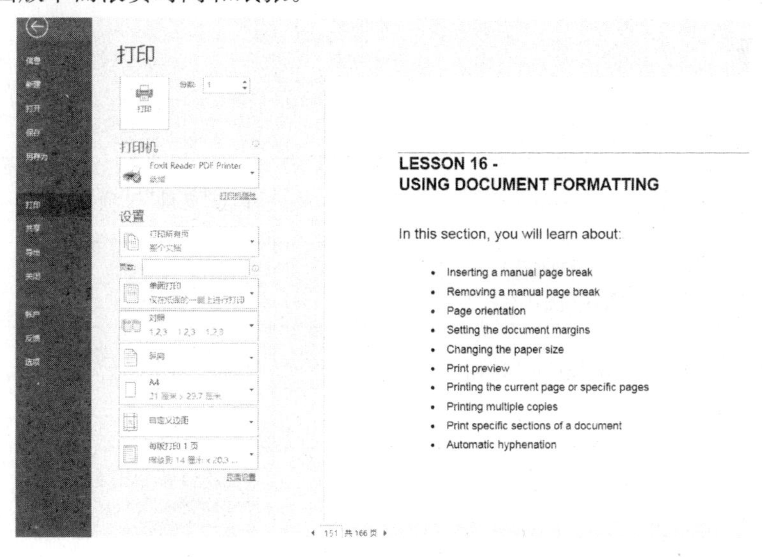

步骤

打印前预览文档的步骤：

1. 选择“文件”选项卡。 显示“文件”选项卡。	单击“文件”选项卡
2. 选择“打印”命令以显示打印选项。 页面的打印预览显示在窗格中。	单击“打印”命令
3. 选择“下一页”预览后方的页面。 预览下一页。	单击底部的向左或向右导航箭头 1 of 2
4. 选择“缩放到页面”以在一个屏幕中查看整个页面。 预览显示整个页面。	单击“缩放到页面” 52%

不关闭文档，继续下一部分。

提示：按 Ctrl ＋ P 组合键将打开打印预览功能。

16.7 打印当前页面或特定页面

概念

单击“打印”按钮，将打印整个文档的所有页面。但是，也可以指定打印文档中的当前页面或特定页面范围。

步骤

打印当前页面的步骤：

1. 选择“文件”选项卡。 显示“文件”选项卡。	单击“文件”选项卡
2. 选择“打印”命令以显示打印选项。 页面的打印预览显示在窗格中。	单击“打印”命令
3. 选择“设置”下的“打印所有页”按钮。 显示打印选项。	单击“打印所有页” 
4. 从菜单中选择“打印当前页面”。 所需选项被选中。	单击“打印当前页面” 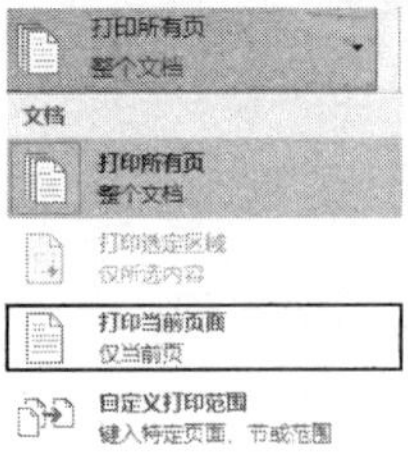
5. 选择“打印”按钮。 文档被打印。	单击 

概念实践：打印特定页面。

1. 单击“文件”选项卡，选择“打印”命令。
2. 选择“设置”下的“打印所有页”按钮。
3. 从菜单中选择“自定义打印范围”按钮。

4. 在“页数”文本框中输入页面范围。(例如,要打印第 2 页到第 6 页和第 11 页,请键入“2-6,11”)。提示:使用逗号分隔页面范围。

16.8 打印多份副本

概念

选择“打印”按钮时,默认情况下将打印 1 份文档。用户可以指定打印多份副本以供分发或共享。

步骤

打印多份副本的步骤:

1. 选择“文件”选项卡。 显示“文件”选项卡。	单击“文件”选项卡
2. 选择“打印”命令以显示打印选项。 页面的打印预览显示在窗格中。	单击“打印”命令
3. 在“份数”框中指定份数。 设置份数。	单击选值框箭头,打印 2 份副本 份数: 2
4. 选择“打印”按钮。 打印多份副本。	单击 打印

关闭“Docformat. docx”。

16.9 打印特定文本

概念

Microsoft Word 提供了打印文档中特定文本的选项,允许用户从页面中选择一段或多段文本,并打印所选内容。

步骤

1. 选择要打印的文本。 突出显示该文本。	选择“Minimum Order”标题和段落
2. 选择“文件”选项卡。 显示“文件”选项卡。	单击“文件”选项卡
3. 选择“打印”命令以显示打印选项。 页面预览显示在窗格中。	单击“打印”命令
4. 在“设置”下，单击“打印所有页”按钮。 显示选项列表。	单击 设置 打印所有页 整个文档
5. 选择“打印所选内容”选项。 应用新设置。	单击“打印所选内容”
6. 选择“打印”按钮打印所选内容。 将自行打印突出显示的段落。	单击“打印”

16.10 回顾练习

编排文档格式

1. 打开“DocFormatEX. docx”。
2. 将上边距和下边距更改为 3.8 厘米。
3. 将左边距和右边距更改为 2.5 厘米。
4. 将纸张方向更改为横向。
5. 在“Peton Identification Sample 9”之前插入分页符。
6. 删除你在上一个问题中插入的分页符。(提示：切换到草稿视图。)
7. 将纸张大小更改为“Legal”，将纸张方向更改为纵向。
8. 切换到打印预览以查看文档。然后，关闭打印预览。
9. 关闭文档，不保存。

ICDL 文书处理课程大纲

编号	ICDL 任务项	位置
1.1.1	打开、关闭文书处理应用程序。打开、关闭文档。	1.1 启动 Word 2016 2.10 关闭文档
1.1.2	基于默认模板、本地或联机的其他可用模板创建新文档。	2.1 创建新的空白文档 2.2 使用模板创建新文档 2.3 搜索模板
1.1.3	将文档保存到本地、联机驱动器上的某个位置。将文档以其他名称保存到本地、联机驱动器上的某个位置。	2.6 保存文档
1.1.4	将文档保存为另一种文件类型，如：文本文件、pdf、特定软件的文件扩展名。	2.8 将文档保存为模板 2.9 以其他文件格式保存文档
1.1.5	在打开的文档之间切换。	3.6 打开多个文档
1.2.1	在应用程序中设置基本选项/首选项：用户名，打开保存文档的默认文件夹。	1.5 设置 Word 选项
1.2.2	使用可用的帮助资源。	1.12 使用帮助
1.2.3	使用放大/缩放工具。	3.2 放大/缩小
1.2.4	显示、隐藏内置工具栏。恢复、最小化功能区。	1.8 使用功能区和选项卡
1.2.5	了解在文档中导航的好方法：使用快捷方式、转到工具。	2.13 导航文本
1.2.6	使用转到工具导航到特定页面。	2.13 导航文本
2.1.1	了解可用文档视图模式的用法，如：页面视图，草稿视图。	3.1 更改视图
2.1.2	在不同文档视图模式之间切换。	3.1 更改视图
2.1.3	在文档中输入文本。	2.4 输入文本
2.1.4	插入符号或特殊字符，如：“©”“®”“™”。	2.5 插入符号
2.2.1	显示、隐藏非打印格式标记，如：空格、段落标记、手动换行符、制表符。	3.4 格式(段落标记)
2.2.2	选择字符、单词、行、句子、段落、正文文本。	2.12 选择文本
2.2.3	通过输入、删除现有文本中的字符、单词来编辑内容，在改写模式下通过键入来替换现有文本。	4.1 编辑文档中的文本

（续表）

编号	ICDL 任务项	位置
2.2.4	对特定字符、单词、短语使用简单的搜索命令。	11.1　使用查找
2.2.5	对特定字符、单词、短语使用简单的替换命令。	11.2　使用替换
2.2.6	在打开的文档之间复制、移动文档中的文本。	4.4　复制、移动/粘贴文本
2.2.7	删除文本。	4.2　删除文本
2.2.8	使用撤销、恢复命令。	4.5　使用撤销、恢复和重复
3.1.1	应用文本格式：字体大小、字体类型。	5.1　设置文本格式
3.1.2	应用文本格式：粗体、斜体、下划线。	5.4　应用加粗/倾斜样式
3.1.3	应用文本格式：下标、上标。	5.7　应用下标/上标
3.1.4	将字体颜色应用于文本。	5.6　更改字体颜色
3.1.5	将大小写更改应用于文本。	5.9　更改大小写
3.1.6	应用自动断字。	10.2　自动断字
3.1.7	插入、编辑、删除超链接。	5.10　使用超链接
3.2.1	创建、合并段落。	6.1　创建与合并段落
3.2.2	插入、移除软回车(换行)。	3.5　软回车
3.2.3	了解文本布局中的好方法：使用对齐、缩进、制表工具而不是插入空格。	13.1　使用制表位
3.2.4	对齐文字：左对齐、居中对齐、右对齐、两端对齐。	6.2　对齐段落
3.2.5	缩进段落：左缩进、右缩进、首行缩进、悬挂缩进。	7.1　更改左缩进
3.2.6	设置，删除和使用制表位：左对齐制表位、居中对齐制表位、右对齐制表位、小数点对齐制表位。	13.2　设置制表位
3.2.7	了解设置段落间距的好方法：在段落之间应用间距而不是插入几个段落标记。	6.4　设置段落间距
3.2.8	在段前、段后应用间距。在段落中应用单倍行距、1.5 倍行距、2 倍行距。	6.4　设置段落间距
3.2.9	在单级列表中添加、删除项目符号、编号。在单级列表中切换不同的标准项目符号、编号样式。	9.1　输入项目符号或编号列表
3.2.10	将边框样式、线条样式、线条颜色、线宽、底纹/背景颜色应用于段落。	6.6　对段落/文本应用边框/底纹
3.3.1	将现有字符样式应用于所选文本。	8.1　应用字符样式
3.3.2	将现有段落样式应用于一个或多个段落。	8.2　应用段落样式

（续表）

编号	ICDL 任务项	位置
3.3.3	使用复制格式工具。	5.8 使用格式刷 6.7 复制段落格式
4.1.1	创建、删除表格。	13.5 插入表格
4.1.2	在表格中插入、编辑数据。	13.9 向表格添加文本
4.1.3	选择行、列、单元格、整个表格。	13.6 在表格中导航
4.1.4	插入、删除行和列。	13.8 向表格中插入行和列
4.2.1	修改列宽、行高。	13.12 更改列宽和行高
4.2.2	修改单元格边框线条样式、宽度、颜色。	13.13 为表格添加边框 13.14 从表格删除框线
4.2.3	向单元格添加底纹/背景颜色。	13.15 添加和删除底纹
4.3.1	将对象（图片、绘制对象）插入文档中的指定位置。	14.1 插入联机图片 14.2 插入图片 14.3 插入绘制对象
4.3.2	选择一个对象。	14.1 插入联机图片
4.3.3	在打开的文档之间复制、移动文档中的对象。	14.5 在同一文档内复制/移动对象
4.3.4	调整对象的大小而不保持宽高比。删除对象。	14.1 插入联机图片
5.1.1	打开、准备用作邮件合并的主文档（信函、地址标签）。	15.1 使用邮件合并
5.1.2	选择邮件列表、其他数据文件，以便在邮件合并中使用。	15.1 使用邮件合并
5.1.3	在邮件合并主文档中插入数据域。	15.1 使用邮件合并
5.2.1	将邮件列表、其他数据与信函、标签文档一起合并为新文件。	15.2 打印合并邮件
5.2.2	打印合并邮件：信函、标签。	15.3 创建邮件标签
6.1.1	更改文档方向：纵向、横向。更改纸张尺寸。	16.3 设置页面方向
6.1.2	更改整个文档的边距，上边距、下边距、左边距、右边距。	16.4 设置文档页边距
6.1.3	了解添加新页面的好方法：插入分页符而不是插入多个段落标记。	16.1 插入手动分页符
6.1.4	插入、删除分页符。	16.1 插入手动分页符 16.2 删除手动分页符

（续表）

编号	ICDL 任务项	位置
6.1.5	添加、编辑、删除页眉、页脚中的文本。	12.1　使用页眉/页脚库创建页眉和页脚
6.1.6	添加、删除页眉、页脚中的域：日期、页面、编号、文件名、作者。	12.3　插入当前日期 12.5　将域插入页眉/页脚
6.2.1	对文档进行拼写检查和更改，如：更正拼写错误、忽略特定单词、删除重复单词。	10.1　键入时检查拼写/语法
6.2.2	使用拼写检查程序将单词添加到内置自定义词库中。	10.4　在自定义词库中添加单词
6.2.3	预览文档。	16.6　打印预览
6.2.4	使用以下输出选项打印文档：整个文档、特定页面、选定文本、指定份数。	16.7　打印当前页面或特定页面

祝贺你！你已经学完 ICDL 文书处理这部分内容。

你已经学习了与文书处理应用相关的关键技能，包括：

- 处理文档，并将其以不同文件格式保存至本地或云存储空间。
- 使用可用的帮助资源、快捷方式和转到工具来提高工作效率。
- 创建和编辑可随时共享和分发的文书处理文档。
- 应用不同的格式和样式以优化文档，并能够选择适当的格式选项。
- 将表格、图片和绘制对象插入文档。
- 准备用于邮件合并操作的文档。
- 调整文档页面设置，并在打印前检查和更正拼写。

学习到这个阶段，你应该准备参加 ICDL 认证考试。有关参加考试的更多信息，请联系你所在地的 ICDL 考试中心。

ICDL 试算表

第 1 课

探索 Microsoft Excel 2016

在本节中，你将学到以下知识：

- 启动 Excel
- 用户界面
- Excel 选项
- 创建工作簿
- 打开工作簿
- 保存新工作簿
- 关闭工作簿
- 处理工作表
- 使用功能区
- 隐藏功能区
- 使用放大/缩放工具
- 关闭和退出 Excel

1.1 启动 Excel 2016

概念

Microsoft Excel 2016 是由微软公司为 Microsoft Windows 和 Mac OS X 研发的一款试算表应用程序。它用于将数值或数据输入工作表的行和列中,并且利用这些数据进行计算、制图以及统计分析。

需注意,工作表是由列和行组成的单个试算表,而工作簿是包含一个或多个工作表的 Excel 文件。

步骤

启动 Microsoft Excel 2016 的步骤:

1. 选择任务栏上的“开始”按钮。 出现“开始”菜单。	单击
2. 指向“最近添加”下方的程序列表。 出现滚动菜单。	单击滚动条
3. 选择“Excel 2016”。 Microsoft Excel 2016 主程序打开。	单击 Excel 2016
4. 单击“空白工作簿”,打开新工作簿。	单击 空白工作簿

1.2 用户界面

概念

Microsoft Excel 2016 用户界面如同 Microsoft Office 2013 一样借助功能区和选项卡进行操作。Excel 布局包括应用程序的基本功能，并且能够根据用户的需求进行自定义。

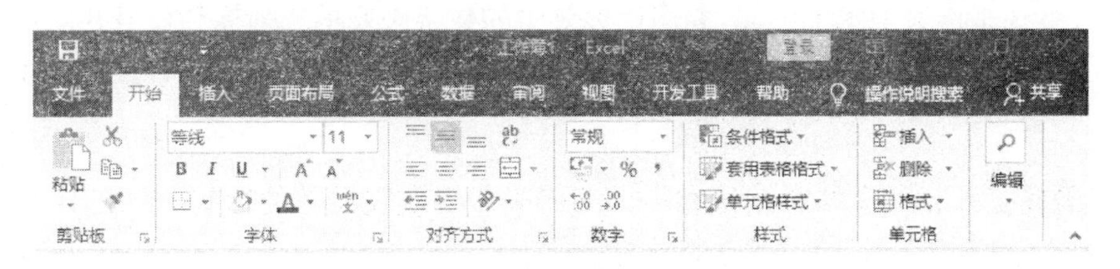

“开始”选项卡

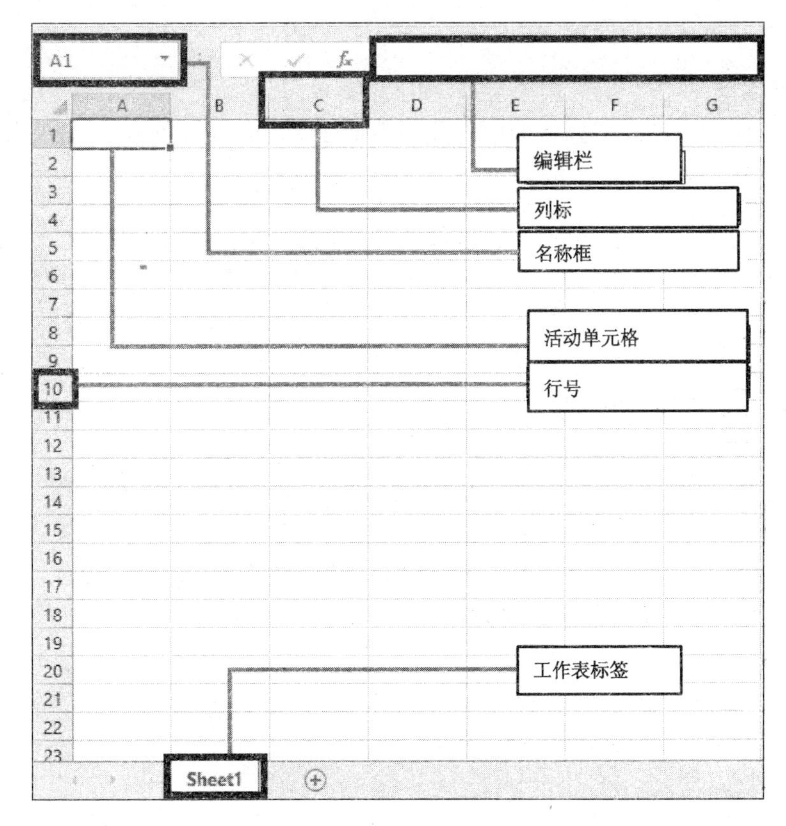

Excel 布局

活动单元格:在 Excel 2016 工作表中,活动单元格是带有绿色轮廓线的单元格。常在单元格中输入数据。

列标:列在工作表上垂直延伸,每列利用列标中的字母来表示。

编辑栏:该区域位于工作表上方,显示活动单元格的内容。还可以在其中输入或编辑数据和公式。

名称框:名称框位于编辑栏左侧,显示单元格引用或者活动单元格的名称。

行号:行在工作表中水平延伸,利用行标题中的数字来表示。列标和行号共同定位单元格。工作表中的每个单元格可以利用字母和数字的组合(如 A1、F456 或者 AA34)来表示。

工作表标签:Excel 文件中默认有一个工作表。工作表底部的标签显示工作表的名称,如“Sheet1”“Sheet2”等。

快速访问工具栏:通过这一自定义工具栏,可以添加常用命令。单击工具栏末尾的向下箭头,显示可用选项。

“文件”选项卡:单击“文件”选项卡,显示下拉菜单,其中包含多个选项(诸如“打开”“保存”“打印”)。“文件”选项卡中的选项类似于 Excel 以前版本中的“文件”菜单的下拉选项。

功能区:功能区是 Excel 2016 工作区域上方的按钮和图标条。它取代了 Excel 早期版本中的菜单和工具栏。

1.3 Excel 选项

概念

通过设置 Excel 选项,可以更改 Excel 2016 中的一些基本选项默认设置,包括设置试算表的用户名以及用以打开和保存试算表的默认文件夹。

步骤

设置试算表的用户名的步骤:

1. 单击“文件”选项卡。 显示后台视图。	文件 开始 粘贴 剪贴板
2. 选择“选项”。 显示“Excel 选项”对话框。	单击 选项
3. 在左窗格中选择“常规”类别。 右窗格中出现“常规”类别的选项。	常规 公式 校对 保存 语言 高级
4. 在用户名框中输入用户名，单击“确定”按钮。 输入用户名。	单击 确定

步骤

设置打开和保存试算表的默认文件位置的步骤：

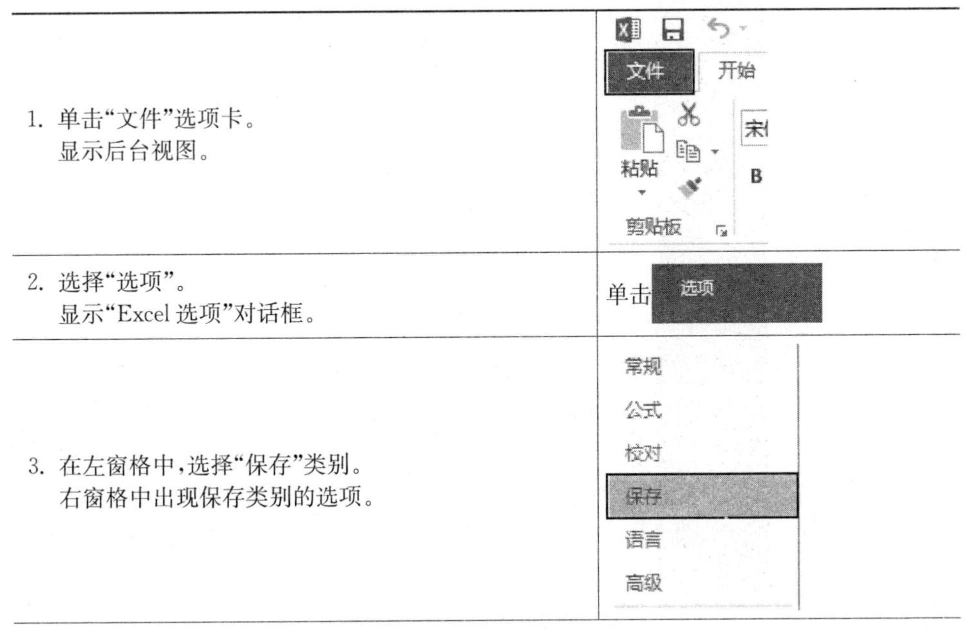

1. 单击“文件”选项卡。 显示后台视图。	文件 开始 粘贴 剪贴板
2. 选择“选项”。 显示“Excel 选项”对话框。	单击 选项
3. 在左窗格中，选择“保存”类别。 右窗格中出现保存类别的选项。	常规 公式 校对 保存 语言 高级

（续表）

4. 更改“默认本地文件位置”框中的文件路径。 文件位置将发生变化。	将文件路径末尾的默认位置从“\我的文档”改为“\我的音乐”。
5. 单击“确定”按钮。 “Excel 选项”对话框关闭并应用选项。	单击 确定

将文件另存为“练习选项. xlsx”，将其保存在“我的音乐”文件夹中。

概念实践：将 Excel 选项更改为以“我的文档”作为默认本地文件位置。之后，删除“我的音乐”文件夹中的“练习选项. xlsx”。

1.4 创建工作簿

概念

Microsoft Office Excel 工作簿是包含一个或多个工作表的文件，用于组合各种相关信息。只需打开一个空白工作簿即可创建新工作簿。还可以基于模板创建新工作簿，例如使用 Microsoft Excel 的内置模板或者自定义模板。Microsoft Excel 还提供了可用的联机模板，利用搜索功能即可找到。

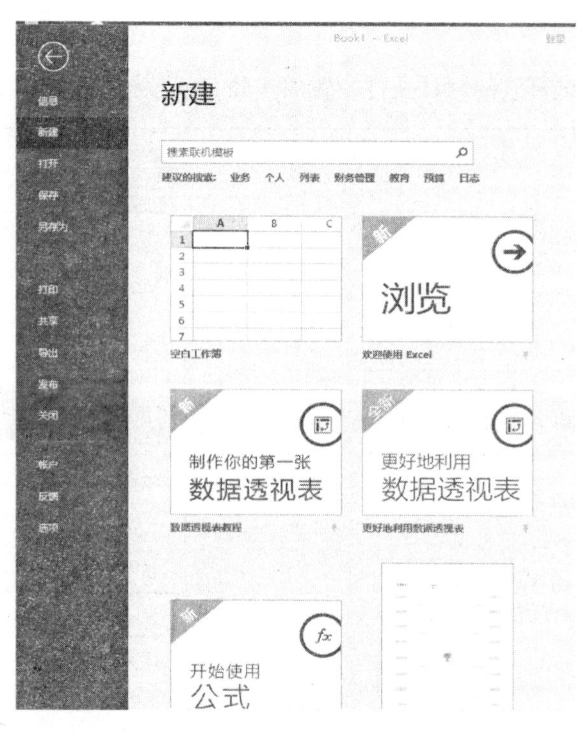

创建新工作簿

步骤

使用本地模板创建新的空白工作簿的步骤：

1. 单击“文件”选项卡。 显示后台视图。	单击 文件
2. 单击“新建”。 右窗格显示可用的模板。	单击 新建
3. 单击“空白工作簿” 空白工作簿模板打开。	A B C 1 2 3 4 5 6 7 空白工作簿

关闭新工作簿，不保存。

使用联机模板创建工作簿的步骤：

1. 单击“文件”选项卡。 显示后台视图。	文件 开始 插入
2. 单击“新建”。 右窗格显示可用的模板。	单击 新建
3. 在“搜索联机模板”搜索栏中搜索模板。 Excel 搜索模板。	搜索“行程规划器”，按 Enter 键。
4. 选择“行程规划器”模板。 模板预览打开。	单击“行程规划器”
5. 创建模板。 创建了“行程规划器”模板。	单击“创建”按钮

关闭新建的空白工作簿，不保存。

1.5 打开工作簿

概念

可以在 Excel 中打开已有的工作簿。此工作簿可能在本地存储设备、云存储空间或联机应用程序中。

步骤

从具体驱动器和文件夹位置打开已有工作簿的步骤：

步骤	操作
1. 单击“文件”选项卡。 显示后台视图。	文件 开始 插入
2. 单击“打开”。 显示“打开”窗口。	单击 打开
3. 单击“浏览”。 显示“打开”对话框。	单击 浏览
4. 选择包含“Student”文件夹的相应驱动器，打开“Student”文件夹。 将展开“Student”文件夹。	单击“Student”文件夹
5. 选择“Annual Sales. xlsx”。 选定“Annual Sales. xlsx”工作簿。	单击“Annual Sales. xlsx”
6. 单击“打开”按钮。 对话框关闭，“Annual Sales. xlsx”工作簿打开。	单击 打开(O)

关闭“Annual Sales. xlsx”工作簿，不保存。

提示：打开多个工作簿时，可以利用“视图”选项卡中的“切换窗口”选项在打开的工作簿之间切换。

1.6 保存新工作簿

概念

用户在使用 Excel 桌面版本或网页版本时，无论想要将文档保存至何处，都可以利用“文件”选项卡保存文档。可以将文档保存至本地驱动器，也可以利用在 Microsoft Excel 中提供保存功能的“OneDrive”来保存文档。

“另存为”对话框

步骤

将新工作簿保存至本地驱动器的步骤：

1. 打开新的空白工作簿。 显示空白工作簿。	打开 Excel
2. 单击“文件”选项卡。 后台视图将打开。	文件 开始 插入

（续表）

3. 选择“保存”按钮 “另存为”窗口将打开。	单击“保存”按钮
4. 单击“浏览”按钮。 “另存为”对话框将打开。	单击  浏览
5. 选择要保存工作簿的位置。如有必要，从文件夹列表中选择“文档”。 选择“文档”文件夹。	 另存为 此电脑 › 文档 组织 ▾ 新建文件夹 Microsoft Excel 此电脑 Desktop 视频 图片 文档 下载 音乐 名称 360js Files My Music My Pictures My Videos QQPCMgr SDL Studio 2014 Tencent Files
6. 在“文件名”框中输入“Annual Sales”。 “Annual Sales”出现在“文件名”框中。	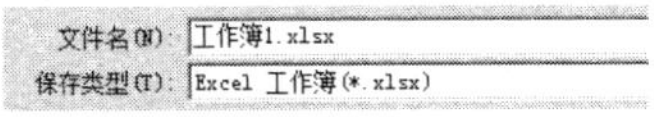 文件名(N)：工作簿1.xlsx 保存类型(T)：Excel 工作簿(*.xlsx)
7. 单击“保存”按钮。 “另存为”对话框关闭，文件保存至“文档”文件夹。	单击  保存(S)

将新工作簿保存至联机驱动器的步骤如下：

1. 单击“文件”选项卡。 后台视图将打开。	 文件 开始 插入
2. 选择“保存”按钮。 “另存为”窗口将打开。	单击“保存”
3. 选择“另存为”选项中的“OneDrive”。 如有必要，登录 OneDrive 账户。	单击“OneDrive”
4. 在 OneDrive 上选择要保存工作簿的准确位置。 文件将打开，将显示任何 Excel 工作簿。	单击“浏览”按钮

（续表）

5. 输入所需的文件名。 文本出现在“文件名”框中。	输入“Annual Sales”
6. 单击“保存”按钮。 “另存为”对话框关闭，文件保存至“文档”文件夹。	单击 保存(S)

1.7 关闭工作簿

步骤

关闭工作簿的步骤：

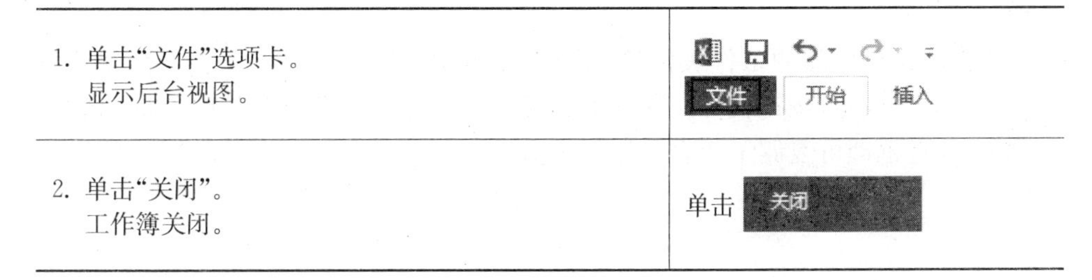

1. 单击“文件”选项卡。 显示后台视图。	文件 开始 插入
2. 单击“关闭”。 工作簿关闭。	单击 关闭

如果弹出一个消息框，询问是否要保存该工作簿，单击“不保存”按钮。

1.8 处理工作表

概念

工作簿底部的标签显示工作表的名称，如“Sheet1”“Sheet2”等。可以通过选择所需的标签在工作表之间进行切换。按以下步骤，可以添加、重命名标签以及移动标签位置。

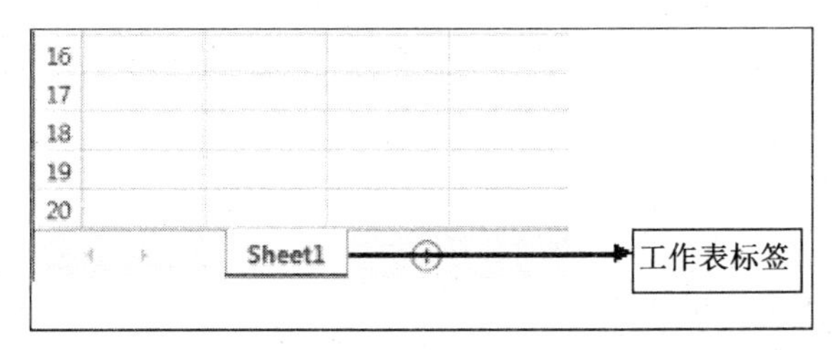

Excel 工作表标签

步骤

处理工作表的步骤：

打开“Explore. xlsx”。请注意 Excel 窗口底部的工作表标签。

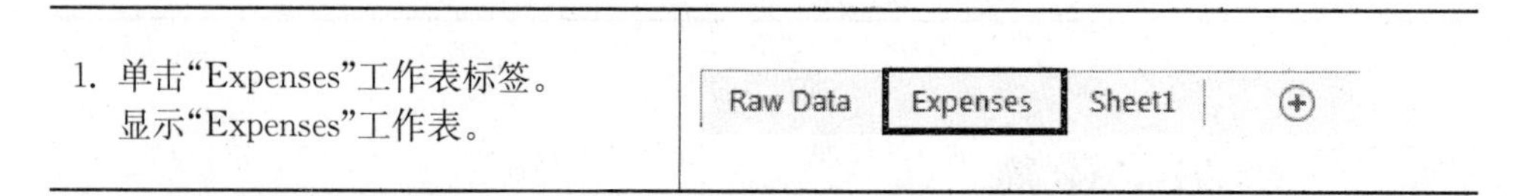

1. 单击“Expenses”工作表标签。 显示“Expenses”工作表。	

单击 ⊕ 按钮可以快速插入新工作表。Excel 用默认名称来标记这些工作表，故考虑重命名工作表以反映工作表的内容。双击已有的工作表名称（例如“Sheet1”），然后输入新名称，就可以重命名工作表。

概念

右击工作簿窗口底部的工作表标签，单击“移动或复制”，选择工作表要移动的位置，然后单击“确定”按钮就可以移动工作表。在单击“确定”按钮之前只需勾选“建立副本”复选框即可复制工作表。如下所示：

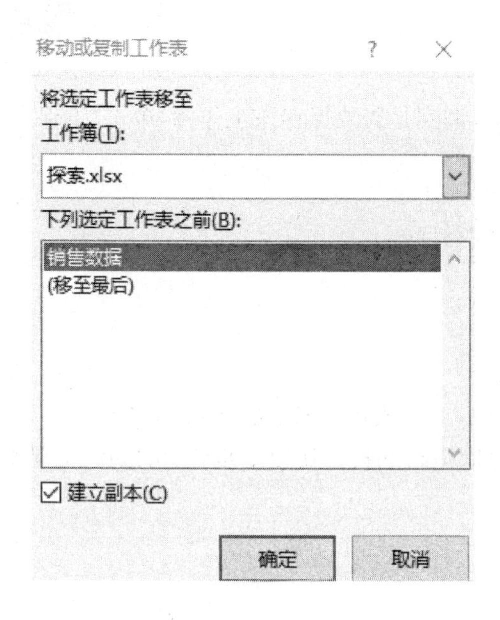

步骤

在试算表内复制工作表的步骤：

1. 选择工作表窗口底部的工作表标签。 显示菜单。	右击工作表窗口底部的“Sales Data”标签
2. 选择“移动或复制”。 “移动或复制”对话框打开。	单击“移动或复制” 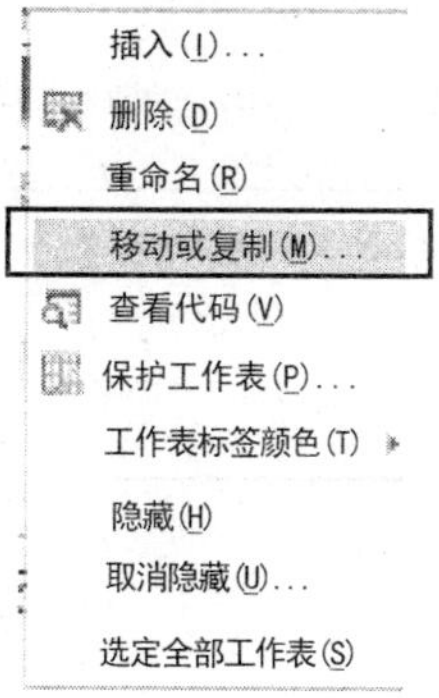 插入(I)... 删除(D) 重命名(R) 移动或复制(M)... 查看代码(V) 保护工作表(P)... 工作表标签颜色(T) 隐藏(H) 取消隐藏(U)... 选定全部工作表(S)
3. 选择要复制工作表的位置。	单击“(移至最后)”
4. 勾选“建立副本”复选框。 出现一个名为“Sales Data(2)”的新工作表。	勾选“建立副本”复选框，然后单击“确定”按钮。

步骤

在试算表内移动工作表的步骤：

1. 选择工作表窗口底部的工作表标签。 显示菜单。	右击工作表窗口底部的“Sales Data(2)”标签
2. 选择“移动或复制”。 “移动或复制”对话框打开。	单击“移动或复制” 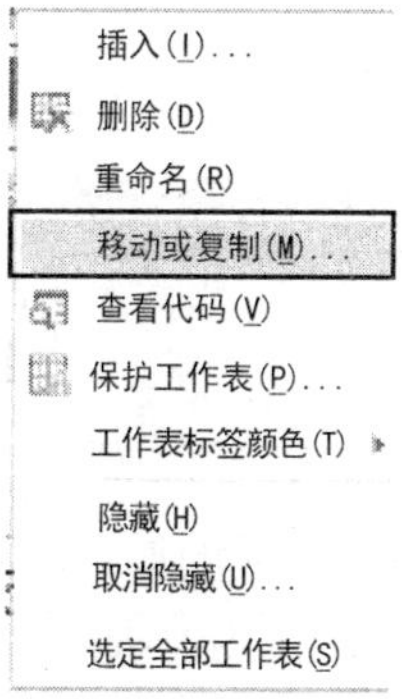 插入(I)... 删除(D) 重命名(R) 移动或复制(M)... 查看代码(V) 保护工作表(P)... 工作表标签颜色(T) 隐藏(H) 取消隐藏(U)... 选定全部工作表(S)
3. 选择要移动工作表的位置，然后单击“确定”按钮。 “Sales Data(2)”出现在“Sales Data”前面。	单击“下列选定工作表之前”列表中的“Sales Data”

提示：单击工作表标签，按住鼠标左键，将工作表拖到所需位置，这样就可以在工作簿中快速移动工作表。

步骤

在 Excel 中重命名工作表的步骤如下：

1. 选择工作表窗口底部的工作表标签。 显示菜单。	右击工作表窗口底部的“Sales Data(2)”标签
2. 选择“重命名”。 突出显示工作表名称。	单击“重命名” 插入(I)... 删除(D) 重命名(R) 移动或复制(M)... 查看代码(V) 保护工作表(P)... 工作表标签颜色(T) 隐藏(H) 取消隐藏(U)... 选定全部工作表(S)
3. 将工作表名称输入突出显示的工作表标签中。 重命名工作表。	输入“Copy of Sales Data”

提示：分别按 Ctrl+PgDn 键或 Ctrl+PgUp 键，就可以快速移至工作簿中的下一工作表或上一工作表。

1.9 使用功能区

概念

设计功能区是为了帮助用户快速找到完成任务所需的命令。命令被组织在逻辑组中，聚集在选项卡下方。每个选项卡都与一种类型的活动有关，如页面编辑或页面布局。一些选项卡只有在需要的时候才显示，这样能避免凌乱。例如“图片工具”选项卡只在选定图片时才显示。

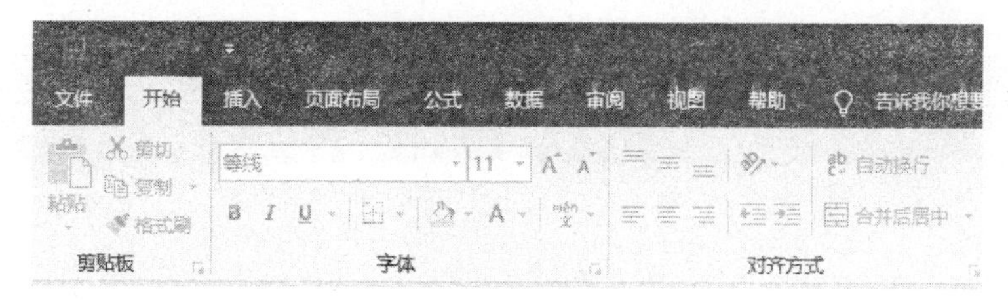

Excel 功能区

步骤

利用功能区使文本加粗的步骤：

选定要加粗的单元格。

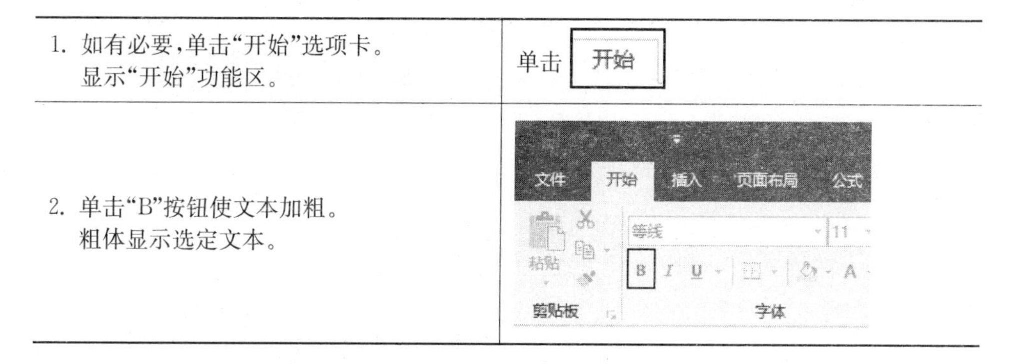

1. 如有必要，单击“开始”选项卡。 显示“开始”功能区。	单击 开始
2. 单击“B”按钮使文本加粗。 粗体显示选定文本。	

1.10 隐藏功能区

概念

用户无法像在 Microsoft Office 早期版本中删除或替换工具栏和菜单那样删除或替换功能区，但是可以最小化或隐藏功能区，从而在屏幕上留出更多空间。应用此选项，在单击选项卡时功能区才出现，在选定命令后或者在单击工作表的任意位置时功能区会消失。

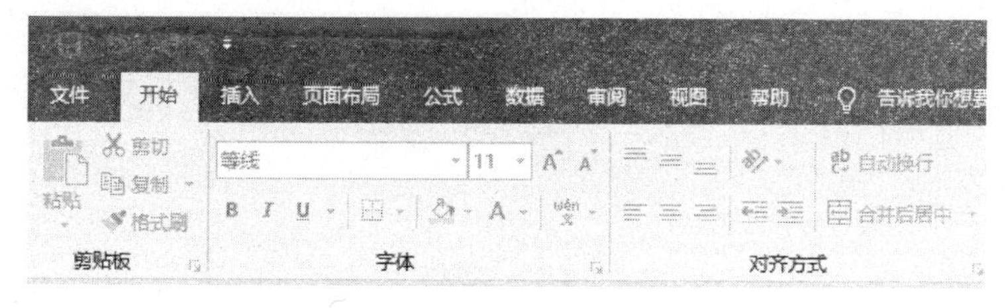

完整的功能区

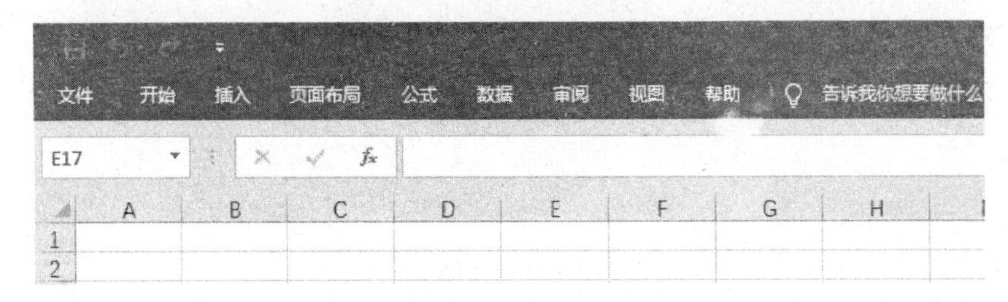

最小化的功能区

步骤

隐藏功能区的步骤：

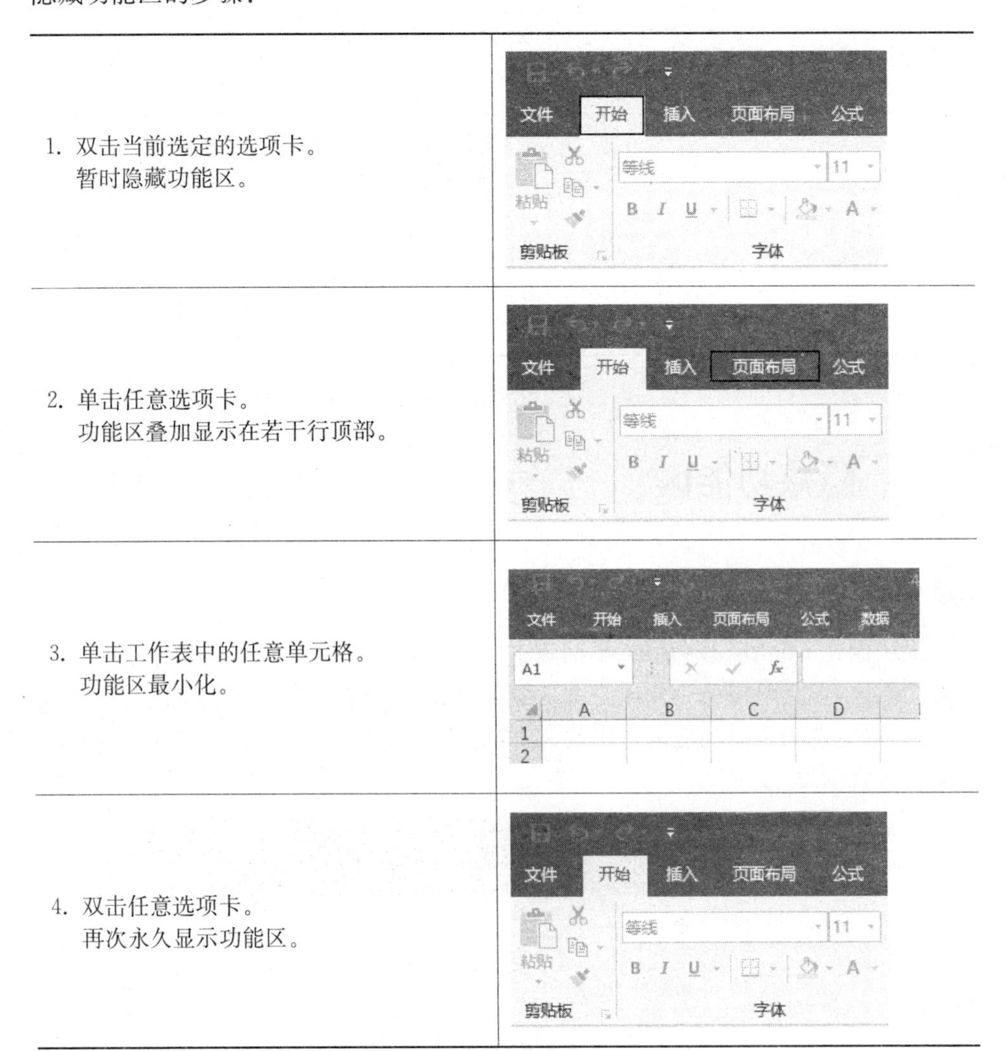

步骤	
1. 双击当前选定的选项卡。 暂时隐藏功能区。	
2. 单击任意选项卡。 功能区叠加显示在若干行顶部。	
3. 单击工作表中的任意单元格。 功能区最小化。	
4. 双击任意选项卡。 再次永久显示功能区。	

1.11 使用放大/缩放工具

概念

利用放大/缩放工具，可以根据具体需求以不同的比例显示工作表。当工作表中有大量数据并且需要特别关注特定单元格时，这些工具尤其有用。

步骤

1. 在“视图”选项卡“显示比例”组中，选择“显示比例”按钮。 出现“显示比例”对话框。	单击“显示比例”按钮
2. 选择所需的显示比例或者“自定义”选项，单击“百分比”框输入所需的显示比例。 利用此选项，可以设置首选缩放值。	单击“75%”选项
3. 应用这些更改。 将应用缩放选项。	单击“确定”按钮

1.12 关闭和退出 Excel

概念

关闭 Excel 有若干种方法：

- 单击 Excel 2016 程序窗口右上角的“关闭”按钮。
- 单击 Excel 2016 程序窗口左上角的快速访问工具栏左侧的空白处，然后选择“关闭”。
- 按 Alt+F4 键。

需注意，若打开了多个工作表，那么需要分别关闭每个工作表才能退出程序。

在退出工作簿之前，务必要保存更改。若不保存就退出工作簿，Excel 会弹出警告框，提示还没有保存更改。单击“保存”按钮将在退出之前保存更改；若不想保存更改，单击“不保存”按钮。

步骤

退出 Excel 的步骤：

1. 单击快速访问工具栏左侧的空白处。 显示弹出菜单。	点击
2. 单击“关闭”。 若只打开了一个工作表，则 Excel 程序关闭。	还原(R) 移动(M) 大小(S) 最小化(N) 最大化(X) 关闭(C) Alt+F4

若提示保存任何更改，选择“不保存”。

1.13 回顾练习

探索 Microsoft Excel 2016

1. 启动 Excel。
2. 单击“文件”选项卡。
3. 打开“Excel 选项”窗口。
4. 显示“视图”选项卡。
5. 最小化功能区。
6. 最大化功能区。
7. 退出 Excel，不保存对工作簿的更改。

第 2 课

获取帮助

在本节中,你将学到以下知识:

- 使用 Microsoft Excel 帮助和资源
- 运用 Excel 帮助

2.1 使用 Microsoft Excel 帮助和资源

步骤

当需要有关 Excel 主题或任务的帮助时，可以使用Excel帮助工具。通过搜索Excel帮助，可以获取帮助和培训。如果需要，也可以访问 Office Support 网站来获取有关所有 Office 产品问题的解答。

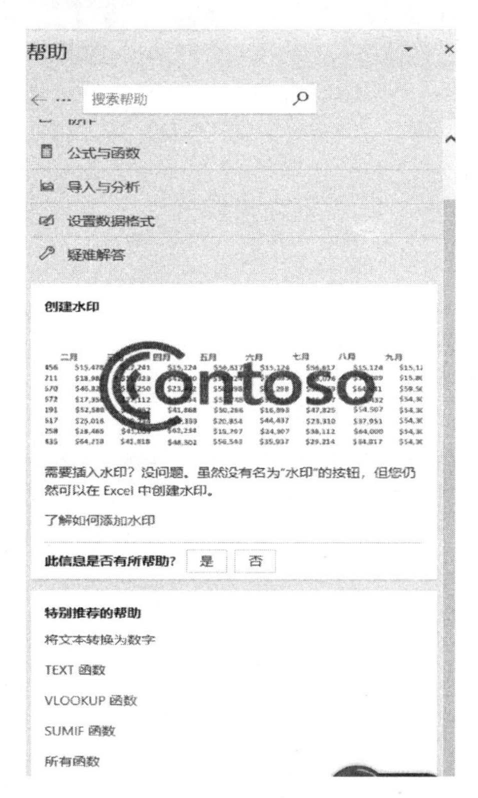

Excel"帮助"窗口

2.2 运用 Excel 帮助

步骤

使用 Excel 帮助的步骤：

打开新的空白工作簿。

1. 按 F1 功能键。 “帮助”窗口打开，显示多个主题。	F1
2. 在搜索框中输入“统计函数”。 文本出现在搜索框中。	帮助 ← ··· 统计函数
3. 单击“搜索”按钮。 在“帮助”窗口中显示结果列表。	帮助 ← ··· 统计函数
4. 选择所需的搜索结果。 帮助主题在同一窗格中打开。	滚动并单击“统计函数(引用)”。

需注意，可以将“帮助”图标添加到快速访问工具栏中。有关自定义快速访问工具栏的说明，请参阅本部分的“7.10 利用自动套用格式应用表格样式”。

要访问 Microsoft Office 联机帮助，需单击“文件”选项卡。然后，单击窗口右上角的“帮助”图标 ?。将启动默认网页浏览器，打开 Office 帮助网站。

2.3 回顾练习

获取帮助

1. 打开 Excel，选择“帮助”图标。
2. 更改帮助设置。
3. 清空“搜索”文本框，搜索“条件格式化”。
4. 选择所需的搜索结果，并查看信息。
5. 在“搜索”框中输入“条形图”，并选择所需结果。
6. 关闭“Internet Explorer”窗口、“Excel 帮助”以及“Excel”。

第3课

基本的工作簿技能

在本节中，你将学到以下知识：

- 利用键盘选定单元格
- 利用键盘导航工作簿
- 利用鼠标浏览工作表
- 使用滚动条快捷菜单
- 使用“转到”命令
- 输入文本
- 输入数字
- 数据输入快捷方式
- 编辑数据
- 拼写检查
- 将工作簿另存为另一名称
- 将工作簿另存为另一文件类型

3.1 利用键盘选定单元格/导航工作簿

概念

利用键盘，可以选择工作表中的单元格或一组单元格。单击相应的单元格，并利用键盘上的方向键在工作表中向左、右、上、下移动，即可完成此项操作。

按住 Shift 键并且按方向键，可以选定活动单元格周围的矩形区域。

A4 | fx | Invoice No.

	A	B	C	D
1	Infinity Trading Inc.			
2				
3				
4	Invoice No.	Products	Sales Rep	January
5	1001	Laptops	May	1,894
6	1002	Keyboards	Deborah	2,764
7	1003	Mouse	Sarah	1,922
8	1004	LCD Monitors	Alvin	3,120
9	1005	Ethernet Cards	Levine	2,467
10	1006	Keyboards	CK	3,261
11	1007	Mouse	Allan	2,912
12	1008	Ethernet Cards	Alex	3,024
13	1009	Graphics Cards	Priscilla	2,454
14	1010	Motherboards	Linus	3,416
15	1111		Alvin	2,366

选定的单元格

步骤

使用键盘导航的步骤：

打开“Navigation. xlsx”。

1. 按↓键，向下移动一个单元格。 活动单元格向下移动一个单元格。	↓
2. 按→键，向右移动一个单元格。 活动单元格向右移动一个单元格。	→

（续表）

3. 按↑键，向上移动一个单元格。 活动单元格向上移动一个单元格。	↑
4. 按←键，向左移动一个单元格。 活动单元格向左移动一个单元格。	←
5. 按 PgDn 键，向下移动一个屏幕。 活动单元格向下移动一个屏幕。	PgDn
6. 按 Alt＋PgDn 键，向右移动一个屏幕。 活动单元格向右移动一个屏幕。	Alt ＋ PgDn
7. 按 PgUp 键，向上移动一个屏幕。 活动单元格向上移动一个屏幕。	PgUp
8. 按 Alt＋PgUp 键，向左移动一个屏幕。 活动单元格向左移动一个屏幕。	Alt ＋ PgUp
9. 按 Ctrl＋Home 键，移至工作表中的第一个单元格。 活动单元格移至工作表中的第一个单元格。	Ctrl ＋ Home
10. 按 Ctrl＋End 键，移至工作表中的最后一个单元格。 活动单元格移至工作表中的最后一个单元格。	Ctrl ＋ End

3.2 利用鼠标浏览工作表

步骤

利用鼠标浏览工作表的步骤：

打开“Selection. xlsx”：

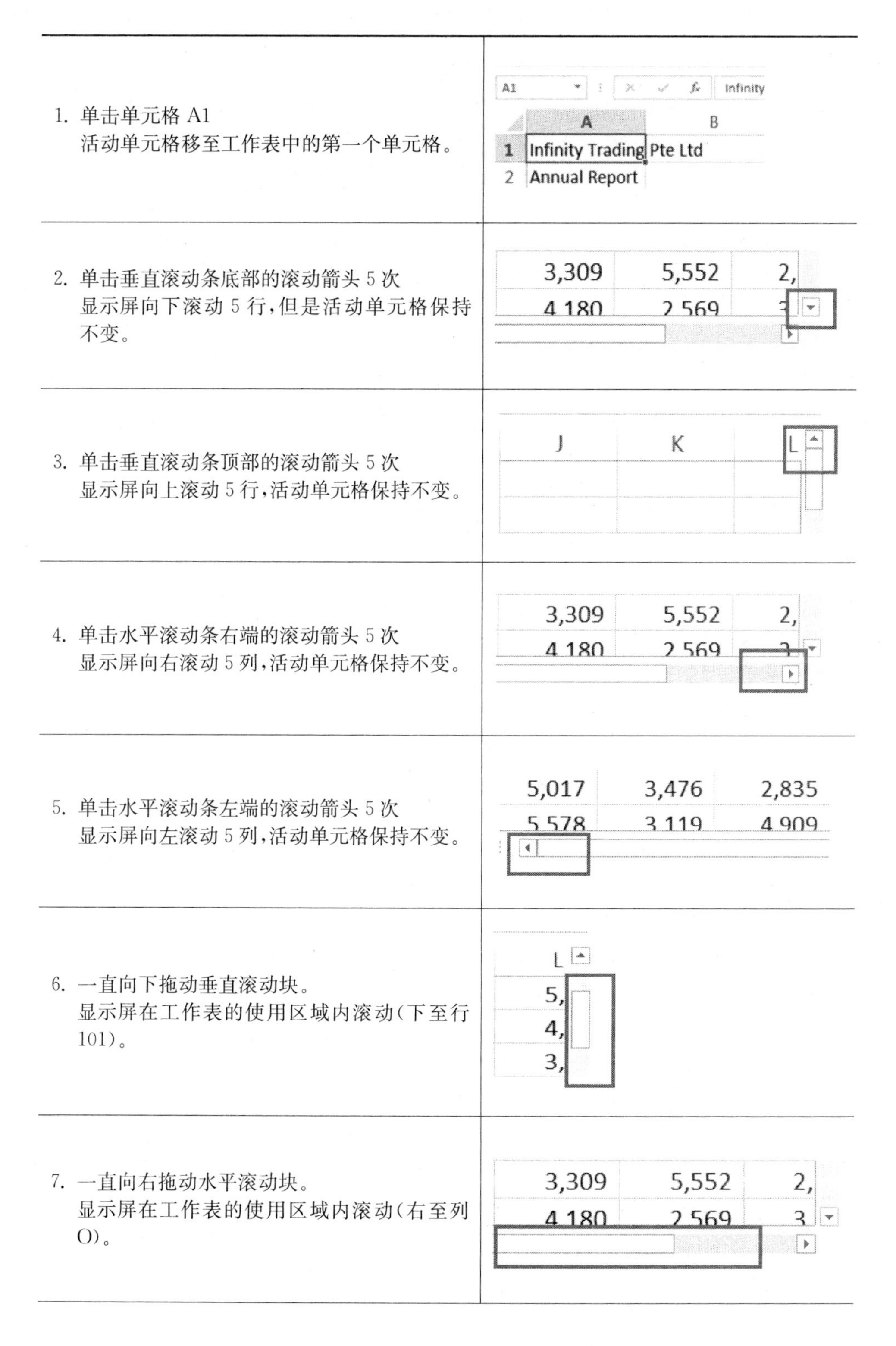

1. 单击单元格 A1
   活动单元格移至工作表中的第一个单元格。
2. 单击垂直滚动条底部的滚动箭头 5 次
   显示屏向下滚动 5 行，但是活动单元格保持不变。
3. 单击垂直滚动条顶部的滚动箭头 5 次
   显示屏向上滚动 5 行，活动单元格保持不变。
4. 单击水平滚动条右端的滚动箭头 5 次
   显示屏向右滚动 5 列，活动单元格保持不变。
5. 单击水平滚动条左端的滚动箭头 5 次
   显示屏向左滚动 5 列，活动单元格保持不变。
6. 一直向下拖动垂直滚动块。
   显示屏在工作表的使用区域内滚动（下至行 101）。
7. 一直向右拖动水平滚动块。
   显示屏在工作表的使用区域内滚动（右至列 O）。

（续表）

8. 按住 Shift 键，然后向右拖动水平滚动条。 显示屏滚动超出工作表的使用区域。	Column: DKV
9. 按 Ctrl ＋ Home 键，将活动单元格移回工作表中的第一个单元格。 活动单元格移至单元格 A1。	A B 1 Infinity Trading Pte Ltd 2 Annual Report 3

3.3 使用滚动条快捷菜单

概念

右击垂直或水平滚动条，出现一个菜单，可以快速滚动工作表。可以利用此菜单滚动到工作表内的顶部、底部、左边缘以及右边缘，向上、下、左或者右滚动一页。可以右击滚动条的任意位置，在快捷菜单中选择“滚动至此”将工作表滚动到所选位置。

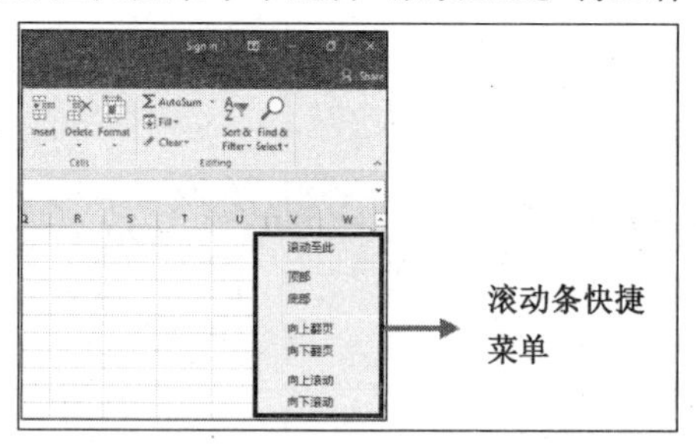

步骤

利用滚动条快捷菜单滚动工作表的步骤：

选定单元格 A1。

1. 右击垂直滚动条的中点。 显示快捷菜单。	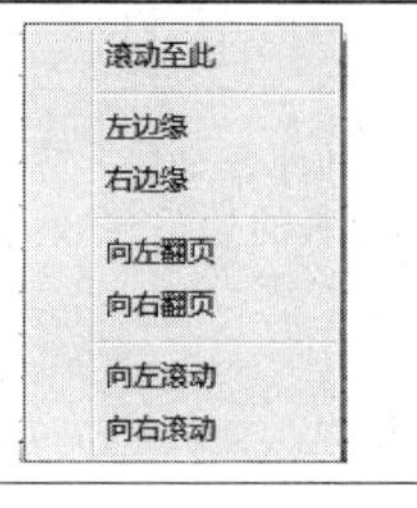

（续表）

2. 单击“滚动至此”。 快捷菜单消失，工作表滚动至指定位置。	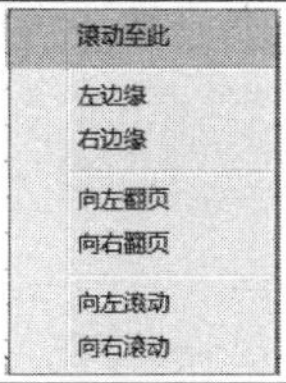 滚动至此 左边缘 右边缘 向左翻页 向右翻页 向左滚动 向右滚动
3. 右击垂直滚动条的任意位置。 显示快捷菜单。	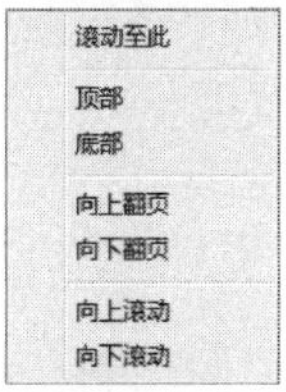 滚动至此 顶部 底部 向上翻页 向下翻页 向上滚动 向下滚动
4. 选择“顶部”。 工作表滚动至工作表顶部。	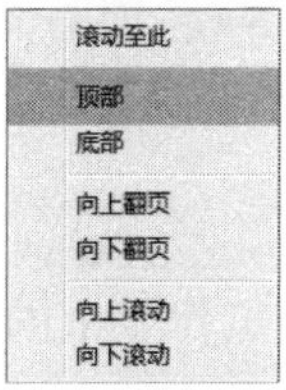 滚动至此 顶部 底部 向上翻页 向下翻页 向上滚动 向下滚动
5. 鼠标右击垂直滚动条的任意位置。 显示快捷菜单。	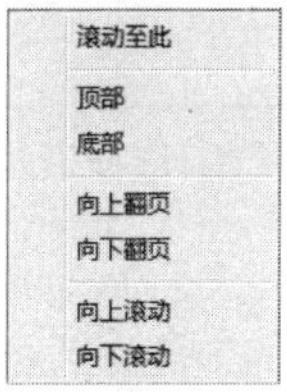 滚动至此 顶部 底部 向上翻页 向下翻页 向上滚动 向下滚动
6. 选择“向下翻页”。 工作表向下滚动一页。	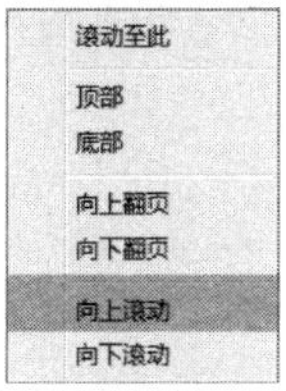 滚动至此 顶部 底部 向上翻页 向下翻页 向上滚动 向下滚动

概念实践：右击水平滚动条，选择“左边缘”命令。需注意，工作表滚动，显示 A 列。右击垂直滚动条，选择“顶部”命令。需注意，工作表滚动，显示第 1 行。

3.4 使用“转到”命令

概念

使用“转到”命令，可以查找和选择单元格或者选择包含特定数据或者特定类型数据（如公式）的单元格、空白单元格或者包含有效数据的单元格。

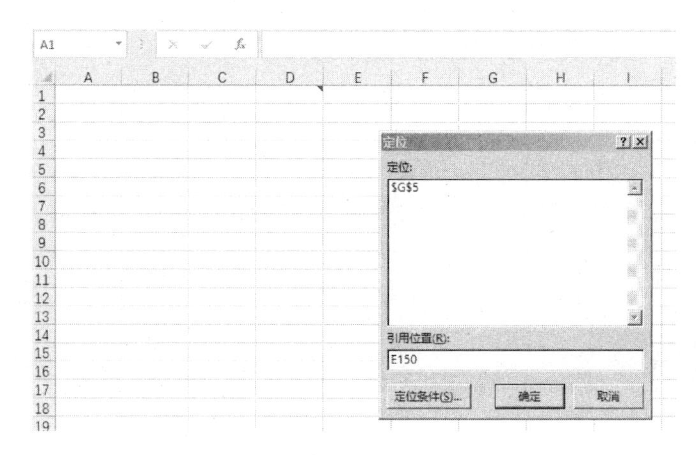

“定位”窗口

步骤

利用“转到”导航至工作表中的具体单元格的步骤：

选定单元格 A1。

1. 如有必要，选择“开始”选项卡。 显示“开始”选项卡。	单击 开始
2. 选择“编辑”组中的“查找和选择”按钮。 出现下拉菜单。	单击 排序和筛选 查找和选择 编辑
3. 选择“转到…” 出现“定位”对话框。	单击“转到…”命令
4. 在“引用位置”框中输入单元格引用 E150。 在“引用位置”框输入单元格引用。	定位 定位: 引用位置(R): E150 定位条件(S)... 确定 取消

（续表）

5. 单击“确定”按钮。 “定位”对话框关闭，活动单元格移至单元格 E150。	单击 确定

概念实践：按 F5 键打开“定位”对话框，转到单元格 AZ25。然后利用 Ctrl+G 键打开“定位”对话框，转到单元格 A1。

3.5 输入文本

概念

选择单元格后，可以直接在单元格中填写文本或在编辑栏中输入文本。文本默认左对齐。若输入的文本太长而无法放入单元格，而相邻的单元格为空，那么它就会溢出到相邻的单元格中。

需注意工作表中的单元格应当只能包含一个数据元素或者一种数据类型。例如，一个单元格中包含名的详细信息，相邻单元格中包含姓的详细信息。

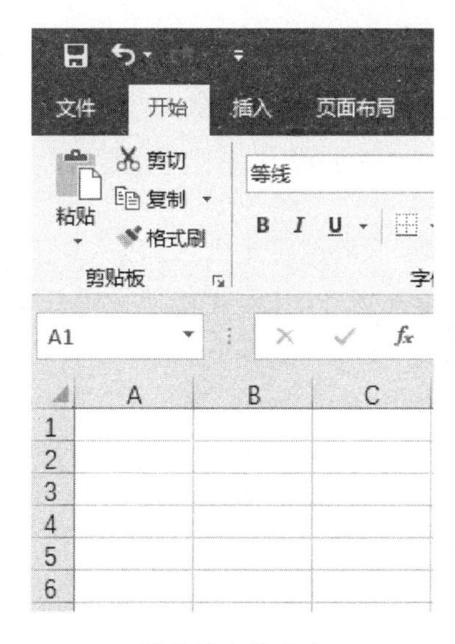

单元格中的文本

步骤

在工作表中输入文本的步骤：

打开新的空白工作簿。

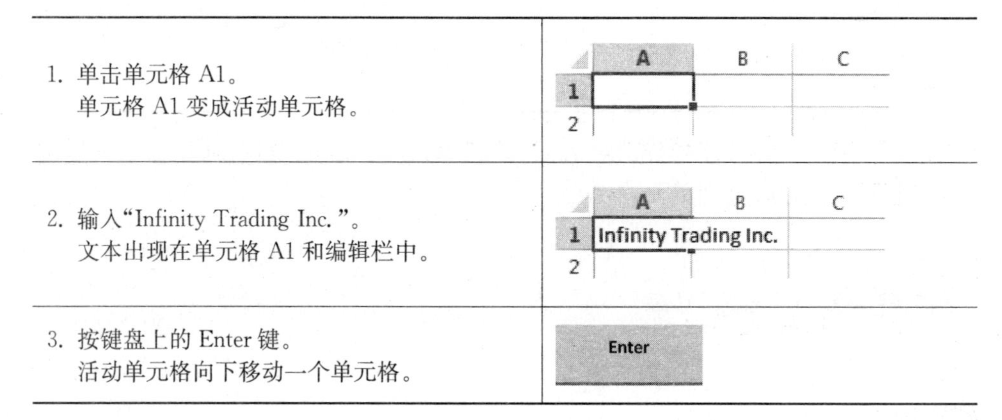

步骤	图示
1. 单击单元格 A1。 单元格 A1 变成活动单元格。	A B C 1 2
2. 输入“Infinity Trading Inc.”。 文本出现在单元格 A1 和编辑栏中。	A B C 1 Infinity Trading Inc. 2
3. 按键盘上的 Enter 键。 活动单元格向下移动一个单元格。	Enter

如下所示，继续输入数据：

	A	B
1	Infinity Trading Inc.	
2	Monthly Sales Report	
3		
4	Sales Representatives	
5	Alvin Lim	
6	Pris Yam	
7	Alex Quel	
8	Aaron Dela Torre	

需注意，“Infinity Trading Inc.”跨越单元格 A1 进入单元格 B1。单击单元格 A1。编辑栏显示所有文本均在单元格 A1 中。单击单元格 B1，这时请注意编辑栏显示此单元格为空。由于单元格 B1 中没有文本，所以单元格 A1 中的文本占用单元格 B1 的空间来显示。

还可以选择相应的单元格，通过修改或删除单元格的内容来对其进行编辑。

3.6 输入数字

步骤

在工作表的单元格中输入数字的步骤：

1. 单击单元格 C5。
单元格 C5 变为活动单元格。

	A	B	C	D
1	Infinity Trading Inc.			
2	Monthly Sales Report			
3				
4	Sales Representatives			
5	Alvin Lim			
6	Pris Yam			

2. 在单元格中输入“1870”。
在单元格和编辑栏中显示数字。

C5 1870

	A	B	C	D	E
1	Infinity Trading Inc.				
2	Monthly Sales Report				
3					
4	Sales Representatives				
5	Alvin Lim		1870		
6	Pris Yam				

3. 按键盘上的 Enter 键。
活动单元格向下移动一个单元格。

Enter

如下所示，继续输入数据：

	A	B	C	D
1	Infinity Trading Inc.			
2	Monthly Sales Report			
3				
4	Sales Representatives			
5	Alvin Lim		1870	
6	Pris Yam		2360	
7	Alex Quel		3890	
8	Aaron Del Torre			

3.7 数据输入快捷方式

概念

在某一列中输入重复文本时，有几种方法可以避免多次重复手工输入。在同一列

中输入的文本的前几个字符与之前输入的文本相匹配时，Microsoft Excel 将会帮助用户完成输入。

此项功能仅适用于输入文本或者文本与数字的组合。数字和日期不会自动完成输入。帮助用户进行数据输入的另一项功能是“从下拉列表中选择”列表。通过此项功能，可以从之前输入的数据列表中选择要输入的数据。

步骤

利用数据输入快捷方式在列中重复输入的步骤：

打开“Student”文件夹中的文件“Navigation. xlsx”。

1. 选定单元格 B15。 活动单元格移至单元格 B15。	选定单元格 B15。
2. 首先在单元格中输入“G”。 需注意，文本“Graphics Cards”出现在单元格中。	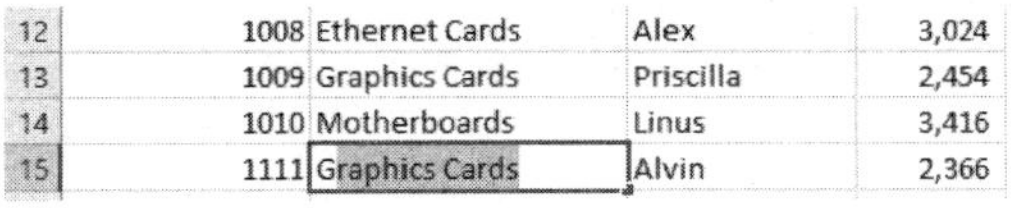 12 1008 Ethernet Cards Alex 3,024 13 1009 Graphics Cards Priscilla 2,454 14 1010 Motherboards Linus 3,416 15 1111 Graphics Cards Alvin 2,366
3. 按键盘上的 Enter 键。 活动单元格移至下一行，在单元格 B15 中输入完整文本。	 Enter
4. 鼠标右击单元格 B16。 显示选项菜单。	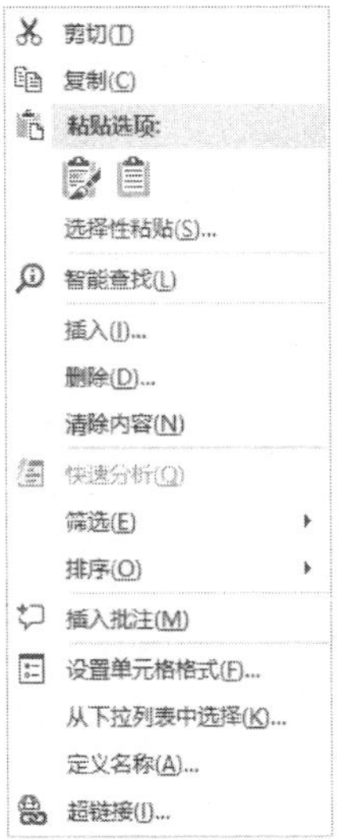 剪切(T) 复制(C) 粘贴选项: 选择性粘贴(S)... 智能查找(L) 插入(I)... 删除(D)... 清除内容(N) 快速分析(Q) 筛选(E) 排序(O) 插入批注(M) 设置单元格格式(F)... 从下拉列表中选择(K)... 定义名称(A)... 超链接(I)...

（续表）

5. 选择“从下拉列表中选择”。 显示之前输入的数据的列表。	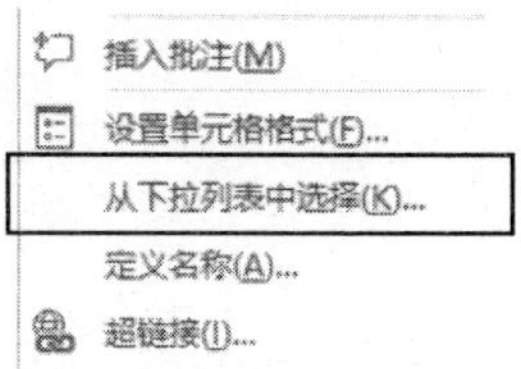 插入批注(M) 设置单元格格式(F)... 从下拉列表中选择(K)... 定义名称(A)... 超链接(I)...
6. 选择列表中的“Ethernet Cards”。 在单元格 B16 中输入所选文本。	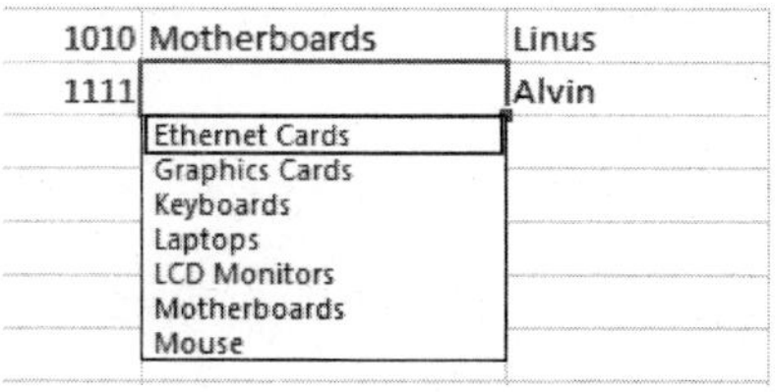 1010 Motherboards Linus 1111 Alvin Ethernet Cards Graphics Cards Keyboards Laptops LCD Monitors Motherboards Mouse

3.8 编辑数据

概念

需要在单元格中编辑数据时，可以在单元格中直接编辑，或者在编辑栏中编辑。

步骤

在工作表中编辑单元格内容的步骤：

1. 选定单元格 D5。 活动单元格移至单元格 D5。	选定单元格 D5。
2. 在单元格中输入“1750”。 数据出现在单元格和编辑栏中。	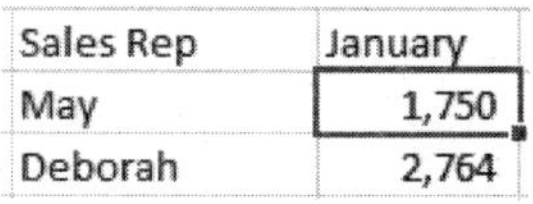 Sales Rep January May 1,750 Deborah 2,764
3. 选定单元格 C6。 单元格 C6 变成活动单元格。	选定单元格 C6。
4. 在选定的单元格中输入“Raymond”。 数据出现在单元格和编辑栏中。	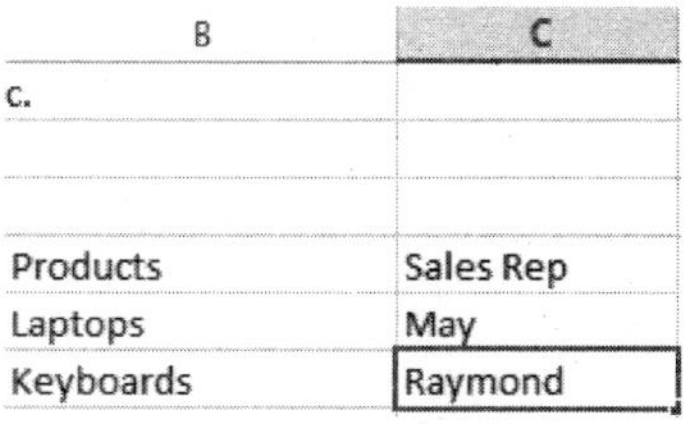 B C c. Products Sales Rep Laptops May Keyboards Raymond

（续表）

5. 按键盘上的 Enter 键。 活动单元格移至下一行。	Enter
6. 双击单元格 D6。 单元格以编辑模式显示。	B C D c. Products Sales Rep January Laptops May 1,750 Keyboards Raymond 2764
7. 将插入点定位到数字“6”右边。 插入点移至所选位置。	B C D c. Products Sales Rep January Laptops May 1,750 Keyboards Raymond 2764
8. 按两次 Backspace 键。 删除两个数字。	B C D c. Products Sales Rep January Laptops May 1,750 Keyboards Raymond 24
9. 在插入点输入“95”。 在单元格和编辑栏中显示更改。	B C D c. Products Sales Rep January Laptops May 1,750 Keyboards Raymond 2954
10. 按 Enter 键。 活动单元格移至下面的单元格。	Enter
11. 选定单元格 D7。 活动单元格移至单元格 D7。	选定单元格 D7
12. 按 Delete 键。 删除单元格 D7 中的数据。	Delete

概念实践：

将单元格 D8 中的数字“3120”改为“4320”。

删除单元格 C14 和 D14 中的内容。
关闭工作簿，不保存。

3.9 拼写检查

概念

利用拼写检查工具，可以自动查找工作簿中的拼写错误，然后更正错误。

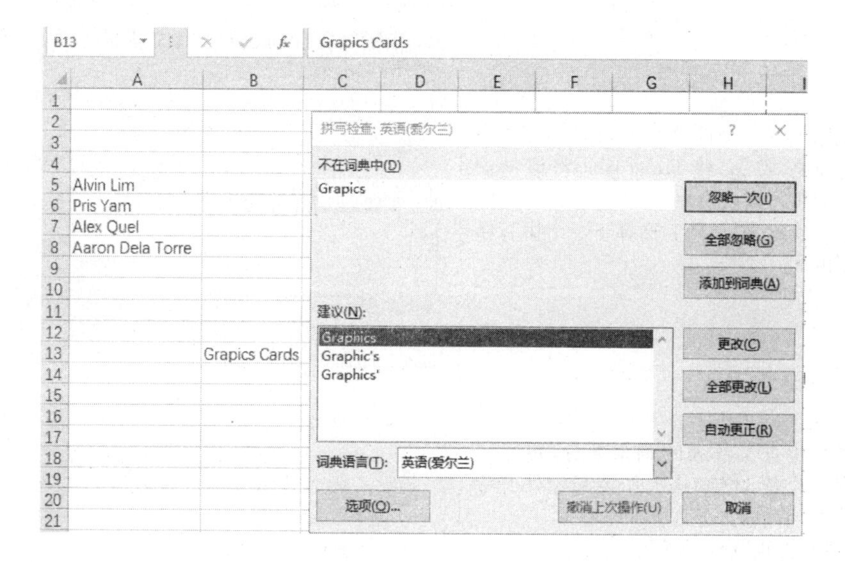

步骤

检查工作表中的拼写错误的步骤：

打开“Student”文件夹中的文件“SpellCheck. xlsx”。

选定单元格 A1。

1. 单击“审阅”选项卡。 功能区显示“审阅”选项卡下的命令。	审阅
2. 单击“拼写检查”按钮。 “拼写检查”窗口打开，选定工作表中包含第一个错误的单元格。	拼写检查 同义词库 校对

（续表）

3. 单击“更改”按钮
将拼写错误的词“Grapics”替换成词“Graphics”，然后选择下一拼写错误的词。

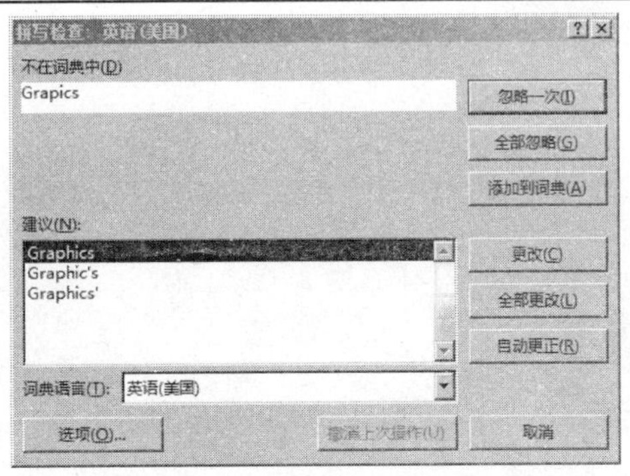

4. 识别出下一个词是“Nfinity”，单击“全部忽略”按钮，使 Excel 停止将该词识别为拼写错误。
不替换此条目，然后选择下一个拼写错误的词。

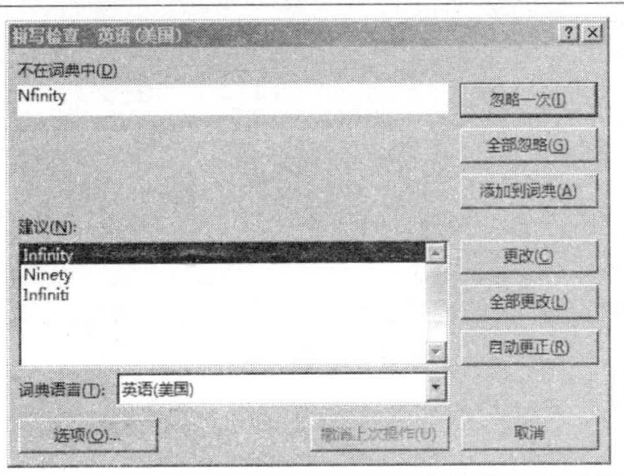

5. 继续检查工作表的剩余部分，更正错误。若提示继续从工作表起始处开始检查，请单击“否”。
“拼写检查”窗口关闭。

3.10 将工作簿保存为另一名称

概念

对工作簿作更改后，可能想要保留原始文件，并且将最新修改的工作簿保存为另一文件。利用“另存为”命令，可以将工作簿副本保存为另一名称、另一文件类型，或者保存至新位置。

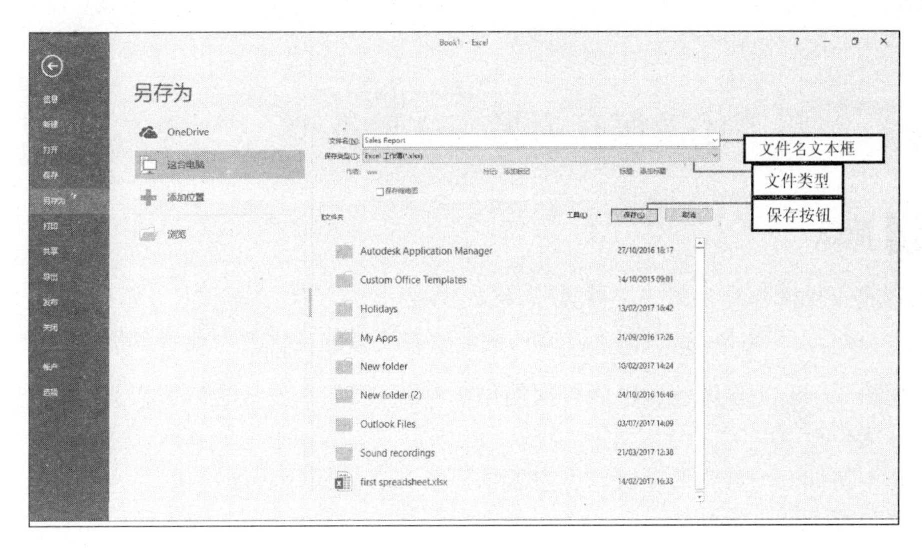

“另存为”窗口

步骤

重命名现有工作簿的步骤：

1. 单击“文件”选项卡。 出现后台视图。	文件　开始　插入
2. 单击“另存为”按钮。 显示“另存为”窗口，选择当前文件夹。	单击 另存为
3. 在文件名文本框中输入“Sales Report”。 文件名文本框中显示文本。	文件名(N): Sales Report 保存类型(T): Excel 工作簿(*.xlsx) 保存(S)　取消
4. 如有必要，选择添加位置，例如，单击“向上一级”导航按钮，或者选择“浏览”按钮并导航至所需位置。 更改文件位置。	文件名(N): 工作簿1.xlsx 保存类型(T): Excel 工作簿(*.xlsx) 作者: Administrator 保存(S)　取消
5. 单击“保存”按钮，保存文件。 “另存为”窗口关闭，工作簿保存至当前文件夹。	单击 保存(S)

关闭工作簿。

3.11 将工作簿保存为另一文件类型

概念

可以将工作簿保存为另一文件类型，诸如模板（*.xltx）、文本文件（*.txt），PDF（*.pdf）、逗号分隔符文件（*.csv）、特定软件支持的文件类型或者其他版本号。

- 模板——若工作簿包含可能再次使用的结构（例如季度报告），可以将工作簿另存为模板。
- 文本文件——若要保存试算表中数据以备在其他应用程序中使用，可以将工作簿另存为文本文件。
- 特定软件支持的文件类型——可以将工作簿另存为另一文件类型，诸如可移植文档格式(.pdf)。
- 版本号——例如保存可以由旧版本的 Excel（诸如 Excel 1997—2003）打开的工作簿版本。

步骤

将现有的 Excel 工作簿保存为不同文件类型的步骤：

1. 单击“文件”选项卡。 出现后台视图。	文件 开始 插入
2. 单击“另存为”按钮。 显示“另存为”窗口，选择当前文件夹。	单击 另存为
3. 单击“文件名”框下方的“保存类型”下拉列表。 出现文件类型的下拉列表，诸如 Excel 模板、Excel 1997—2003 工作簿、文本（制表符界定）、PDF。	文件名(N): Sales Report 保存类型(T): Excel 工作簿(*.xlsx) 保存(S) 取消
4. 选择所需的文件类型。 文件夹位置自动更改为“自定义 Office 模板”文件夹。	选择“Excel 模板(.xltx)”

（续表）

5. 如有必要，从自定义 Office 模板文件夹中更改位置，例如，单击“向上一级”导航按钮，返回到“文档”文件夹。 更改文件位置。	
6. 单击“保存”按钮，保存文件。 “另存为”窗口关闭，工作簿保存至当前文件夹。	单击 保存(S)

关闭工作簿并从“文档”文件夹中删除它。

3.12 回顾练习

应用基本的工作簿操作技能

1. 创建新工作簿。
2. 利用键盘在工作簿中移动活动单元格。
3. 利用“定位”对话框选择单元格 M90。然后，返回至单元格 A1。
4. 如下表所示，从单元格 A1 开始输入文本和数字：

	A	B
1	区域	
2	北方	20986
3	南方	35284
4	中部	40436
5	西部	10675
6	中西部	

5. 删除单元格 A6 中的内容。
6. 选定单元格 A1。
7. 将工作簿保存至“Student”文件夹，命名为“Region”。
8. 关闭工作簿。
9. 打开“RegionSales. xlsx”。
10. 利用自动完成功能在单元格 B9 中输入名称“Jones，P.”。
11. 利用“从下拉列表中选择”功能在单元格 B10 中输入名称“Banes，M.”。

12. 编辑单元格 C6,将数值“3952.68”更改为“3932.68”。
13. 在单元格 C9 中输入数字“43567.50”。备注:请注意结尾处的“0”被删除。
14. 在单元格 C10 中输入数字“33500.7”。
15. 基于“个人月度预算”模板创建新工作簿。将单元格 E8 中的“收入 1”数字更改为“2000”。将单元格 E9 中的“额外收入”数字更改为“0”。查看单元格 J6 中的“实际余额”数字。
16. 将工作簿保存至“Student”文件夹,命名为“My Budget”。
17. 关闭工作簿。
18. 使用“打开”对话框,并删除“区域”文件夹及文件夹中的内容。关闭“打开”对话框。

回顾练习结束后,删除已创建的新文件。

第 4 课

选　　择

在本节中，你将学到以下知识：

- 选择一个单元格
- 选择一组相邻的单元格
- 选择一组不相邻的单元格
- 选择整个工作表
- 选择整行
- 选择一组相邻的行
- 选择一组不相邻的行
- 选择整列
- 选择一组相邻的列
- 选择一组不相邻的列

4.1 选择一个单元格

概念

用户可以快速选择单元格、范围、行、列，或者工作表中的所有数据，从而设置所选数据的格式，或者插入其他单元格、行或列。还可以选定单元格的全部内容或部分内容，然后启用编辑模式修改数据。

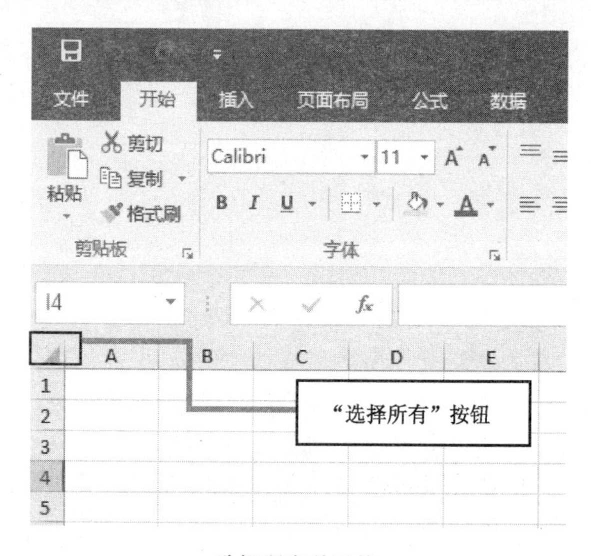

选择所有单元格

步骤

选择一个单元格的步骤：

打开“Selection. xlsx”。

1. 选定单元格 A4。
   活动单元格移至 A4。

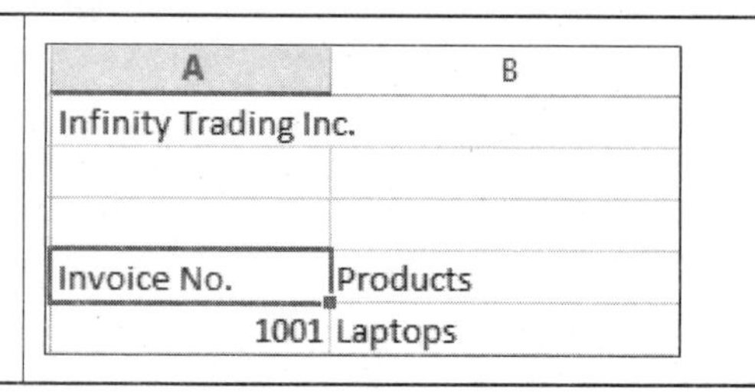

4.2 选择一组相邻的单元格

步骤

选择一组相邻的单元格的步骤：

1. 单击单元格 A4，然后拖动至单元格 D10。松开鼠标按钮。
   该范围被选定。

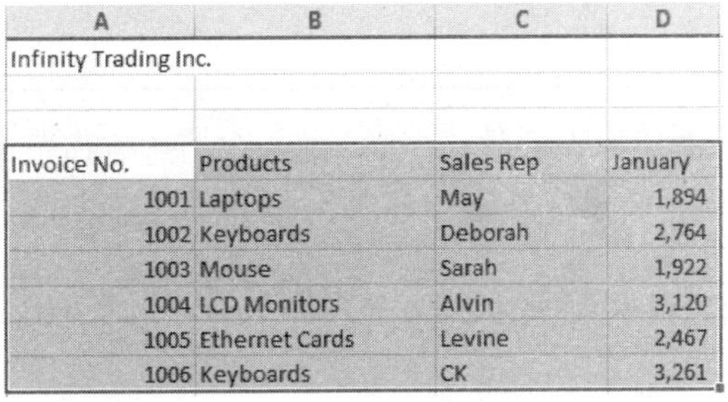

A	B	C	D
Infinity Trading Inc.			
Invoice No.	Products	Sales Rep	January
1001	Laptops	May	1,894
1002	Keyboards	Deborah	2,764
1003	Mouse	Sarah	1,922
1004	LCD Monitors	Alvin	3,120
1005	Ethernet Cards	Levine	2,467
1006	Keyboards	CK	3,261

单击工作表中的任意单元格，取消选定该范围。

4.3 选择一组不相邻的单元格

步骤

选择一组不相邻的单元格的步骤：

1. 单击单元格 A4，然后拖动至单元格 A10。松开鼠标按钮。
   该范围被选定。

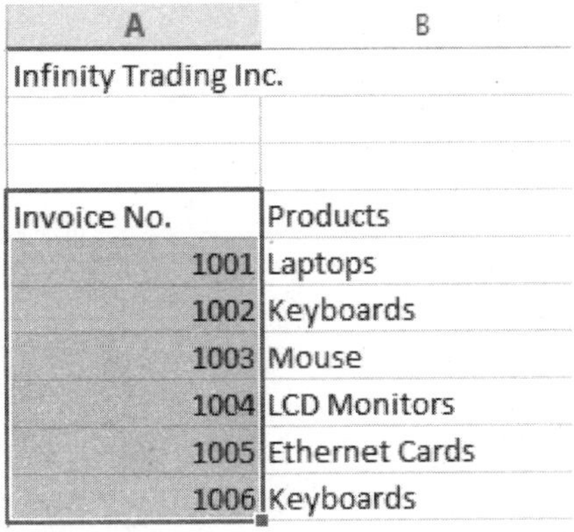

A	B
Infinity Trading Inc.	
Invoice No.	Products
1001	Laptops
1002	Keyboards
1003	Mouse
1004	LCD Monitors
1005	Ethernet Cards
1006	Keyboards

（续表）

步骤	图示
2. 按住键盘上的 Ctrl 键。 按住 Ctrl 键。	Ctrl
3. 单击单元格 C4，然后拖动至单元格 C10。松开鼠标按钮和 Ctrl 键。 两个范围被选定。	见下表

A	B	C
Infinity Trading Inc.		
Invoice No.	Products	Sales Rep
1001	Laptops	May
1002	Keyboards	Deborah
1003	Mouse	Sarah
1004	LCD Monitors	Alvin

单击工作表中的任意单元格，取消选定该范围。

4.4 选择整个工作表

步骤

选择工作表中的所有单元格的步骤：

步骤	图示
1. 单击“选择所有”按钮。 选定工作表中的所有单元格。	见下表

	A	B	C
1	Infinity Trading Inc.		
2			
3			

单击工作表中的任意单元格，取消选定该范围。

4.5 选择整行

步骤

选择整行的步骤：

1. 单击行号“4”。
   第 4 行被选定。

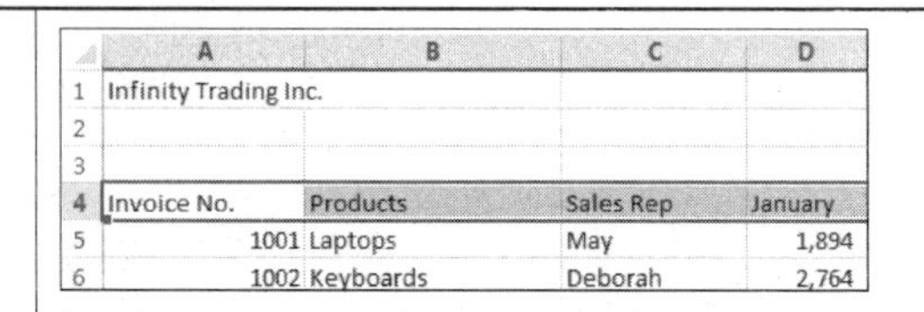

	A	B	C	D
1	Infinity Trading Inc.			
2				
3				
4	Invoice No.	Products	Sales Rep	January
5	1001	Laptops	May	1,894
6	1002	Keyboards	Deborah	2,764

单击工作表中的任意单元格，取消选定该范围。

4.6 选择一组相邻的行

步骤

选择一组相邻的行的步骤：

1. 单击行号“4”，然后拖动至行号“10”。松开鼠标按钮。
   第 4 至第 10 行被选定。

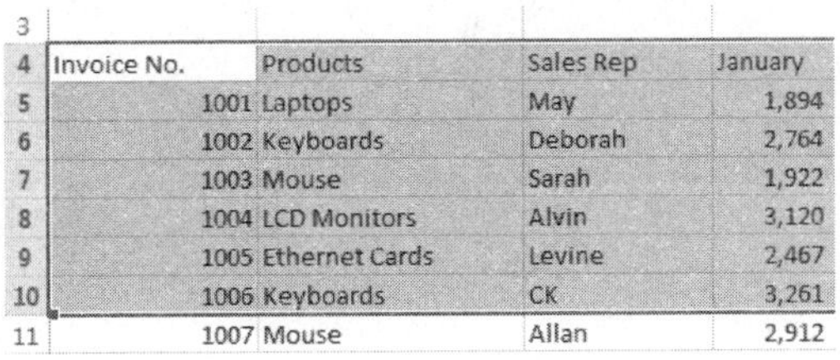

3				
4	Invoice No.	Products	Sales Rep	January
5	1001	Laptops	May	1,894
6	1002	Keyboards	Deborah	2,764
7	1003	Mouse	Sarah	1,922
8	1004	LCD Monitors	Alvin	3,120
9	1005	Ethernet Cards	Levine	2,467
10	1006	Keyboards	CK	3,261
11	1007	Mouse	Allan	2,912

单击工作表中的任意单元格，取消选定该范围。

4.7 选择一组不相邻的行

步骤

选择一组不相邻的行的步骤：

1. 如有必要，单击行号“4”。
   第 4 行被选定。

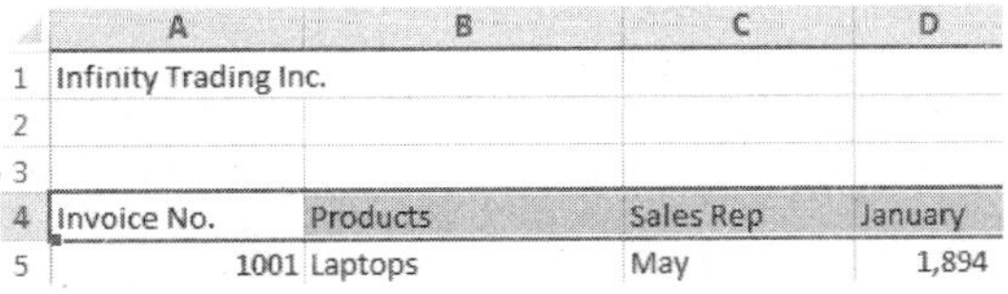

	A	B	C	D
1	Infinity Trading Inc.			
2				
3				
4	Invoice No.	Products	Sales Rep	January
5	1001	Laptops	May	1,894

2. 按住键盘上的 Ctrl 键。
   按下 Ctrl 键。

   Ctrl

3. 单击行号“6”。松开鼠标按钮和 Ctrl 键。
   第 4 行和第 6 行被选定。

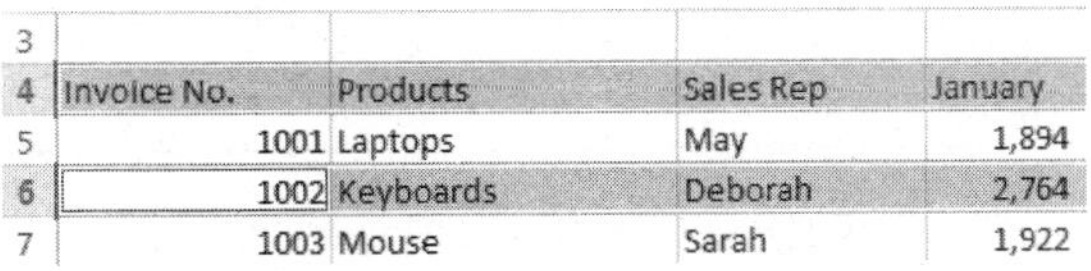

3				
4	Invoice No.	Products	Sales Rep	January
5	1001	Laptops	May	1,894
6	1002	Keyboards	Deborah	2,764
7	1003	Mouse	Sarah	1,922

单击工作表中的任意单元格，取消选定该范围。

4.8 选择整列

步骤

选择整列的步骤：

1. 单击列标“A”。
   A 列被选定。

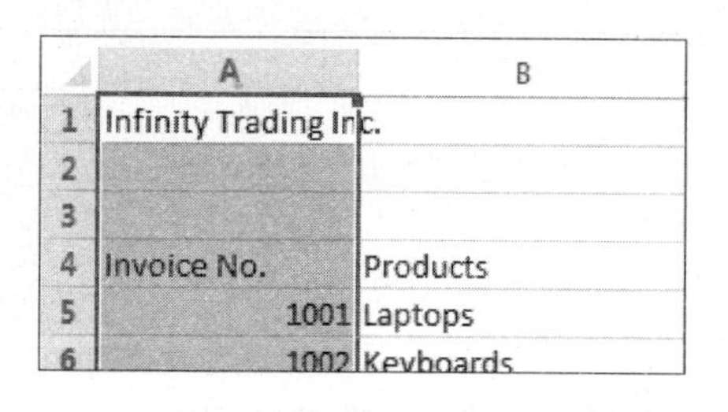

单击工作表中的任意单元格，取消选定该范围。

4.9 选择一组相邻的列

步骤

选择一组相邻的列的步骤：

1. 单击列标“A”，然后拖动至列标“C”。
   松开鼠标按钮。
   A 列至 C 列被选定。

	A	B	C	D
1	Infinity Trading Inc.			
2				
3				
4	Invoice No.	Products	Sales Rep	January
5	1001	Laptops	May	1,894
6	1002	Keyboards	Deborah	2,764
7	1003	Mouse	Sarah	1,922
8	1004	LCD Monitors	Alvin	3,120
9	1005	Ethernet Cards	Levine	2,467
10	1006	Keyboards	CK	3,261

单击工作表中的任意单元格，取消选定该范围。

4.10 选择一组不相邻的列

步骤

选择一组不相邻的列的步骤：

1. 单击列标“A”。
   A 列被选定。 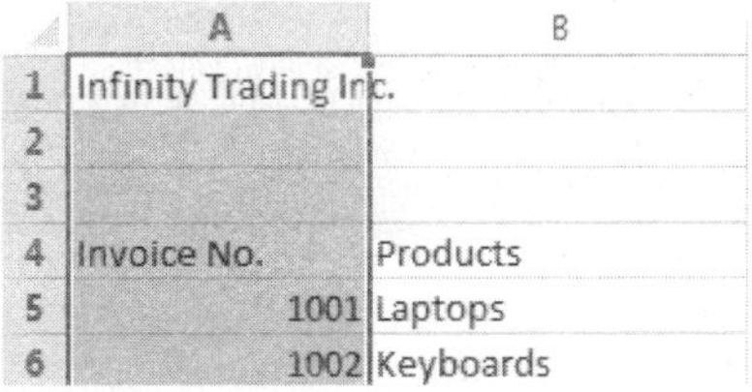
2. 按住键盘上的 Ctrl 键。
   按下 Ctrl 键。 
3. 单击列标“C”。松开鼠标按钮和 Ctrl 键。
   A 列和 C 列被选定。

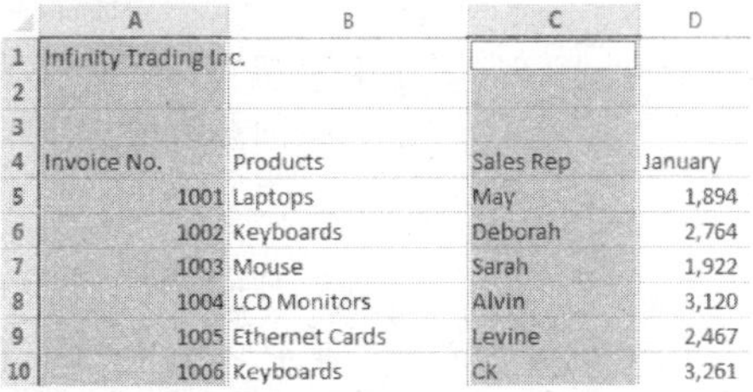

单击工作表中的任意单元格，取消选定该范围。

关闭工作簿，不保存。

4.11 回顾练习

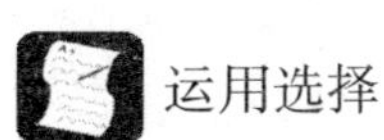

运用选择

1. 打开“ExSelection. xlsx”。
2. 利用鼠标选择 A5：C8。
3. 选择以下不相邻的范围：A5：A8 和 C5：C8。
4. 单击工作簿中的任意位置，取消选定单元格。
5. 关闭工作簿，不保存。

第 5 课

处理列和行

在本节中，你将学到以下知识：

- 调整列宽
- 调整行高
- 自动调整列
- 插入列和行
- 删除列和行
- 冻结和取消冻结列和行

5.1 调整列宽

概念

工作表中的默认列宽为 8.38 个字符，但是可以指定列宽，范围在 0 到 255 之间。0 列宽是指列隐藏起来了，而 255 表示在用标准字体设置格式的单元格中可以显示的字符数。

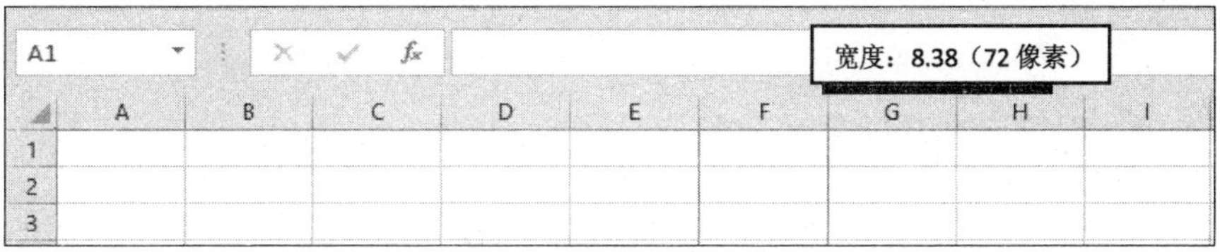

默认列宽

步骤

打开“Student”文件夹中的“ColsRows. xlsx”。

调整列宽的步骤：

1. 选定 D 列至 G 列，然后松开鼠标按钮。 D 列至 G 列被选定。	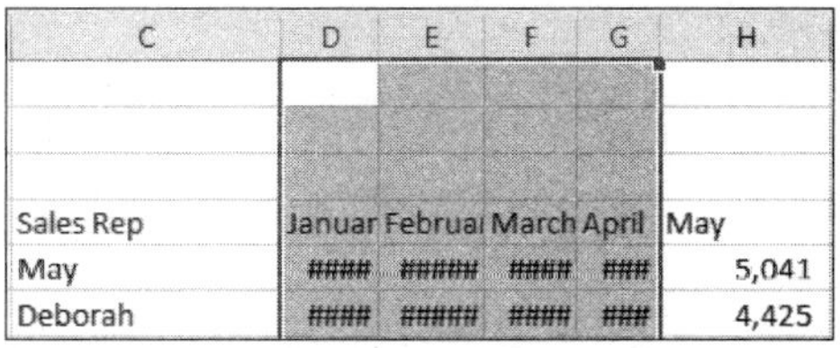
2. 拖动 G 列标题右边的线直至屏幕顶端显示“宽度：11. 00”。 列宽进行了相应的调整。	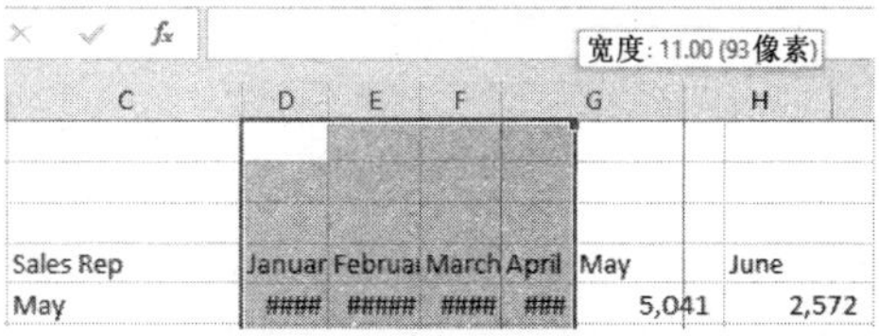
3. 松开鼠标按钮。 显示列中的数据。	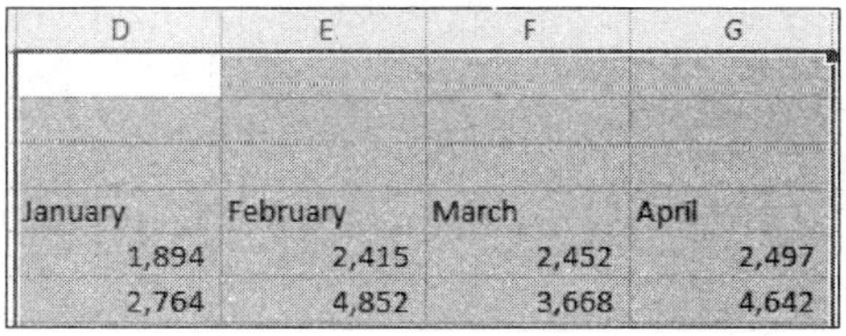

单击任意单元格,取消选定该范围。

5.2 调整行高

概念

用户可以指定行高,范围在 0 至 409 之间。行高值以磅(1 磅等于约 1/72 英寸或 0.035 cm)为单位。默认行高为 12.75 磅(约 1/6 英寸或 0.4cm)。0 行高是指行隐藏起来了。

	A	B	C
1	Infinity Trading Pte Ltd		
2	Annual Report		
3	高度: 33.00 (44 像素)		
	Invoice No.	Product	Sales Rep
4	1001	LCD Monitor	May
5	1002	USB Mouse	Deborah
6	1003	Laser Printer	Sarah
7	1004	CD/ROM	Alvin
8	1005	LCD Monitor	Levine
9	1006	USB Mouse	CK

调整行高

步骤

调整行高的步骤:

1. 鼠标指向第 4 行标题下面的线。
   鼠标指针变为双箭头。

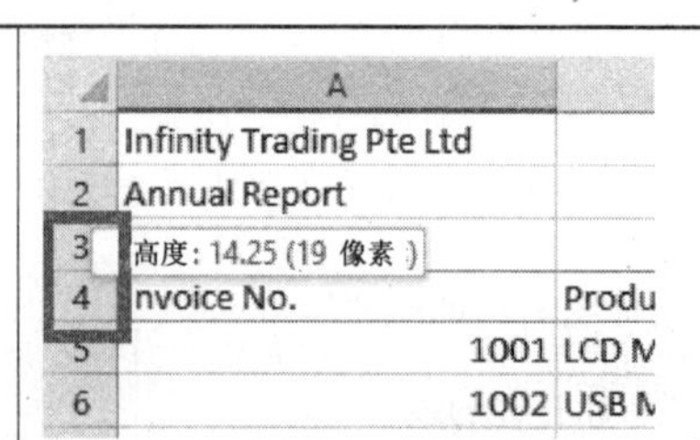

2. 单击该线并向下拖动,直至屏幕顶端显示"高度:33.00"。然后松开鼠标按钮。
   行高进行了相应的调整。

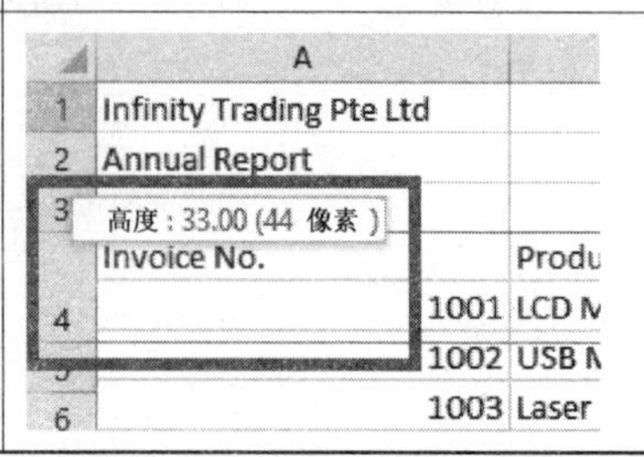

单击任意单元格,取消选定该范围。

5.3 自动调整列

概念

通过自动调整功能,可以自动调整列和行,这样就可以正确显示所有数据。

步骤

调整列以自动适应内容的步骤如下:

1. 选定 M 列至 O 列。
   M 列至 O 列被选定。 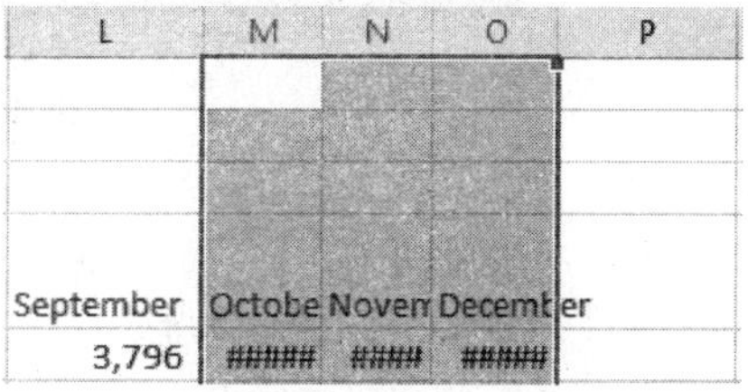
2. 鼠标指向"O"列标右边的线。
   鼠标指针显示双箭头。 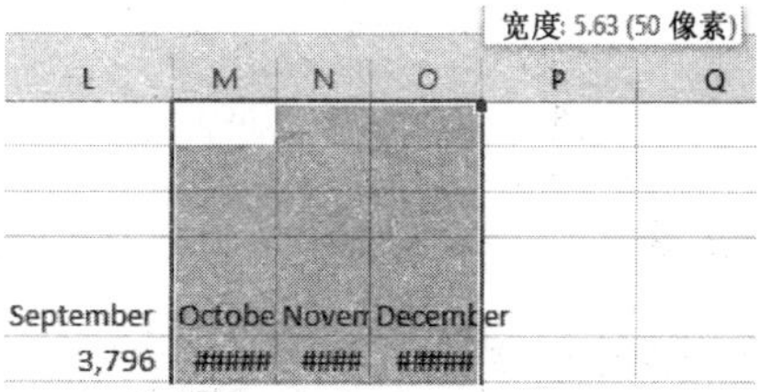
3. 双击"O"列标右边的线。
   列的宽度自动调整为相应宽度。

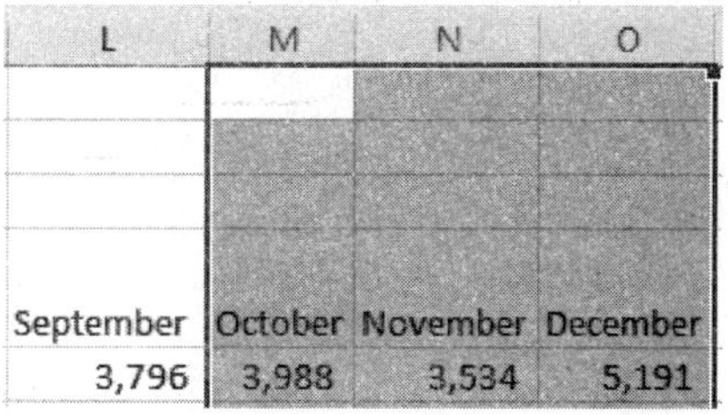

单击任意单元格,取消选定该范围。

5.4 插入列和行

概念

在工作表中插入空白单元格时，新的空白单元格可以插在活动单元格或选定单元格的上面或左边。Excel 会将同一列中的其他单元格下移，或者将同一行中的单元格右移以插入新单元格。此外，用户还可以在选定行的上方插入整行或者在选定列的左边插入整列。

Microsoft Excel 2016 工作表最多可创建 16 384 列，1 048 576 行。

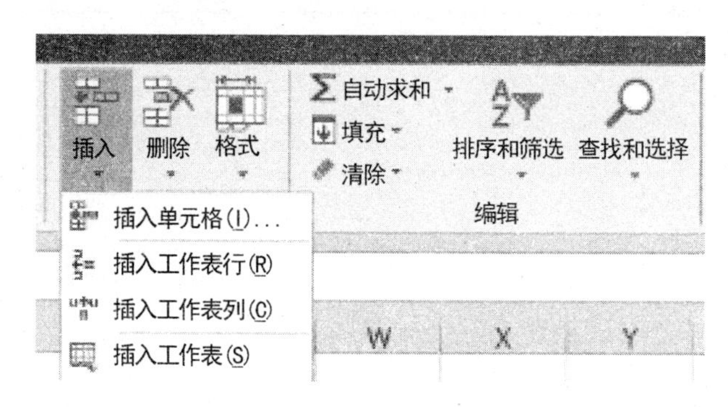

插入单元格

步骤

在工作表中插入列和行的步骤：

打开文件“Selection. xls”：

1. 选定 D 列。 D 列被选定。	C / D / E Sales Rep / January / February May / 1,894 / 2,415 Deborah / 2,764 / 4,852 Sarah / 1,922 / 4,125
2. 选择“开始”选项卡。 “开始”选项卡被选定，相关命令显示在功能区中。	开始

（续表）

3. 单击“单元格”组中“插入”按钮的箭头。 显示“插入”列表。	单击 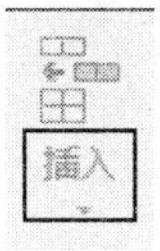 插入
4. 选择列表中的“插入工作表列”。 新的一列插入 D 列中。	单击“插入工作表列”
5. 在单元格 D4 中输入“Region”，然后按 Enter 键。 词“Region”显示在 D4 中。	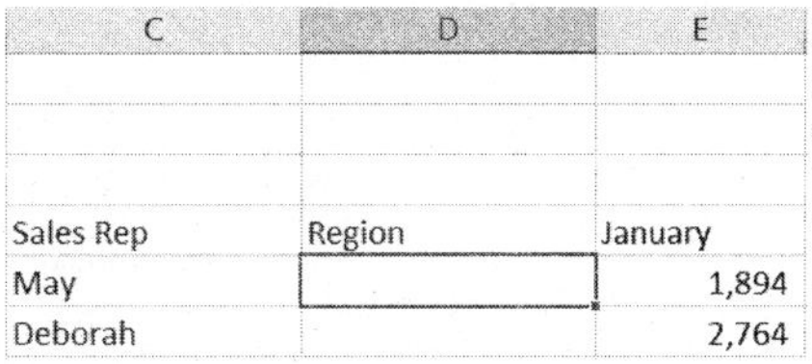 C D E Sales Rep Region January May 1,894 Deborah 2,764
6. 选定第 2 行。 第 2 行被选定。	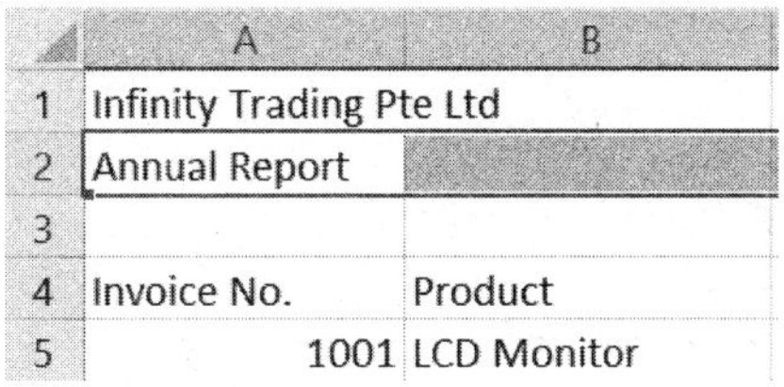 A B 1 Infinity Trading Pte Ltd 2 Annual Report 3 4 Invoice No. Product 5 1001 LCD Monitor
7. 选择“开始”选项卡。 “开始”选项卡被选定，相关命令显示在功能区中。	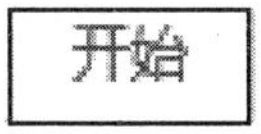 开始
8. 单击“单元格”组中“插入”按钮的箭头。 显示“插入”列表。	单击 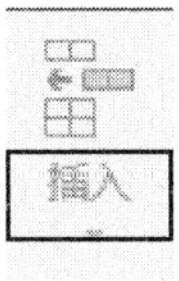 插入
9. 选择列表中的“插入工作表行”。 新的一行插入第 2 行中。	单击“插入工作表行”
10. 在单元格 A2 中输入公式“=today()”，然后按 Enter 键。 当前日期显示在单元格 A2 中。	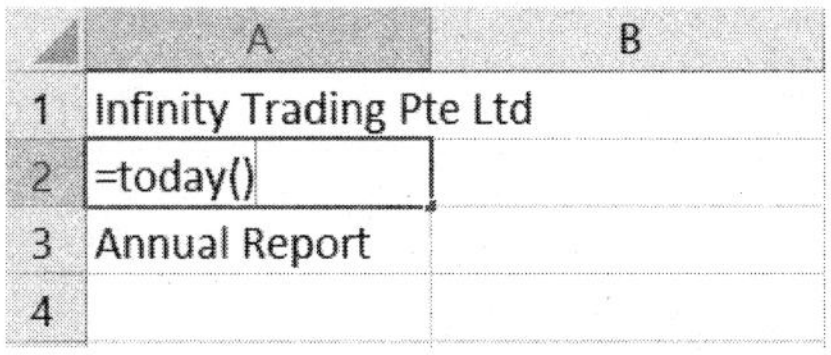 A B 1 Infinity Trading Pte Ltd 2 =today() 3 Annual Report 4

提示：还可以右击列标或行号，然后选择菜单中的“插入”来插入列和行。

5.5 删除列和行

概念

用户可以删除选定的行和列。在删除前,需要注意,如果要删除行和列,其中的数据也会被删除。若操作有误,可使用快速访问工具栏中的“撤销”按钮撤销上一步操作。

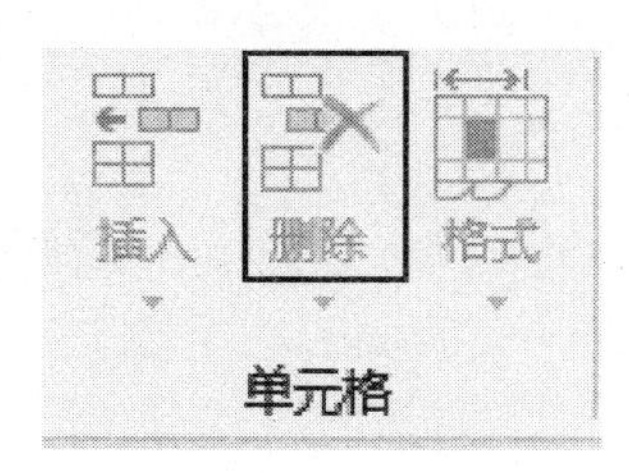

删除单元格

步骤

删除工作表中的列和行的步骤:

1. 选定D列。 D列被选定。	C D E Sales Rep Region January May 1,894
2. 选择“开始”选项卡。 “开始”选项卡被选定,相关命令显示在功能区中。	开始
3. 选择“单元格”组中的“删除”按钮的向下箭头。 显示“删除”列表。	单击 删除
4. 选择列表中的“删除工作表列”。 选定的列被删除。 提示:右击列标,然后选择快捷菜单中的“删除”,可以快速删除列。	单击“删除工作表列”

（续表）

5. 选定第 2 行。 第 2 行被选定。 备注：显示的日期格式可能会不同。	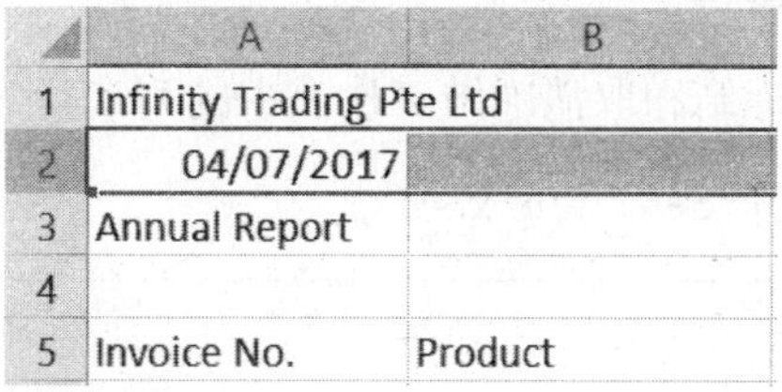 A B 1 Infinity Trading Pte Ltd 2 04/07/2017 3 Annual Report 4 5 Invoice No. Product
6. 选择“开始”选项卡。 “开始”选项卡被选定，相关命令显示在功能区中。	 开始
7. 选择“单元格”组中的“删除”按钮的向下箭头。 显示“删除”列表。	单击  删除
8. 选择所显示列表中的“删除工作表行”。 选定的行被删除。 提示：鼠标右击行号，然后选择快捷菜单中的“删除”命令，可以快速删除行。	单击“删除工作表行”

5.6 冻结和取消冻结列和行

概念

在 Excel 中，通过执行“冻结窗格”或“冻结拆分窗格”命令，可以锁定特定的行和列。这样做后，在滚动到工作表的其他区域时，特定的行和列仍然可见。例如，在规模比较大的工作表中比较不同部分的数据时，要使标题或一行关键数字固定以作参考点，就可以使用此项功能。

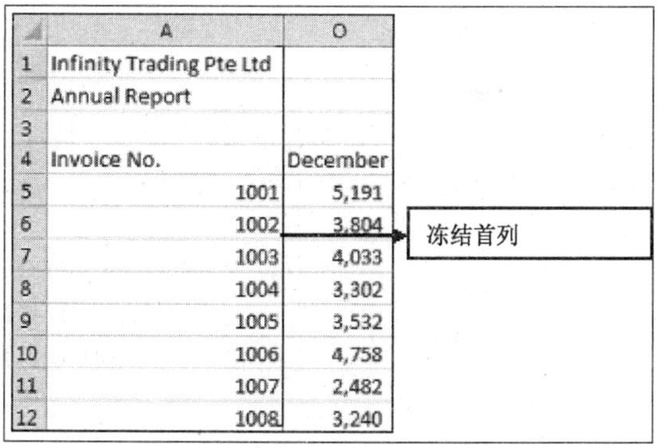

	A	O
1	Infinity Trading Pte Ltd	
2	Annual Report	
3		
4	Invoice No.	December
5	1001	5,191
6	1002	3,804
7	1003	4,033
8	1004	3,302
9	1005	3,532
10	1006	4,758
11	1007	2,482
12	1008	3,240

冻结首列

冻结列

步骤

要冻结和取消冻结工作表中的列和行的步骤：

打开“Selection. xlsx”。

步骤	图示
1. 选定 A 列。 A 列被选定。	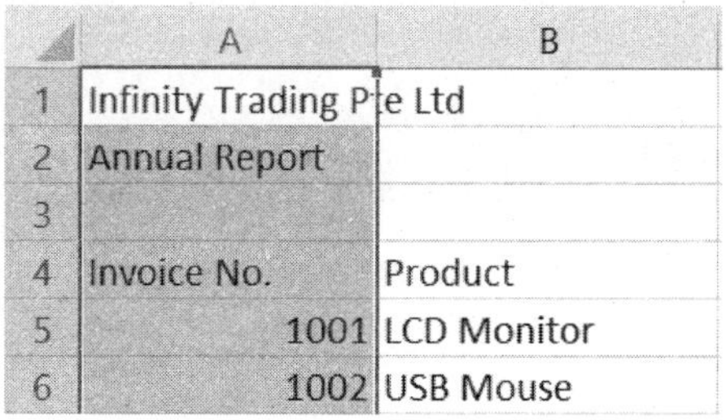 A | B 1 Infinity Trading Pte Ltd 2 Annual Report 3 4 Invoice No. | Product 5 1001 | LCD Monitor 6 1002 | USB Mouse
2. 选择“视图”选项卡。 “视图”选项卡被选定，相关命令显示在功能区中。	 视图
3. 单击“窗口”组中的“冻结窗格”按钮。 显示列表。	 冻结窗格
4. 单击列表中的“冻结首列”。 首列被冻结。向右滚动，注意 A 列在屏幕上被冻结了。	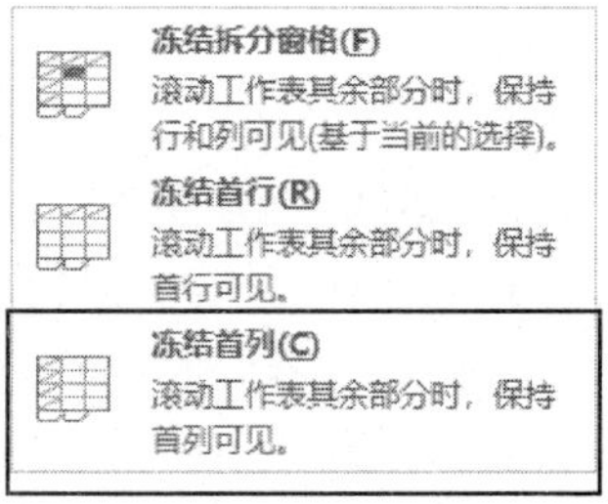 冻结拆分窗格(F) 滚动工作表其余部分时，保持行和列可见(基于当前的选择)。 冻结首行(R) 滚动工作表其余部分时，保持首行可见。 冻结首列(C) 滚动工作表其余部分时，保持首列可见。
5. 选择 A 列作为取消冻结的对象，或者选择工作表中的任意单元格。 A 列被选定。	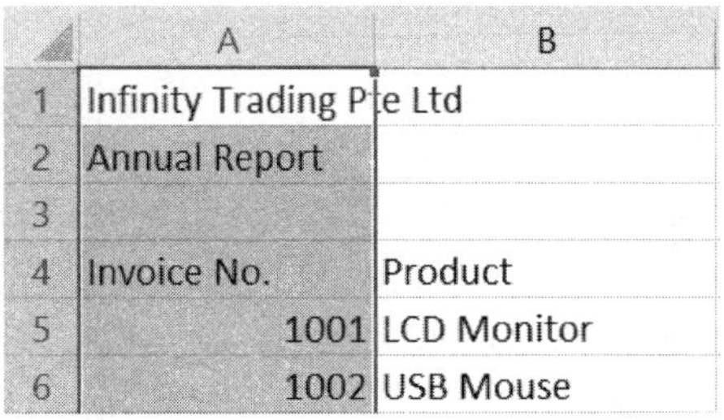 A | B 1 Infinity Trading Pte Ltd 2 Annual Report 3 4 Invoice No. | Product 5 1001 | LCD Monitor 6 1002 | USB Mouse

（续表）

6. 选择“视图”选项卡。 “视图”选项卡被选定，相关命令显示在功能区中。	 视图
7. 单击“窗口”组中的“冻结窗格”按钮。 显示列表。	 冻结窗格
8. 单击列表中的“取消冻结窗格”。 首列被取消冻结。向右滚动，注意 A 列在屏幕上不可见。	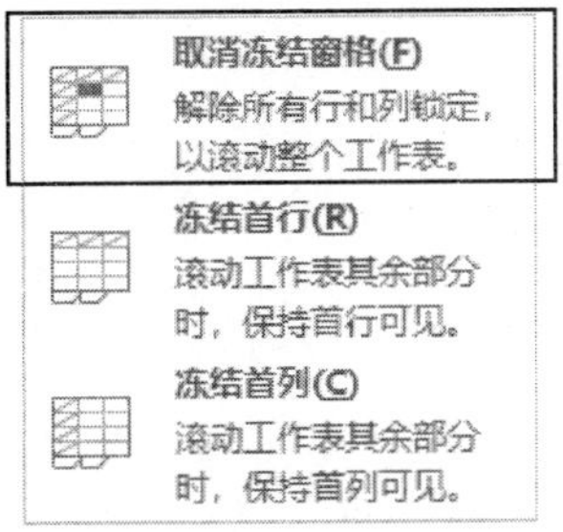 取消冻结窗格(F) 解除所有行和列锁定，以滚动整个工作表。 冻结首行(R) 滚动工作表其余部分时，保持首行可见。 冻结首列(C) 滚动工作表其余部分时，保持首列可见。
9. 选择第 2 行或工作表中的任意单元格。 第 2 行被选定。	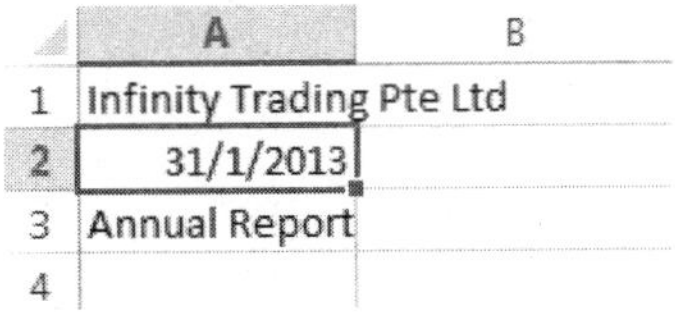 A B 1 Infinity Trading Pte Ltd 2 31/1/2013 3 Annual Report 4
10. 选择“视图”选项卡。 “视图”选项卡被选定，相关命令显示在功能区中。	 视图
11. 单击“窗口”组中的“冻结窗格”按钮。 显示列表。	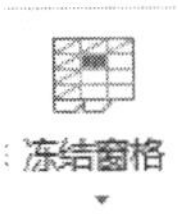 冻结窗格
12. 单击列表中的“冻结首行”。 首行被冻结。	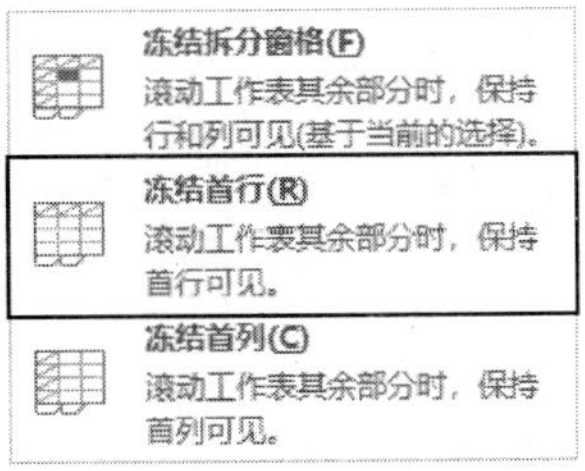 冻结拆分窗格(F) 滚动工作表其余部分时，保持行和列可见(基于当前的选择)。 冻结首行(R) 滚动工作表其余部分时，保持首行可见。 冻结首列(C) 滚动工作表其余部分时，保持首列可见。

（续表）

13. 选择“窗口”组中的“冻结窗格”按钮下拉列表中的“取消冻结窗格”。 取消首行冻结。	取消冻结窗格(F) 解除所有行和列锁定，以滚动整个工作表。  冻结首行(R) 滚动工作表其余部分时，保持首行可见。 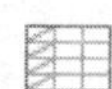 冻结首列(C) 滚动工作表其余部分时，保持首列可见。
14. 单击单元格 B6，冻结第 5 行中的“销售明细”列标题以及 A 列所显示的发表号码。 B6 被选定。	单击单元格 B6。
15. 选择“窗口”组中的“冻结窗格”按钮下拉列表中的“冻结拆分窗格”。 前 5 行和 1 列被冻结。	 冻结拆分窗格(F) 滚动工作表其余部分时，保持行和列可见(基于当前的选择)。  冻结首行(R) 滚动工作表其余部分时，保持首行可见。  冻结首列(C) 滚动工作表其余部分时，保持首列可见。
16. 单击任意单元格，选择“窗口”组中的“冻结窗格”按钮下拉列表中的“取消冻结窗格”。 前 5 行和 1 列被取消冻结。	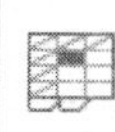 取消冻结窗格(F) 解除所有行和列锁定，以滚动整个工作表。 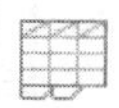 冻结首行(R) 滚动工作表其余部分时，保持首行可见。  冻结首列(C) 滚动工作表其余部分时，保持首列可见。

关闭工作簿，不保存任何更改。

5.7 回顾练习

 处理行和列

1. 打开“ExColsRows. xlsx”。

2. 选择 B 列至 E 列。将宽度改为“15.00”。
3. 选择第 2 行至第 7 行。将高度改为“33.00”。
4. 选择 F 列。利用自动调整功能,使 F 列宽到能够显示单元格 F1 中的文本。自动调整 I 列。
5. 在 I 列前插入空白列。
6. 在工作表顶部插入 3 个空白行。
7. 在单元格 A1 中输入“Infinity Trading Pte Ltd.”,在单元格 A2 中输入“Regional Sales”。
8. 在第 10 行前插入两个空白行。
9. 删除空白的第 10 行和 I 列。
10. 关闭工作簿,不保存。

第 6 课

设置数字格式

在本节中，你将学到以下知识：

- 数字格式
- 会计数字格式
- 百分比样式
- 千位分隔样式
- 小数位

6.1 关于数字格式

概念

设置单元格的格式可以改变工作表中数字和文本的显示方式。格式设置不会改变单元格的基础值。当此单元格被选定时，基础值会出现在编辑栏中，计算中将使用该数值。

格式设置改进了工作表的整体外观，使数字更易于读取。利用格式设置，可以添加货币符号(￥)、百分比符号(%)以及千位分隔符号(，)等，指定固定位数的小数。

数字格式可以应用于单个单元格、整列或整行、选定的一组单元格，或者整个工作表。

包含数值的单元格的默认格式是常规格式。此格式将数值显示为普通的数字，没有货币符号、千位分隔符号等。

6.2 会计数字格式

概念

会计数字格式也可用于显示货币值，但是采用此格式，同列数字中的货币符号和小数点会对齐。另外，会计数字格式将零显示为短横线，将负数显示在括号中。

常规格式	会计数字格式	
2605	¥	2,605.00
1872	¥	1,872.00
0	¥	-
4749	¥	4,749.00
2452	¥	2,452.00

常规格式与会计数字格式

步骤

利用“会计数字格式”按钮设置单元格的格式的步骤：

打开“FormatNum. xlsx”。

1. 选择单元格 B10 至 F10。 单元格 B10 至 F10 被选定。	选择单元格范围 B10：F10
2. 如有必要，选择“开始”选项卡。 “开始”选项卡被选定，相关命令显示在功能区中。	开始
3. 单击“数字”组中的“会计数字格式”按钮的左侧部分。 将会计数字格式应用于选定的单元格。	单击

提示：若要选择不同的货币类型，需单击“会计数字格式”按钮右边的箭头，然后从列表中选择所需的货币类型。

6.3 百分比样式

概念

将百分比样式应用于工作表中现有的数字，这些数字会乘以 100，从而将数字转换为百分比。

例如，如果某一单元格包含数字“5”，应用百分比样式后，Excel 会将此数字乘以 100，单元格中会显示“500.00%”。这可能与预期有所出入。

要准确显示百分比，在将数字的格式设置为百分比样式之前，需确保这些数字已按百分比进行计算，并以小数格式显示。利用等式“数量/总数＝百分比”计算百分比。

例如，如果某一单元格包含公式“＝5/100”，则计算结果为“0.05”。如果将“0.05”设置为百分比样式，则此数字将正确显示为“5%”。

步骤

利用“百分比样式”按钮设置单元格格式的步骤：

1. 选择单元格 G5 至 G9。 单元格 G5 至 G9 被选定。	选择单元格 G5：G9
2. 如有必要，选择“开始”选项卡。 “开始”选项卡被选定，相关命令显示在功能区中。	开始
3. 单击“数字”组中的“百分比样式”按钮。 将百分比样式应用于选定的单元格。	单击 %

6.4 千位分隔样式

概念

千位分隔样式将千位分隔符号插入较大数字中来分隔数千、数十万等。

千位分隔样式同样显示两位小数位，并将负数放入括号内，但是此格式不会显示货币符号。

常规格式	千位分隔样式
2605	2,605.00
1872	1,872.00
0	-
4749	4,749.00
2452	2,452.00

千位分隔样式

步骤

利用“千位分隔样式”按钮设置单元格格式的步骤：

1. 选择单元格 B5 至 F9。 单元格 B5 至 F9 被选定。	选择 B5：F9
2. 如有必要，选择“开始”选项卡。 “开始”选项卡被选定，相关命令显示在功能区中。	开始
3. 单击“数字”组中的“千位分隔样式”按钮。 将千位分隔样式应用于选定的单元格。	单击 ,

6.5 小数位

概念

对于工作表中输入的数字，利用“增加小数位数”按钮和“减少小数位数”按钮，可以增减小数点后面显示的小数位数。

将内置数字格式（诸如，货币格式或百分比样式）应用于单元格或数据时，Excel 默认显示保留两位小数，但是设置数字格式时，可以改变小数位数。使用 Excel 输入小数点时，需指定需要显示的小数位数。

数字格式	增加小数位数（显示3位小数）
2605.23	2605.230
1872.79	1872.790
0.00	0.000
4749.50	4749.500
2452.60	2452.600

数字格式	减少小数位数（显示1位小数）
2605.23	2605.2
1872.79	1872.8
0.00	0.0
4749.50	4749.5
2452.60	2452.6

步骤

改变单元格中显示的小数位数的步骤：

1. 选择单元格 B5 至 F9。 单元格 B5 至 F9 被选定。	选择单元格 B5：F9。
2. 选择“开始”选项卡。 “开始”选项卡被选定，相关命令显示在功能区中。	开始
3. 单击“减少小数位数”按钮两次。 单元格中小数位数减少。选定的单元格中不显示小数。	.00 →.0

概念实践：选择单元格 B10 至 F10，设置千位分隔样式，然后设置数字的格式，不显示小数。

关闭工作簿，不保存文件。

6.6 回顾练习

设置工作表中数字的格式

1. 打开“ExFormatNum. xlsx”。
2. 利用“千位分隔样式”设置范围 B3：E7 的格式，并将小数位数减少为零。
3. 利用“千位分隔样式”设置范围 G3：I8 的格式，并将小数位数减少为零。[单元格显示井字号(♯)，这是因为列的宽度不够，显示不了设置了格式的数字]。
4. 关闭工作簿，不保存更改。

第 7 课

设置文本格式

在本节中,你将学到以下知识:

- 设置文本格式
- 更改字体
- 更改字号
- 粗体和斜体
- 给文本加下划线
- 字体颜色
- 旋转文本
- 自动换行
- 单元格对齐
- 利用“自动套用格式”应用表格样式

7.1 设置文本格式

概念

通过设置单元格的格式可以改变工作表中文本的显示方式。格式设置不会改变单元格中数据的基础值,但是会改进工作表的整体外观。可以在输入数据前或输入数据后将格式应用于单元格。格式可以应用于单个单元格、选定的一组单元格、整列或整行,或者整个工作表。

通过设置文本对齐方式,可以控制文本在单元格中排列的方式。利用“开始”选项卡上的控件,可以设置单元格对齐方式。单元格对齐方式是指文本如何与单元格中可用的空间相互作用。

文本的方向默认从左向右水平延伸。可以利用“开始”选项卡上的“方向”按钮对其进行编辑,从而生成垂直或倾斜文本,这样标题行中的标签可以在水平方向上占用较少的空间。

	A	B	C	D	E	F	G
1	**Infinity Trading Inc.**						
2	**Sales Report**						
3							
4	**Sales Re**	**Quarter 1**	**Quarter 2**	**Quarter 3**	**Quarter 4**	**Annual**	**% of Total**
5	*Robb*	2,605	2,818	3,627	2,991	12,041	**17%**
6	*Mark*	1,872	2,668	2,450	1,974	8,964	**13%**
7	*Alvin*	3,974	4,172	4,888	4,950	17,984	**26%**
8	*Alex*	4,749	4,447	3,346	3,125	15,667	**22%**
9	*Eric*	2,452	4,562	3,624	4,715	15,353	**22%**
10	Total	$ 15,652	$ 18,667	$ 17,935	$ 17,755	$ 70,009	

设置了格式的工作表

7.2 更改字体

概念

Microsoft Excel 默认使用“等线”字体,字号为 11。但可以将其更改为其他字体,然后应用于创建的所有新工作簿。

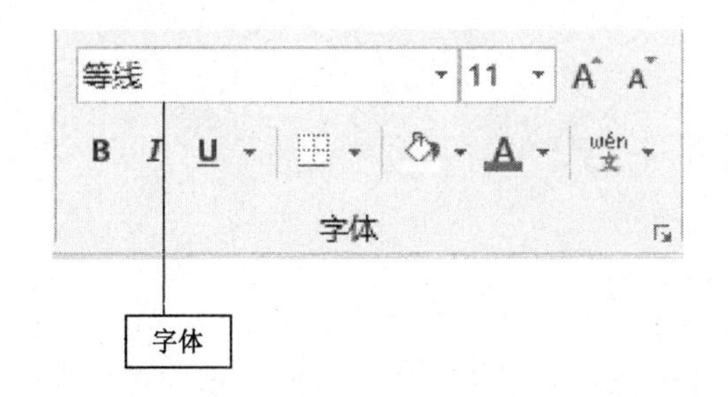

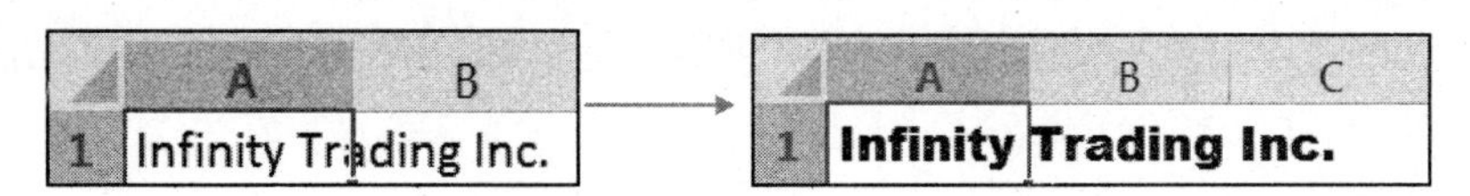

单元格字体从“等线”更改为“Arial Black”

步骤

更改现有文本的字体的步骤：

打开“FormatText. xlsx”。

1. 选择单元格 A1 和 A2。 单元格 A1 和 A2 被选定。	选择单元格 A1：A2
2. 选择“开始”选项卡。 “开始”选项卡被选定，相关命令显示在功能区中。	开始
3. 单击“字体”组中的“字体”列表框右边的箭头。 显示字体列表。	字体(F): 等线 字形(O): 常规 字号(S): 11
4. 向下滚动列表，然后选择“Arial Black”。 将“Arial Black”字体应用于选定的单元格。	选择 Arial Black

7.3 更改字号

概念

可以更改工作表中选定单元格或单元格范围的字号。

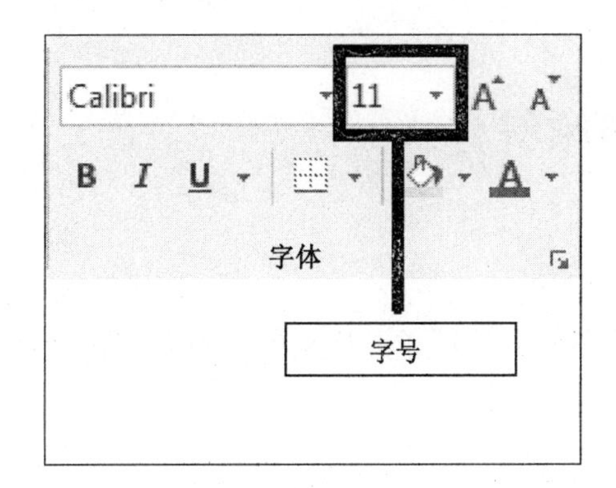

步骤

更改现有数据的字号的步骤：

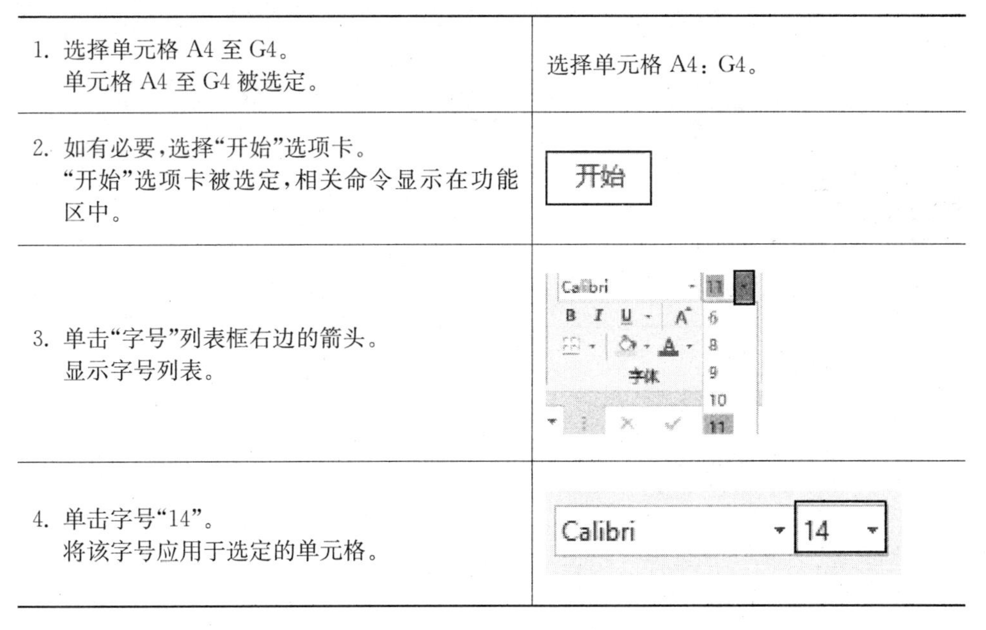

步骤	示例
1. 选择单元格 A4 至 G4。 单元格 A4 至 G4 被选定。	选择单元格 A4：G4。
2. 如有必要，选择“开始”选项卡。 “开始”选项卡被选定，相关命令显示在功能区中。	开始
3. 单击“字号”列表框右边的箭头。 显示字号列表。	Calibri 11 字体 6 8 9 10 11
4. 单击字号“14”。 将该字号应用于选定的单元格。	Calibri 14

提示：还可以使用“增大字号”按钮和“减小字号”按钮来更改工作表中文本的字号。选择单元格 A4 至 G4，然后单击“减小字号”按钮一次。选定单元格的字号会相应地更改。

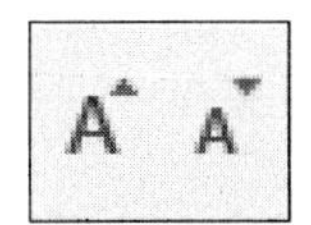

“增大/减小字号”按钮

7.4 加粗和倾斜样式

概念

可以将工作表中选定的单元格或单元格范围中的文本显示为加粗和倾斜样式。

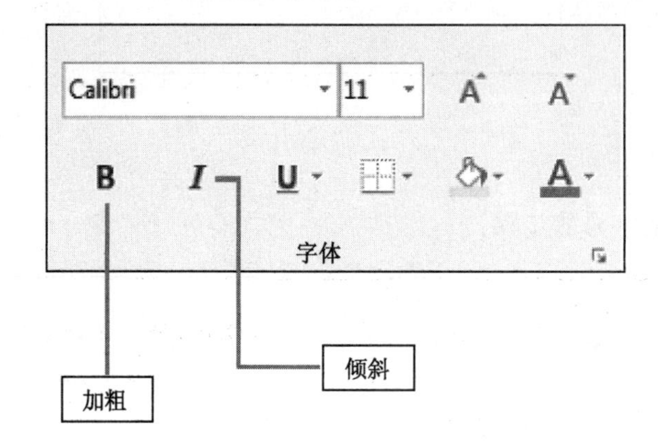

步骤

将现有文本加粗和倾斜样式的步骤：

1. 选择单元格 A4 至 G4。 单元格 A4 至 G4 被选定。	选择单元格 A4：G4
2. 如有必要，选择“开始”选项卡。 “开始”选项卡被选定，相关命令显示在功能区中。	开始
3. 单击“字体”组中的“加粗”按钮。 将“加粗”格式应用于选定的单元格。	单击 B
4. 选择单元格 A5 至 A9。 单元格 A5 至 A9 被选定。	选择单元格 A5：A9
5. 选择“开始”选项卡。 “开始”选项卡被选定，相关命令显示在功能区中。	开始
6. 单击“字体”组中的“倾斜”按钮。 将“倾斜”格式应用于选定的单元格。	单击 I

（续表）

7. 选择单元格 A10。 单元格 A10 被选定。	选择单元格 A10
8. 在选定单元格中输入"Total"。 "Total"显示在单元格 A10 和编辑栏中。	4 Sales Rep Quarter 1 5 Robb 2,605 6 Mark 1,872 7 Alvin 3,974 8 Alex 4,749 9 Eric 2,452 10 Total $ 15,652
9. 按 Enter 键。 活动单元格移至下面的单元格，将倾斜样式应用于此单元格中的文本。	Enter

概念实践：选择 A10，然后单击"倾斜"按钮，取消倾斜样式设置。将"加粗"应用于单元格 A10 至 F10。

提示：利用键盘快捷键，可以将加粗（Ctrl＋B）或倾斜（Ctrl＋I）应用于选定单元格中的文本。

7.5 给文本加下划线

概念

用户可以将下划线或双下划线应用于选定的单元格或单元格范围中的文本。

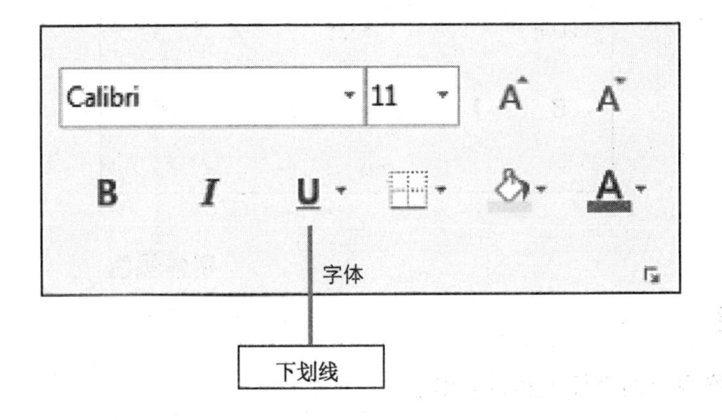

步骤

给单元格中的内容加下划线或双下划线的步骤：

1. 选择单元格 B10 至 F10。 单元格 B10 至 F10 被选定。	选择单元格 B10：F10
2. 如有必要，选择"开始"选项卡。 "开始"选项卡被选定，相关命令显示在功能区中。	开始
3. 单击"字体"组中的"下划线"按钮左边。 将"下划线"格式应用于选定的单元格。	单击 U
4. 要给选定的单元格加双下划线，需单击"字体"组中的"下划线"按钮右边的箭头，然后选择"双下划线"。	下划线(U) 双下划线(D)

7.6 字体颜色

概念

用户可以更改工作表中选定的单元格或单元格范围的字体颜色。

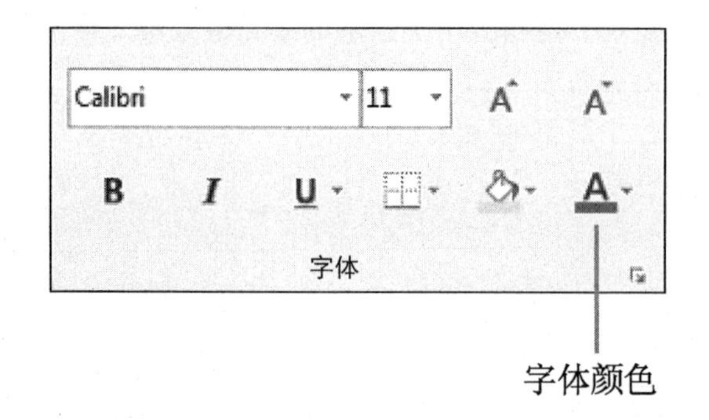

步骤

更改单元格内容的字体颜色的步骤：

1. 选择单元格 A1 和 A2。 单元格 A1 和 A2 被选定。	选择单元格 A1：A2
2. 选择“开始”选项卡。 “开始”选项卡被选定，相关命令显示在功能区中。	开始
3. 单击“字体”组中的“字体颜色”按钮右边的箭头。 显示颜色调色板。	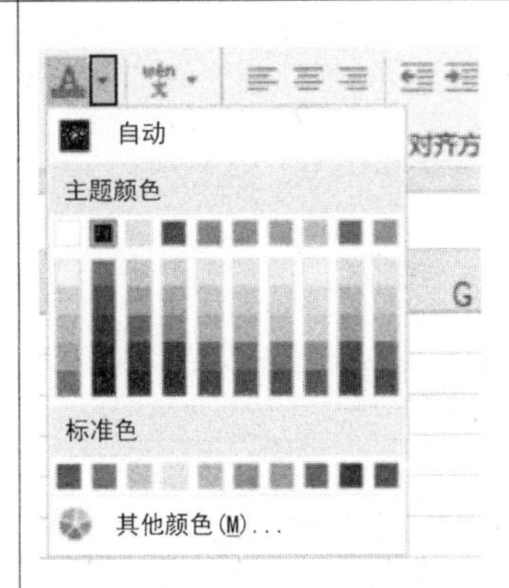
4. 单击“红色，个性色 2，深色 50%”(第 6 行，第 6 列的颜色) 数据颜色更改为指定颜色。	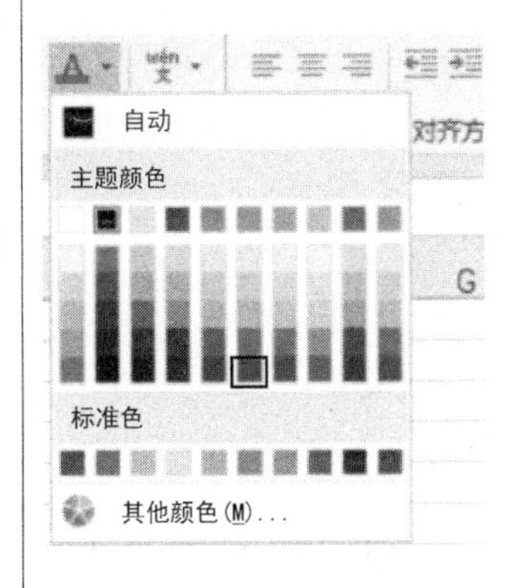

概念实践：选择范围 A5：A9。将字体颜色更改为“茶色，背景 2，深色 75%”(第 5 行，第 3 列)。单击任意单元格，取消选定范围。

7.7 旋转文本

概念

如果某些行中的若干标题非常长，可以旋转文本使数据和工作表呈现合适的布局。旋转的文本将显示为相同的列宽，从而保持正确的结构。

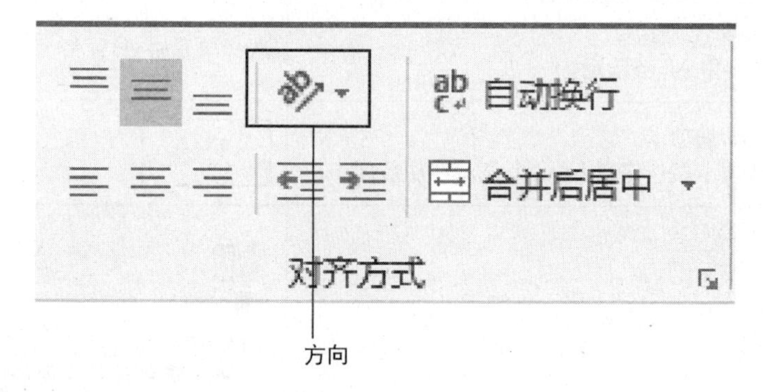

步骤

旋转单元格中的文本的步骤：

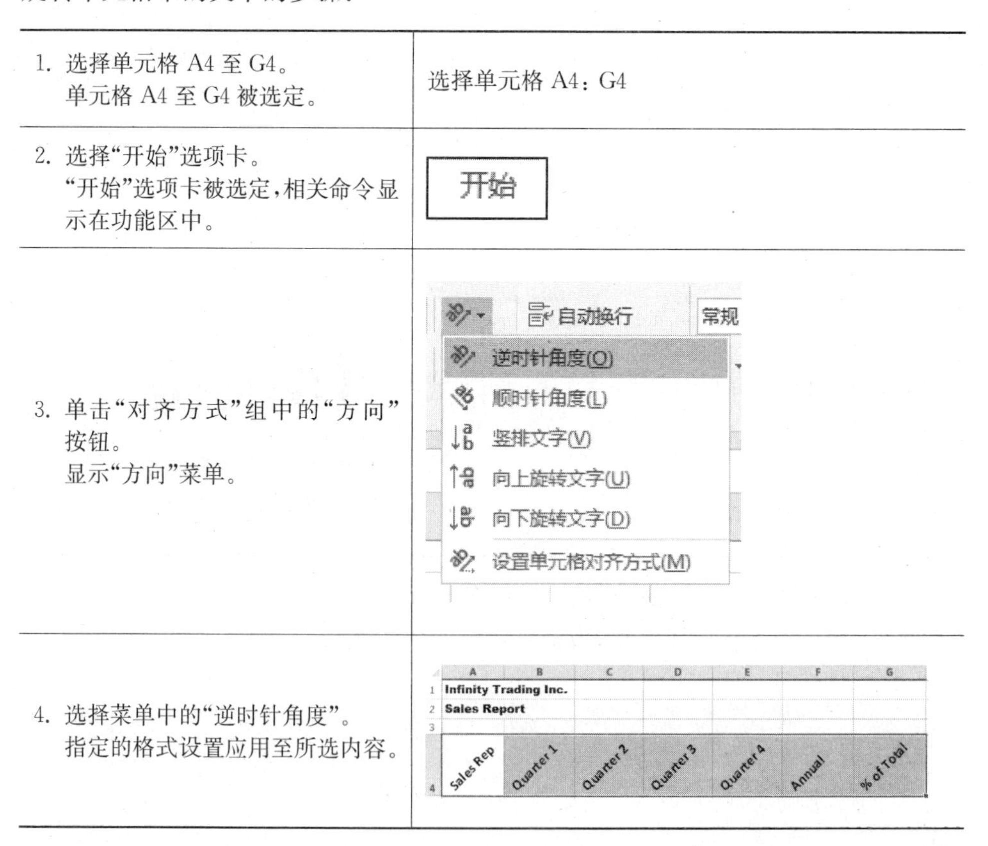

1. 选择单元格 A4 至 G4。 单元格 A4 至 G4 被选定。	选择单元格 A4：G4
2. 选择“开始”选项卡。 “开始”选项卡被选定，相关命令显示在功能区中。	开始
3. 单击“对齐方式”组中的“方向”按钮。 显示“方向”菜单。	自动换行 常规 逆时针角度(O) 顺时针角度(L) 竖排文字(V) 向上旋转文字(U) 向下旋转文字(D) 设置单元格对齐方式(M)
4. 选择菜单中的“逆时针角度”。 指定的格式设置应用至所选内容。	Infinity Trading Inc. Sales Report Sales Rep, Quarter 1, Quarter 2, Quarter 3, Quarter 4, Annual, % of Total

概念实践：选择单元格 A4 至 G4，单击“方向”按钮，然后单击“逆时针角度”，使此功能撤销。单元格内容恢复为原来的方向。

7.8 自动换行

概念

在很窄的单元格中输入文本时,文本会跨越到下一单元格中或者不能在该单元格中完整地显示。要显示整个单元格条目,可以调整列宽或者在该单元格内进行自动换行。自动换行使文本转到该单元格的下一行而不是跨越到下一单元格中。

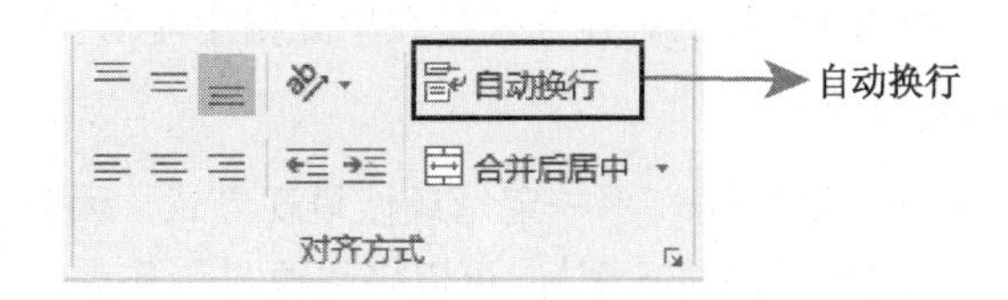

步骤

将自动换行应用于单元格中的内容的步骤:

1. 选择单元格 A1。 单元格 A1 被选定。	选择单元格 A1
2. 选择"开始"选项卡。 "开始"选项卡被选定,相关命令显示在功能区中。	开始
3. 单击"对齐方式"组中的"自动换行"按钮。 选定的文本在单元格内自动换行。	单击 自动换行

概念实践:选择单元格 A2,然后应用自动换行。选择单元格 A1,然后取消选定"自动换行",将单元格还原到原来的格式。

步骤

将自动换行应用于单元格范围中的内容的步骤:

1. 选择单元格 A1 和 A2。 单元格 A1 被选定。	选择单元格 A1 和 A2。
2. 选择"开始"选项卡。 "开始"选项卡被选定,相关命令显示在功能区中。	开始
3. 单击"对齐方式"组中的"自动换行"按钮。 选定的文本在单元格内自动换行。	单击 自动换行

突出显示单元格/多个单元格，然后单击“自动换行”按钮，可以展开单元格或单元格范围中的文本。

7.9 单元格对齐

概念

文本数据（如标签和列标）的默认对齐方式是在单元格中左对齐。数字、公式、和日期（称为数值）默认右对齐。

Excel 默认的对齐方式对数据而言不一定是最佳呈现方式。因此，利用 Excel 功能区中“开始”选项卡中的单元格对齐图标，可以轻松改进工作表的布局和外观。

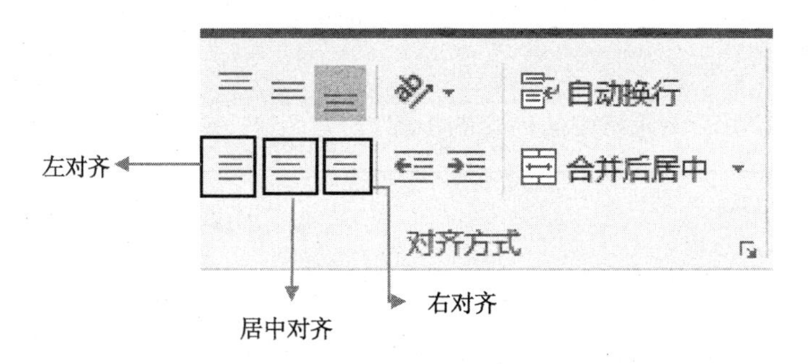

步骤

更改单元格对齐方式的步骤：

步骤	图示
1. 选择单元格 A4 至 G4。 单元格 A4 至 G4 被选定。	
2. 选择“开始”选项卡。 “开始”选项卡被选定，相关命令显示在功能区中。	开始
3. 单击“对齐方式”组中的“居中对齐”按钮。 选定的单元格的单元格内容相应地对齐。	

概念练习：选择单元格 A4，然后选择“左对齐”按钮。

7.10 利用自动套用格式应用表格样式

概念

自动套用格式是 Excel 提供的一项功能，用户利用内置的样式列表可以轻松地将选定的单元格范围设置为具有特定格式的表格。自动套用格式是一款有用的工具，可以使数据更易于理解，并可以提高工作效率。然而，与之前的版本不同之处在于，Excel 2016 的功能区中没有“自动套用格式”按钮。

步骤

将“自动套用格式”按钮添加到快速访问工具栏的步骤如下：

1. 选择“自定义快速访问工具栏”按钮。 出现下拉菜单。	单击 
2. 选择“其他命令...”选项。 出现“Excel 选项”窗口。	单击 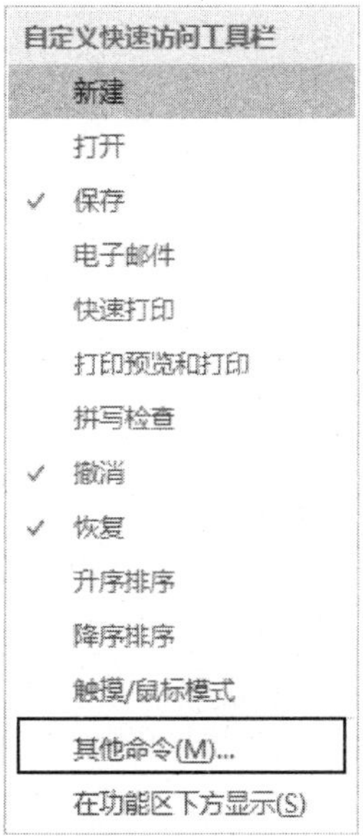 自定义快速访问工具栏 新建 打开 ✓ 保存 电子邮件 快速打印 打印预览和打印 拼写检查 ✓ 撤消 ✓ 恢复 升序排序 降序排序 触摸/鼠标模式 其他命令(M)... 在功能区下方显示(S)

（续表）

3. 选择“从下列位置选择命令”下拉按钮，然后选择“所有命令”。 将会显示一个完整的命令列表，可以将这些命令添加到快速访问工具栏。	单击 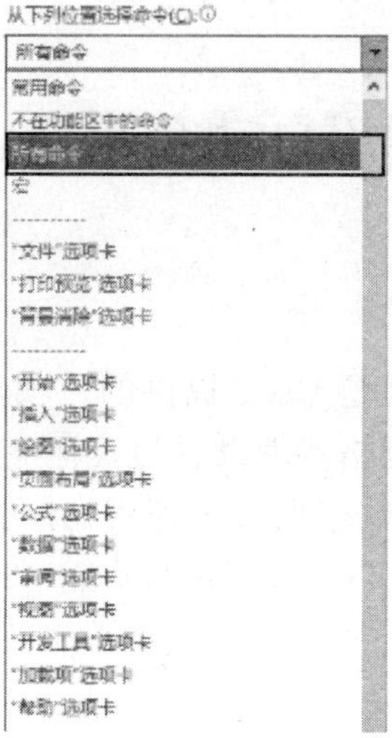 从下列位置选择命令(C):ⓘ 所有命令 常用命令 不在功能区中的命令 所有命令 宏 -------- "文件"选项卡 "打印预览"选项卡 "背景消除"选项卡 -------- "开始"选项卡 "插入"选项卡 "绘图"选项卡 "页面布局"选项卡 "公式"选项卡 "数据"选项卡 "审阅"选项卡 "视图"选项卡 "开发工具"选项卡 "加载项"选项卡 "帮助"选项卡
4. 向下滚动，然后选择“自动套用格式...”。 将会突出显示“自动套用格式...”选项。	单击 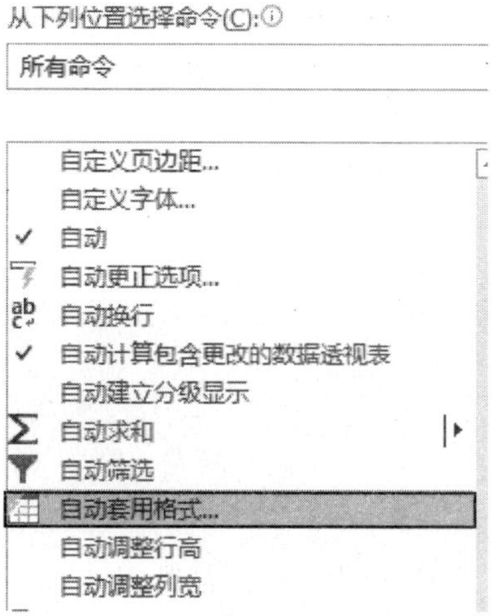 从下列位置选择命令(C):ⓘ 所有命令 自定义页边距... 自定义字体... 自动 自动更正选项... 自动换行 自动计算包含更改的数据透视表 自动建立分级显示 自动求和 自动筛选 自动套用格式... 自动调整行高 自动调整列宽
5. 选择“添加>>”按钮。 “自动套用格式...”选项将移至右边的“自定义快速访问工具栏”列。	单击 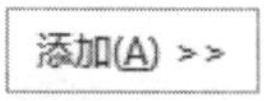 添加(A) >>
6. 选择“确定”，保存更改。 “自动套用格式”按钮添加到快速访问工具栏。	单击“确定”按钮

将“自动套用格式”按钮添加到快速访问工具栏后，可以利用此功能设置单元格的格式并且应用表格样式。要完成这一操作，需选择要转换为表格的单元格，然后单击“自动套用格式”按钮。“自动套用格式”窗口会打开表格样式选项列表。

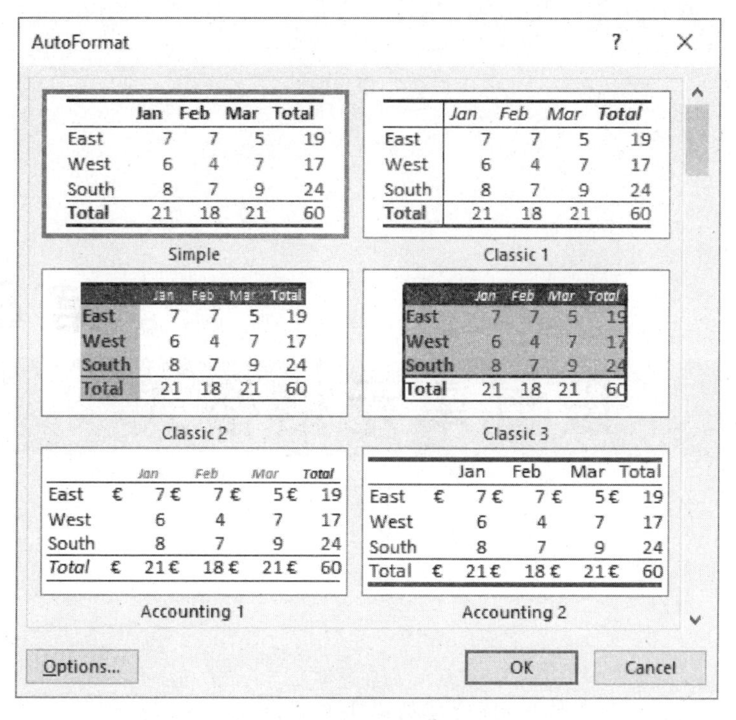

"自动套用格式"窗口

7.11 回顾练习

设置工作表中文本的格式

1. 打开"ExFormatText.xlsx"。
2. 将范围 A1：J8 的字体变为"Arial Rounded MT Bold"。
3. 将范围 A1：J2 的字号改变为"12"。
4. 将范围 A1：J2 和 A3：A8 加粗。
5. 将范围 J3：J7 设置为斜体。将范围 J2：J7 设置为左对齐。然后，将范围 J2：J7 设置为居中。
6. 给范围 B7：I7 加下划线。
7. 将范围 B2：J2 的字体颜色改变为"红色"(标准色下面的第二个颜色)。
8. 将选定的字体颜色应用于范围 A3：A8。
9. 将范围 B2：G2 中的文本向右旋转 45 度。然后，将范围 B2：E2 设置为右对齐。
10. 将单元格 A1 中的文本自动换行。然后将 A1 中的文本还原回原来的格式。
11. 关闭工作簿，不保存。

第 8 课

设置单元格格式

在本节中,你将学到以下知识:

- 合并单元格
- 垂直对齐
- 取消单元格合并
- 添加边框
- 绘制边框
- 为单元格添加填充颜色
- 格式刷
- 插入剪切或复制的单元格
- 删除单元格

8.1 合并单元格

概念

在 Excel 2016 中，可以将两个或多个相邻的单元格合并为一个单元格，并且在合并的单元格中显示一个单元格的内容。在工作表的数据中标题通常居中。

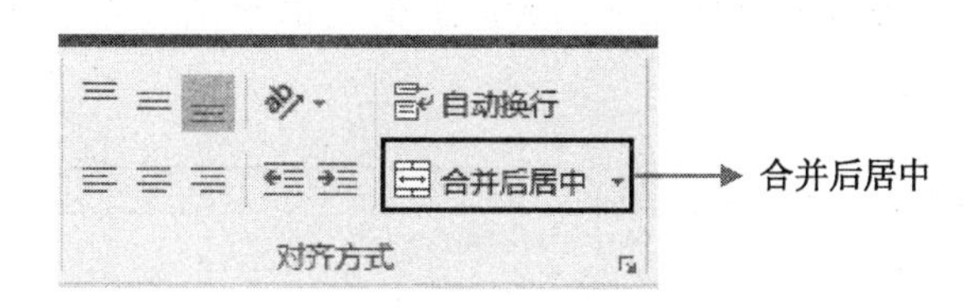

步骤

打开“FormatCell. xlsx”，并打开“Sales”工作表。

使用“合并后居中”按钮合并数据并使数据居中的步骤：

选择“Sales”工作表。

1. 选择单元格 A1 至 G1。 单元格 A1 至 G1 被选定。	选择单元格 A1：G1。
2. 选择“开始”选项卡。 “开始”选项卡被选定，相关命令显示在功能区上。	开始
3. 单击“对齐方式”中的“合并后居中”按钮左边。 选定的单元格被合并，并且文本居中对齐。	合并后居中

概念实践：选择 A2 至 G2，然后单击“合并后居中”按钮，合并单元格并使文本居中。要取消单元格合并，需突出显示单元格，然后单击“合并后居中”下拉按钮，选择“取消单元格合并”。

8.2 垂直对齐

概念

在 Excel 2016 中，可以更改单元格数据的水平和垂直对齐方式。文本默认左对齐，数值和日期默认右对齐。可以利用“开始”选项卡的“对齐方式”组中的按钮来更改对齐方式。设置为会计数字格式的数值只能显示为右对齐，但是可以更改所有其他格式数据的对齐方式。

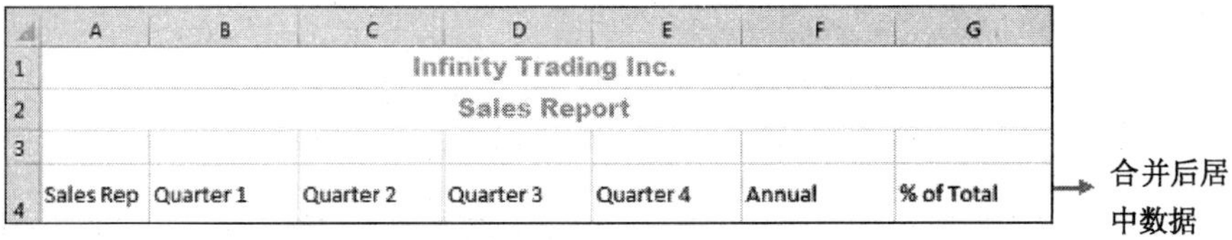

	A	B	C	D	E	F	G
1	Infinity Trading Inc.						
2	Sales Report						
3							
4	Sales Rep	Quarter 1	Quarter 2	Quarter 3	Quarter 4	Annual	% of Total

合并后居中数据

步骤

垂直对齐单元格中的内容的步骤：

1. 选择单元格 A4 至 G4。 单元格 A4 至 G4 被选定。	选择单元格 A4：G4
2. 选择“开始”选项卡。 “开始”选项卡被选定，相关命令显示在功能区上。	开始
3. 单击“对齐方式”中的“垂直居中”按钮。 选定的单元格垂直对齐到单元格的中间。	

8.3 取消单元格合并

概念

使用“开始”选项卡的“对齐方式”组中的按钮，可以取消合并 Excel 工作表中之前合并的单元格。

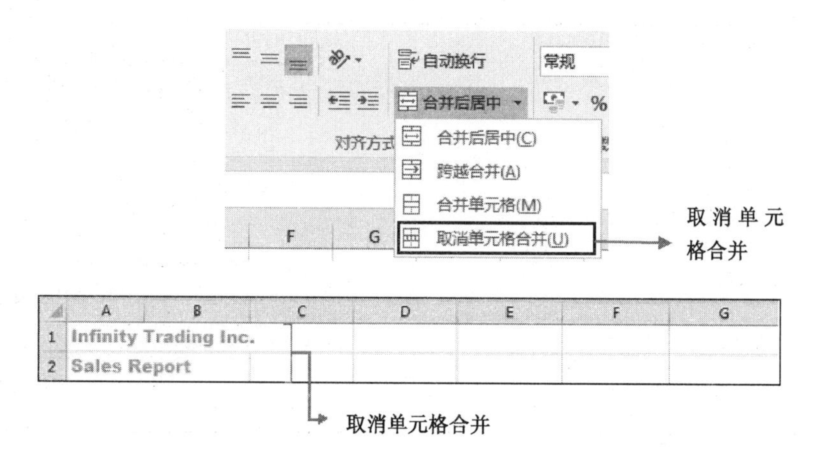

步骤

利用“合并后居中”按钮取消合并之前合并的单元格的步骤：

1. 选择单元格 A1。 单元格 A1 被选定。	选择单元格 A1
2. 选择“开始”选项卡。 “开始”选项卡被选定，相关命令显示在功能区上。	开始
3. 单击“对齐方式”组中“合并后居中”按钮右边的箭头。 显示下拉菜单。	合并后居中
4. 单击所显示的菜单中的“取消单元格合并”。 合并的单元格拆分成单个单元格，文本左对齐。	合并后居中 合并后居中(C) 跨越合并(A) 合并单元格(M) 取消单元格合并(U)
5. 单击“单元格”组中的“格式”按钮。 显示“格式”菜单。	格式

（续表）

6. 选择“自动调整列宽”，完整显示文本。 显示选定的文本。	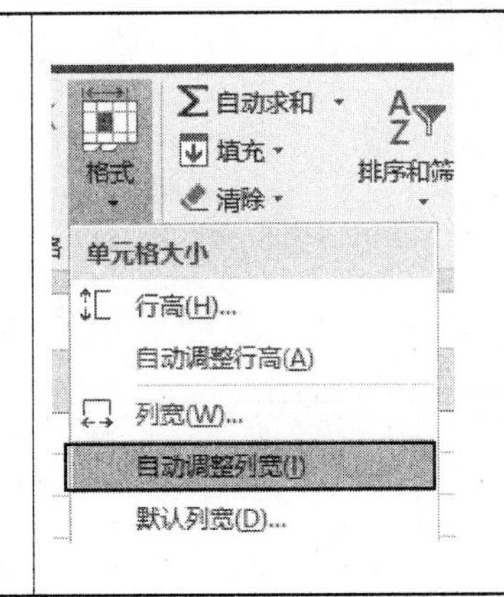

概念实践：选择单元格 A2，然后单击“合并后居中”按钮，拆分单元格。

8.4 添加边框

概念

利用 Excel 内置的边框样式，可以快速在单元格或单元格范围周围添加边框。如果 Excel 内置的边框无法满足需要，可以创建自定义边框。

步骤

为选定的单元格添加边框的步骤：

1. 选择单元格 A4 至 G10。 单元格 A4 至 G10 被选定。	选择单元格 A4：G10
2. 如有必要，选择“开始”选项卡。 “开始”选项卡被选定，相关命令显示在功能区上。	开始
3. 单击“字体”组中“边框”按钮右边的箭头。 显示“边框”菜单。	
4. 选择“边框”菜单中的“所有框线”。 边框样式应用于选定的单元格。	边框 下框线(O) 上框线(P) 左框线(L) 右框线(R) 无框线(N) 所有框线(A) 外侧框线(S) 粗外侧框线(T)

概念实践：选择单元格 B10 至 G10，然后应用“双底框线”样式。

8.5 绘制边框

概念

可以利用“绘制边框”按钮来绘制边框，从而创建自定义边框。

边框

下框线(O)
上框线(P)
左框线(L)
右框线(R)
无框线(N)
所有框线(A)
外侧框线(S)
粗外侧框线(T)
双底框线(B)
粗下框线(H)
上下框线(D)
上框线和粗下框线(C)
上框线和双下框线(U)

绘制边框

绘制边框(W)
绘图边框网格(G)
擦除边框(E)
线条颜色(I)
线型(Y)
其他边框(M)...

Expenses Report

Sales Rep	Quarter 1	Quarter 2	Quarter 3	Quarter 4
Robb	288	154	228	117
Mark	307	357	293	141
Alvin	462	106	477	460
Alex	344	186	142	560
Eric	448	341	140	291

步骤

绘制单元格边框的步骤：

选择“Expenses”工作表，并突出显示 A4：E9。

步骤	
1. 单击“字体”组中的“边框”按钮右边的箭头。 显示“边框”菜单。	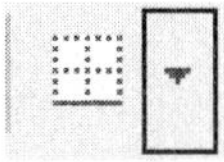
2. 单击“绘制边框”。 鼠标指针显示为铅笔。拖动鼠标指针，在选定的表格周围绘制边框。	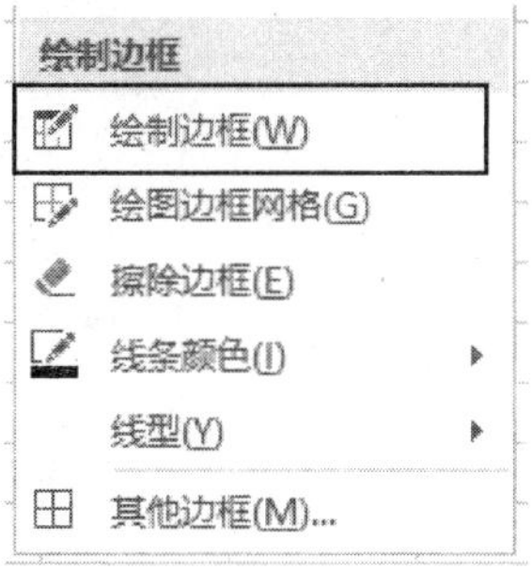
3. 再次单击“边框”按钮右边的箭头，然后指向“线条颜色”。 显示颜色调色板。	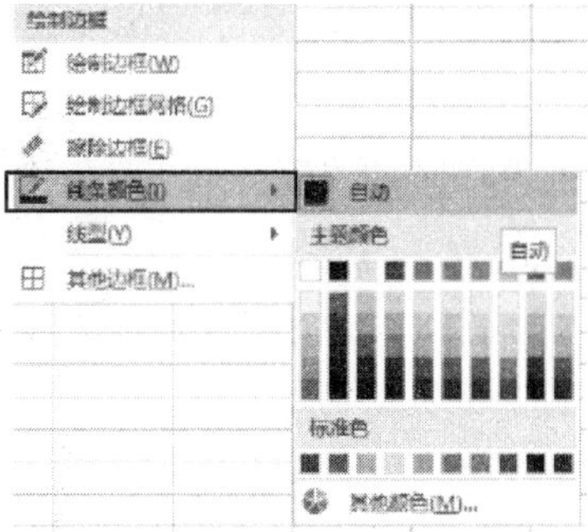
4. 选择颜色调整板中的“深红”（“标准色”下面的第一个颜色）。 “深红”颜色被选择，“边框”菜单消失。	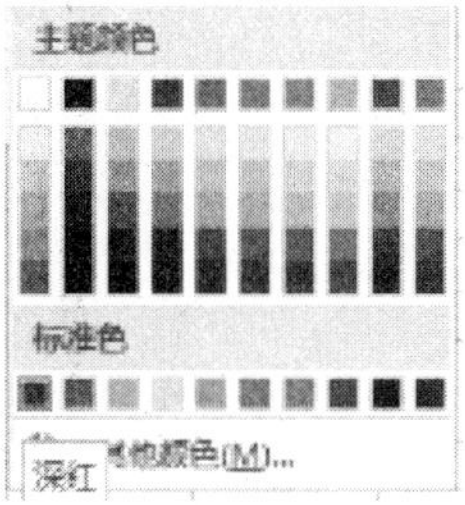
5. 在 A 列至 E 列的“Expenses Report”标题下方的网格线上单击并拖动铅笔。 拖动时网格线会突出显示。	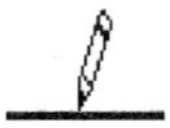
6. 松开鼠标按钮。 指定的边框颜色和样式应用于选定的网格线。	

（续表）

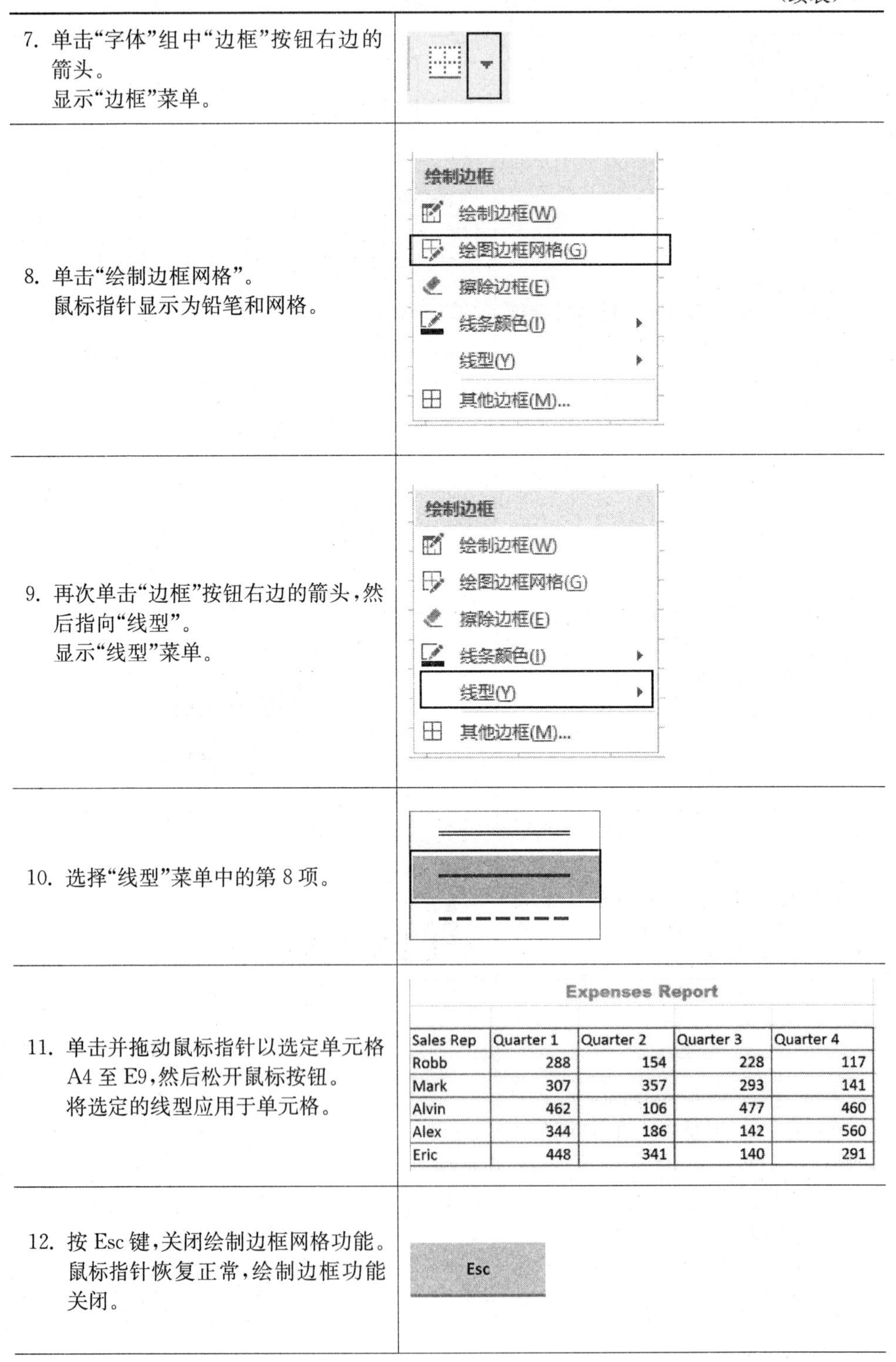

步骤	图示
7. 单击“字体”组中“边框”按钮右边的箭头。 显示“边框”菜单。	
8. 单击“绘制边框网格”。 鼠标指针显示为铅笔和网格。	绘制边框 绘制边框(W) 绘图边框网格(G) 擦除边框(E) 线条颜色(I) 线型(Y) 其他边框(M)...
9. 再次单击“边框”按钮右边的箭头，然后指向“线型”。 显示“线型”菜单。	绘制边框 绘制边框(W) 绘图边框网格(G) 擦除边框(E) 线条颜色(I) 线型(Y) 其他边框(M)...
10. 选择“线型”菜单中的第 8 项。	
11. 单击并拖动鼠标指针以选定单元格 A4 至 E9，然后松开鼠标按钮。 将选定的线型应用于单元格。	Expenses Report Sales Rep | Quarter 1 | Quarter 2 | Quarter 3 | Quarter 4 Robb | 288 | 154 | 228 | 117 Mark | 307 | 357 | 293 | 141 Alvin | 462 | 106 | 477 | 460 Alex | 344 | 186 | 142 | 560 Eric | 448 | 341 | 140 | 291
12. 按 Esc 键，关闭绘制边框网格功能。 鼠标指针恢复正常，绘制边框功能关闭。	Esc

（续表）

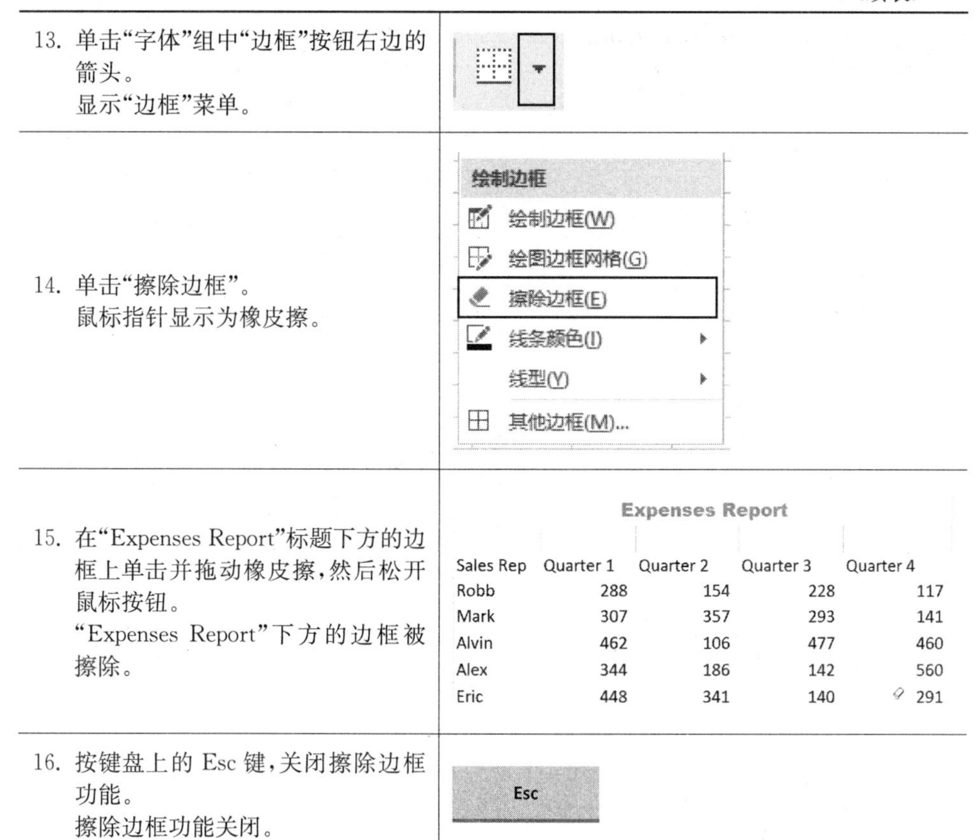

步骤	图示
13. 单击“字体”组中“边框”按钮右边的箭头。 显示“边框”菜单。	
14. 单击“擦除边框”。 鼠标指针显示为橡皮擦。	绘制边框 绘制边框(W) 绘图边框网格(G) 擦除边框(E) 线条颜色(I) 线型(Y) 其他边框(M)...
15. 在“Expenses Report”标题下方的边框上单击并拖动橡皮擦，然后松开鼠标按钮。 “Expenses Report”下方的边框被擦除。	Expenses Report Sales Rep, Quarter 1, Quarter 2, Quarter 3, Quarter 4 Robb 288 154 228 117 Mark 307 357 293 141 Alvin 462 106 477 460 Alex 344 186 142 560 Eric 448 341 140 291
16. 按键盘上的 Esc 键，关闭擦除边框功能。 擦除边框功能关闭。	Esc

概念实践：利用绘制边框功能，在单元格 A4 至 E4 周围应用细实线黑边框。

利用绘制边框功能，从单元格 A4 左下角到右上角绘制对角线边框。

利用擦除边框功能，擦除单元格 A4 中的对角线。

提示：选择带边框的单元格范围，然后单击下拉选项中的“无框线”，可以移除绘制或添加的边框。

8.6 为单元格添加填充颜色

概念

利用“填充颜色”按钮，可以将颜色应用于单元格和绘图对象。可以选择各种颜色以及不同的明暗程度。

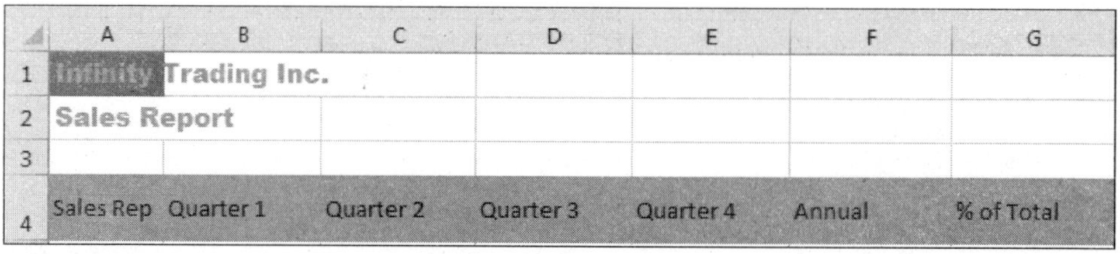

	A	B	C	D	E	F	G
1	Infinity	Trading Inc.					
2	Sales Report						
3							
4	Sales Rep	Quarter 1	Quarter 2	Quarter 3	Quarter 4	Annual	% of Total

步骤

利用“填充颜色”按钮为单元格着色的步骤：
打开“Expenses”工作表。

1. 选择单元格 A1。 单元格 A1 被选定。	选择单元格 A1
2. 选择“开始”选项卡。 “开始”选项卡被选定，相关命令显示在功能区上。	 开始
3. 单击“填充颜色”按钮右边的箭头。 显示颜色调色板。	
4. 选择“水绿色，个性色 5，深色 25%”颜色（第 5 行，第 9 列） 将该颜色应用于选定的单元格。	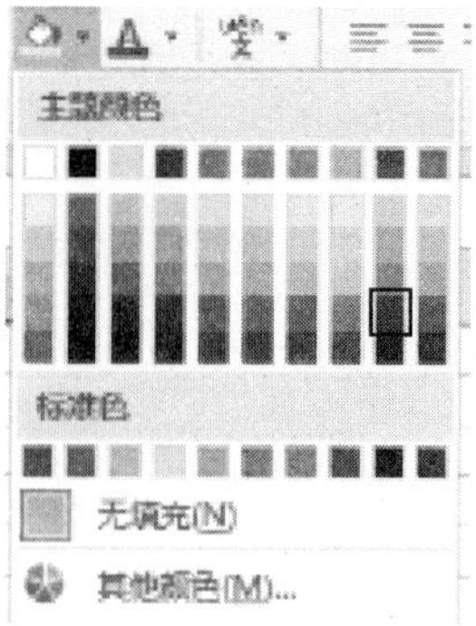 主题颜色 标准色 无填充(N) 其他颜色(M)...

概念实践：选择单元格 A4 至 G4，然后应用“红色，个性色 2，淡色 40%”填充颜色。

8.7 格式刷

概念

利用格式刷，可以快速将一个单元格的格式设置“刷”到另一个单元格。可以利用此工具快速设置一个单元格、一组相邻或不相邻的单元格的格式。

	A	B	C	D	E	F	G
1	Infinity Trading Inc.						
2	Sales Report						
3							
4	Sales Rep	Quarter 1	Quarter 2	Quarter 3	Quarter 4	Annual	% of Total
5	Robb	2,605	2,818	3,627	2,991	12,041	17%
6	Mark	1,872	2,668	2,450	1,974	8,964	13%
7	Alvin	3,974	4,172	4,888	4,950	17,984	26%
8	Alex	4,749	4,447	3,346	3,125	15,667	22%
9	Eric	2,452	4,562	3,624	4,715	15,353	22%

步骤

利用“格式刷”按钮复制和粘贴格式设置的步骤：

1. 选择单元格 A4。 单元格 A4 被选定。	选择单元格 A4
2. 单击“开始”选项卡。 “开始”选项卡被选定，相关命令显示在功能区上。	开始
3. 单击“剪贴板”组中的“格式刷”按钮。 “格式刷”按钮被选定，鼠标指针显示为漆刷。	格式刷
4. 在单元格 A5 至 A9 上单击并拖动漆刷。 将格式设置应用于单元格 A5 至 A9，漆刷消失。	

	A	B	C	D	E	F	G
1	Infinity Trading Inc.						
2	Sales Report						
3							
4	Sales Rep	Quarter 1	Quarter 2	Quarter 3	Quarter 4	Annual	% of Total
5	Robb	2,605	2,818	3,627	2,991	12,041	17%
6	Mark	1,872	2,668	2,450	1,974	8,964	13%
7	Alvin	3,974	4,172	4,888	4,950	17,984	26%
8	Alex	4,749	4,447	3,346	3,125	15,667	22%
9	Eric	2,452	4,562	3,624	4,715	15,353	22%

关闭工作簿，不保存。

8.8 插入剪切或复制的单元格

概念

用户可以将从一个工作表剪切或复制的单元格插入同一工作表或另一工作表内，或者插入不同的工作簿中。

A	B	C	D	E	F	G	H	I
Infinity Trading Inc.								
Profit Report								
Sales Rep	January	February	March	Qtr 1	April	May	June	Qtr 2
Robb	1,947	2,765	3,859	8,571	3,872	2,319	4,747	10,938
Mark	2,398	4,170	2,108	8,676	2,819	2,071	4,462	9,352
Alvin	3,860	2,997	2,403	9,260	4,764	4,058	2,817	11,639
Alex	2,919	4,133	3,860	10,912	4,683	3,895	1,940	10,518
Eric	2,471	3,782	4,009	10,262	3,778	2,899	3,467	10,144

插入第 2 季度数据

步骤

插入剪切或复制的单元格的步骤：

打开“FormatCellC. xlsx”。

选择“Report”工作表。

1. 选择单元格 A12 至 D17。 单元格 A12 至 D17 被选定。	选择 A12：D17
2. 单击“开始”选项卡。 “开始”选项卡被选定，相关命令显示在功能区上。	开始
3. 单击“剪贴板”组中的“剪切”按钮。 选定的单元格被剪切，在选定的单元格周围显示选框边框。	剪切
4. 选择单元格 F4。 单元格 F4 被选定。	选择单元格 F4
5. 单击“单元格”组中“插入”按钮的向下箭头。 出现下拉菜单。	插入 删除 格式 单元格
6. 单击“插入剪切的单元格”。 显示“插入粘贴”对话框。	插入 删除 格式 自动求和 填充 清除 插入剪切的单元格(E)... 插入工作表行(R) 插入工作表列(C) 插入工作表(S)

（续表）

7. 如有必要，选择“活动单元格右移”，然后单击“确定”按钮。 剪切的单元格移动并插入选定的位置，并且现有的数据右移。	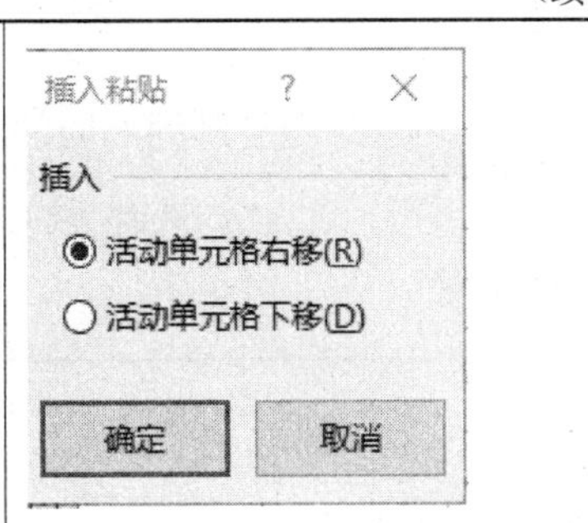

步骤

将单元格或单元格范围复制到不同的工作表的步骤：

如有必要，选择“Report”工作簿。

1. 选择单元格 F4 至 I9。 单元格 F4 至 I9 被选定。	选择单元格 F4：I9
2. 单击“开始”选项卡。 “开始”选项卡被选定，相关命令显示在功能区上。	开始
3. 单击“剪贴板”组中的“复制”按钮左边。 选定的单元格被复制，并且在选定的单元格周围显示选框边框。	单击 复制
4. 选择工作表 Q2。 工作表 Q2 被选定。	单击工作表 Q2
5. 选择单元格 A3。 单元格 A3 被选定。	单击单元格 A3
6. 单击“单元格”组中的“插入”按钮的向下箭头。 显示“插入”菜单。	插入 删除 格式 插入复制的单元格(E)... 插入工作表行(R) 插入工作表列(C) 插入工作表(S)
7. 插入复制的单元格。	单击“插入复制的单元格”
8. 如有必要，选择“活动单元格下移”，然后单击“确定”按钮。 复制的单元格被复制并插入选定的位置。	单击“确定”按钮

步骤

将单元格或单元格范围复制到不同的工作簿的步骤：

打开“FormatCellC. xlsx”。选择“Report”工作表。同时打开“FormatNum. xlsx”并选择“Sheet2”。

1. 选择“FormatCellC. xlsx”的“Report”工作表中的单元格 F4 至 I9。 单元格 F4 至 I9 被选定。	选择 F4：I9
2. 单击“开始”选项卡。 “开始”选项卡被选定，相关命令显示在功能区上。	开始
3. 单击“剪贴板”组中的“复制”按钮。 选定的单元格被复制，并且在选定的单元格周围显示选框边框。	单击 复制
4. 切换到“FormatNum. xlsx”，选定 Sheet2”。 “Sheet2”被选定。	单击“Sheet2”
5. 选择单元格 A3。 单元格 A3 被选定。	单击单元格 A3
6. 单击“单元格”组中的“插入”按钮的向下箭头。 出现“插入”菜单。	插入 删除 格式 插入复制的单元格(E)... 插入工作表行(R) 插入工作表列(C) 插入工作表(S)
7. 插入复制的单元格。 复制的单元格被插入。	单击“插入复制的单元格”
8. 如有必要，选择“活动单元格下移”，然后单击“确定”按钮。 复制的单元格插入“FormatNum. xlsx”的“Sheet2”中。	单击“确定”按钮

关闭“FormatCellC. xlsx”和“FormatNum. xlsx”，不保存。

8.9 删除单元格

概念

删除行和列时，其他行和列会自动上移或左移。

需注意，要快速删除多个单元格、行或列，可以选择下一个要删除的单元格、行或列，然后按 Ctrl+Y 键。

	A	B	C
1	Infinity Trading Inc.		
2	Profit Report		
3			
4	Sales Rep	January	March
5	Mark	2,398	2,108
6	Alvin	3,860	2,403
7	Alex	2,919	3,860
8	Eric	2,471	4,009

删除 2 月份数据

步骤

删除工作表中的单元格的步骤：

打开“FormatCellC. xlsx”。

选择“Q1”工作表。

1. 选择单元格 A5 至 D5。 单元格 A5 至 D5 被选定。	选择单元格 A5：D5
2. 单击“开始”选项卡。 “开始”选项卡被选定，相关命令显示在功能区上。	开始
3. 单击“单元格”组中的“删除”按钮的向下箭头。 显示下拉菜单。	插入 删除 格式 单元格

（续表）

4. 单击“删除单元格...”。 显示“删除”对话框。	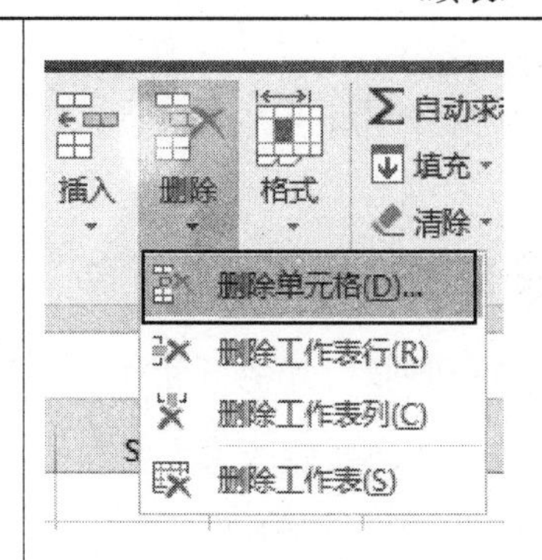
5. 如有必要，选择“下方单元格上移”，然后单击“确定”按钮。 删除的单元格被移除，并且现有的数据上移。	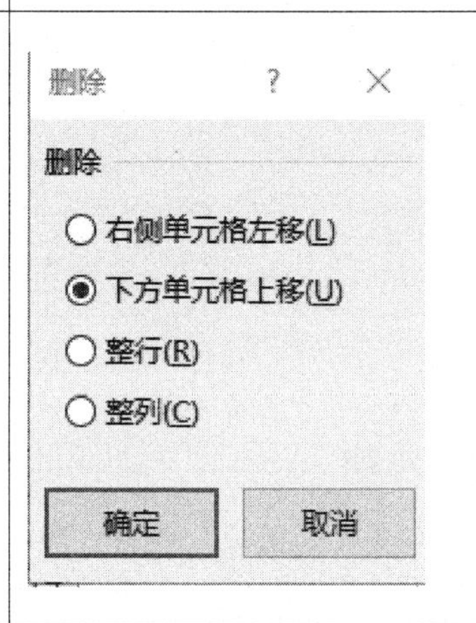

概念实践：选择单元格 C4 至 C8，然后删除选定的单元格，向左移动剩下的数据。

8.10 回顾练习

设置单元格格式以改进工作表的外观

1. 打开“ExFormatCell. xlsx”。
2. 为范围 A4：J4 添加“粗下框线”。自动调整列 J，查看边框的右边缘。
3. 将同一粗边框样式应用于范围 A11：J11。
4. 将范围 A4：A11 着色为“水绿色，个性色 5，淡色 60%”（第 3 行，第 9 列）。
5. 在范围 B4：J4 中同样以水绿色着色。
6. 合并范围 A1：J1，并使单元格 A1 中的文本居中。
7. 利用“格式刷”将单元格 A1 中的格式复制到单元格 A2。
8. 删除“合并后居中”格式，拆分单元格 A2。

9. 使单元格 A1 中的内容垂直居中。
10. 利用“边框”菜单沿单元格 A2：J2 的底边缘绘制双黑线。
11. 滚动至单元格 P1。剪切单元格 P10：V10。然后将剪切的单元格插入范围 P5：V5 中。
12. 将单元格插入 AA 列，第 15 行和第 16 行中(AA15：AA16)，将单元格右移。在单元格 AA15 中输入“200”，在单元格 AA16 中输入“25”。
13. 删除范围 P15：V15，将单元格上移。
14. 关闭工作簿，不保存。

第 9 课

处理表格

在本节中，你将学到以下知识：

- 添加表格行
- 添加表格列

9.1 添加表格行和列

步骤

将几行新数据添加至表格的步骤：

打开“Table. xlsx”。

<table>
<tr><td>1. 选择单元格 A34。
单元格 A34 被选定。</td><td>选择单元格 A34</td></tr>
<tr><td>2. 在选定的单元格中输入“Diaz”。
文本出现在单元格 A34 中。</td><td><table>
<tr><th></th><th>Last Name</th><th>First Name</th><th>Department</th><th>Hire Date</th><th>Salary</th></tr>
<tr><td>31</td><td>Tan</td><td>Deborah</td><td>Training</td><td>6/9/2008</td><td>4185</td></tr>
<tr><td>32</td><td>Dela Torre</td><td>Arnold</td><td>Marketing</td><td>9/7/2009</td><td>4410</td></tr>
<tr><td>33</td><td>Feroz</td><td>Muhammad</td><td>Finance</td><td>4/3/2008</td><td>4368</td></tr>
<tr><td>34</td><td>Diaz</td><td></td><td></td><td></td><td></td></tr>
</table></td></tr>
<tr><td>3. 按 Tab 键。
活动单元格移至下一单元格，并且新的一行添加至表格。</td><td><table>
<tr><th></th><th>Last Name</th><th>First Name</th><th>Department</th><th>Hire Date</th><th>Salary</th></tr>
<tr><td>31</td><td>Tan</td><td>Deborah</td><td>Training</td><td>6/9/2008</td><td>4185</td></tr>
<tr><td>32</td><td>Dela Torre</td><td>Arnold</td><td>Marketing</td><td>9/7/2009</td><td>4410</td></tr>
<tr><td>33</td><td>Feroz</td><td>Muhammad</td><td>Finance</td><td>4/3/2008</td><td>4368</td></tr>
<tr><td>34</td><td>Diaz</td><td></td><td></td><td></td><td></td></tr>
</table></td></tr>
</table>

概念实践：如下列表格所示，输入其余数据。

	A	B	C	D	E
34	Diaz	David	Sales	08-07-2006	3324
35	Daniels	Fred	Marketing	09-06-2007	2936

概念实践：选择单元格 F4，输入“bonus”，然后按 Enter 键。新的一列添加至表格。

9.2 回顾练习

使用表格功能

1. 打开“ExTable. xlsx”。
2. 将新的一列插入表格中的“Product”和“Inv Num”之间。然后删除此列。
3. 如有必要，滚动并选择单元格 G67。按 Tab 键，然后输入以下数据：

Column	Data
Product	Gloves
lnv Num	4230
Sales Rep	John Carpenter
Date Sold	7/23/2007
Price Each	12
Qty Sold	19

4. 关闭工作簿，不保存。

第 10 课

公　式

在本节中,你将学到以下知识:

- 使用基本公式
- 输入公式
- 基本函数
- 使用“自动求和”按钮
- 使用“自动求和”菜单
- 使用公式自动完成
- 编辑函数
- 使用自动计算
- 使用范围边框修改公式
- 错误检查
- 创建绝对引用
- 使用 IF 函数

10.1 使用基本公式

概念

利用公式,可以对输入工作表单元格中的数值进行计算。公式是执行计算的等式。Excel 可以运行许多公式,包括加、减、乘、除。

在 Excel 中,一个最有用的功能是单元格引用。单元格引用识别单元格位置,并且可以用于公式中。相比在公式中使用数字,单元格引用更加实用。

Excel 中使用标准运算符,诸如加号(+)表示进行加法运算,减号(—)表示进行减法运算,星号(*)表示进行乘法运算,斜杠(/)表示进行除法运算。

在 Excel 中编写公式时,必须以等号"="开头,这是因为单元格包含或等于公式及其值。

下列表格中列出了在公式中可以使用的数学运算符:

运算符	执行运算
+(加号)	加法
—(减号)	减法
*(星号)	乘法
/(斜杠)	除法
( )(括号)	决定数学运算的顺序;首先执行括号内的运算。
%(百分号)	将数字转换为百分数;例如,输入"10%",Excel 会将该数值读为".10"。
^(脱字符)	取幂;例如,输入"2^3",Excel 将该数值读为"2*2*2"。

Addition	+	=10+10
Subtraction	-	=10-10
Multiplication	*	=10*10
Division	/	=10/10
Exponents	^	=10^10

公式中出现多个运算符时，将使用标准的数学优先顺序进行计算。该顺序决定了首先进行哪些运算。优先顺序如下所示：

1. 括号
2. 取幂
3. 乘法和除法
4. 加法和减法

例如，“2＋3 * 4”结果为“14”，但是“(2＋3) * 4”的结果为“20”。

10.2 输入公式

概念

公式以等号(＝)开头，这样 Excel 就知道要进行计算，并且公式通常包含单元格地址。因为单元格地址是以字母开头的，利用等号，可以防止 Excel 将公式解读为文本。可以将公式输入要显示结果的单元格中。

在单元格中输入公式时，既可以输入引用的单元格地址，也可以先利用鼠标来选择单元格，然后 Excel 会自动将单元格地址输入公式中。

在输入或选择单元格地址时，Excel 会在每个被引用的单元格周围加上有特殊颜色的边框。Excel 根据公式中的不同引用使用不同颜色的边框。

步骤

打开“Student”文件夹中的“Formula. xlsx”。

在单元格中输入公式的步骤如下：

通过选择单元格 B16 中的“Total Sales”，然后减去单元格 B17 中的“Expenses”，创建一个公式来计算“Net Profit for District 1”。

1. 选择要输入公式的单元格 B18。
   该单元格变为活动单元格。

	District 1	District 2
Total Sales	65004	18400
Expenses	7426	
Net Profit		

（续表）

<table>
<tr><td>2. 输入“＝”，开始公式创建。
“＝”出现在编辑栏和单元格中。</td><td>District 1
Total Sales 65004
Expenses
Net Profit =</td></tr>
<tr><td>3. 在公式中输入引用的第一个单元格“B16”。
该单元格地址出现在编辑栏中并在单元格中显示为彩色，所引用的单元格周围出现相应颜色的边框。</td><td>District 1
Total Sales 65004
Expenses
Net Profit =B16</td></tr>
<tr><td>4. 输入第一个数字运算符“－”。
运算符出现在编辑栏和单元格中。</td><td>District 1 District 2
65004 18400
=B16-</td></tr>
<tr><td>5. 在公式中输入下一个单元格“B17”。
该单元格地址出现在编辑栏中并在单元格中显示为另一种颜色，所引用的单元格周围出现相应颜色的边框。</td><td>District 1 District 2
65004 18400
7426
=B16-B17</td></tr>
<tr><td>6. 公式创建完成后，按 Enter 键。
公式结果出现在单元格 B18 中，所引用的单元格周围彩色的边框消失。</td><td>按 Enter 键</td></tr>
</table>

选择单元格 B18。需注意，公式出现在编辑栏中，公式结果出现在单元格中。公式结果为“57578”。再将“Total Sales for District 1”更改为“74500”。这时需注意，此公式在单元格 B18 中重新计算“Net Profit”，结果为“67074”。

概念练习：地区 2 预计费用将会是销售额的 8%。要计算“Expenses for District 2”，需选择单元格 C17，然后输入“＝”，开始公式创建。键入“C16 * .08”，将“Total Sales for District 2”乘以 8%，按 Enter 键完成公式。结果应为“1472”。（备注：也可以输入“C16 * 8%”。）

再使用鼠标创建公式来计算“Net Profit for District 2”。首先在单元格 C18 中输入等号“＝”。然后，单击单元格 C16，输入“－”并单击单元格 C17。最后，按 Enter 键完成公式。结果应为“16928”。

10.3 基本函数

概念

Excel 有一长串内置函数，可以轻松执行复杂的数学运算。这些公式被组织成便于查看的类别。可以利用“插入函数”按钮插入基本函数。

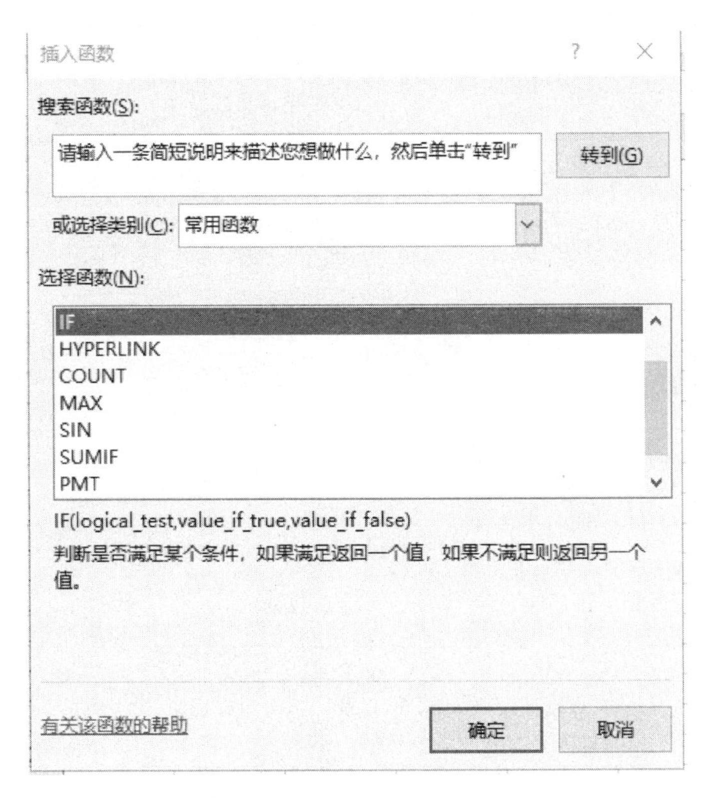

“插入函数”对话框

常用的基本函数为：

函数	名称	描述
求和	SUM	数值和
平均数	AVERAGE	数值的平均数
最小值	MIN	最小数值
最大值	MAX	最大数值

（续表）

函数	名称	描述
计数	COUNT	数据数值的数量
计算非空白的单元格数	COUNTA	非空白单元格中数据数值的数量
四舍五入	ROUND	数字四舍五入为整数

步骤

使用函数的步骤：

1. 选择要输入公式的单元格。 选定的单元格变为活动单元格。	单击单元格 B9
2. 单击“公式”选项卡中的“函数库”组中的“插入函数”按钮。 显示“插入函数”对话框。	单击 fx 插入函数
3. 选择“选择函数”列表中的“SUM”，然后单击“确定”按钮。	选择函数(N): SUM AVERAGE IF
4. 针对要编辑的参数，选择“折叠对话框”按钮。 “函数参数”对话框折叠。	单击“Number 1”
5. 选择在计算中要使用的范围。 拖动来选定范围。	函数参数 B5:B8
6. 松开鼠标按钮。 范围出现在折叠的“函数参数”对话框中，以及编辑栏和单元格的公式中。	松开鼠标按钮
7. 单击“展开对话框”按钮。 “函数参数”对话框展开。	单击
8. 选择“确定”按钮。 “函数参数”对话框关闭，公式结果出现在单元格中。	单击 确定
9. 按 Enter 键。 公式结果出现在活动单元格中。	按 Enter 键

函数结果应为“7490”。选择单元格 B9，需注意编辑栏中的“SUM”函数。

删除单元格 B9 的内容。

10.4 使用“自动求和”按钮

步骤

使用“自动求和”按钮计算列和行中的数值总和的步骤：

1. 选择要输入公式的单元格。 选定的单元格变为活动单元格。	单击单元格 B9
2. 单击“公式”选项卡中的“函数库”组中的“自动求和”按钮的顶部。 建议的范围的周围出现有颜色的边框，并且出现屏幕提示。	Σ 自动求和
3. 按 Enter 键。 公式结果出现在活动单元格中。	按 Enter 键

函数结果应为“7490”。选择单元格 B9，需注意编辑栏中的“SUM”函数。

概念实践：利用“自动求和”按钮计算单元格 C9 中二月份以及单元格 D9 中三月份销售额数字的总和。结果应为“7495”和“7628”。

10.5 使用“自动求和”菜单

概念

利用“自动求和”菜单，还可以使用除求和之外的公式选项，诸如“最小值”或“最大值”。

步骤

使用“自动求和”菜单的步骤：

1. 选择要输入公式的单元格。 选定的单元格变为活动单元格。	选择单元格 B11
2. 选择“公式”选项卡中的“自动求和”按钮的箭头。 出现其他函数的下拉菜单。	Σ 自动求和

（续表）

3. 选择所需函数。 建议的范围的周围出现闪烁的有颜色的边框，并且出现屏幕提示。	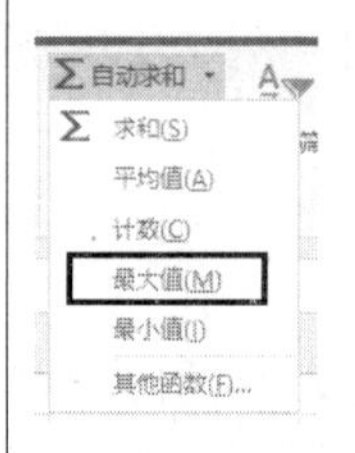
4. 使用鼠标拖动以选择要计算的范围。 拖动来选定范围。	B C D Jan Feb Mar 1819 1766 1942 1704 1809 1651 2009 2195 2164 1958 1725 1871 =MAX(B5:B8) MAX(**number1**, [number2], ...)
5. 松开鼠标按钮。 选定的范围周围出现闪烁的彩色的边框。	松开鼠标按钮
6. 按 Enter 键。 公式结果出现在单元格中。	按 Enter 键

单元格 B11 中的公式结果应为“2009”。

10.6 使用自动完成

概念

虽然通过“自动求和”菜单可以快捷地选取最常用的函数创建公式，但还是有可能需要手动输入函数。

可以利用相同的句法输入求和“SUM”、平均数“AVERAGE”、最大值“MAX”、最小值“MIN”和计数“COUNT”函数，函数以等号“＝”开始，然后输入函数名称和左括号，通过拖动选择单元格或者通过在范围中输入第一个和最后一个单元格来输入单元格范围。下表中描述了这些函数的定义：

函数	例子	描述
求和	＝SUM(A1：A20)	计算范围中所有数字的和。
平均值	＝AVERAGE(A1：A20)	返回一组数字中的平均值；如果范围中的某一单元格是空单元格，那么在计算平均数时不用该单元格；如果范围中的某一单元格包含数字零，那么在计算平均数时使用该单元格。
最大值	＝MAX(A1：A20)	返回一组数字中的最大值。
最小值	＝MIN(A1：A20)	返回一组数字中的最小值。
计数	＝COUNT(A1：A20)	返回范围中包含数字的单元格的个数。
计算非空白的单元格数	＝COUNTA(A1：A20)	返回范围中包含数据(例如文本或数字)的单元格的个数。
四舍五入	＝ROUND(A1,0)	数字四舍五入为最接近的整数。

在输入“＝”以及公式的开头字母后，公式自动完成功能会在动态下拉列表中显示与字母相匹配的有效函数、名称以及文本串。

步骤

通过公式自动完成功能利用基本函数创建公式的步骤：

1. 选择要输入公式的单元格。 活动单元格相应地移动。	选择单元格 B12
2. 输入“＝”，开始公式创建。 在选定单元格中输入“＝”。	输入“＝”
3. 输入公式的首字母。 显示公式自动完成下拉列表，其中第一个选项会突出显示，并出现屏幕提示描述此选项的用途。	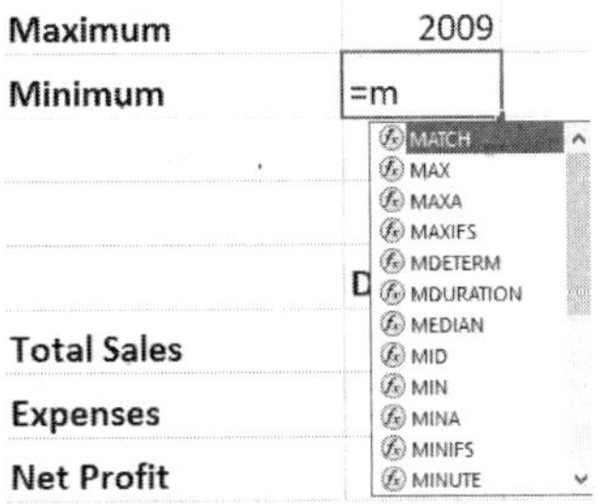 Maximum 2009 Minimum =m MATCH MAX MAXA MAXIFS MDETERM MDURATION MEDIAN MID MIN MINA MINIFS MINUTE Total Sales Expenses Net Profit

（续表）

4. 在公式中输入下一个字母。 选项列表变得更短。	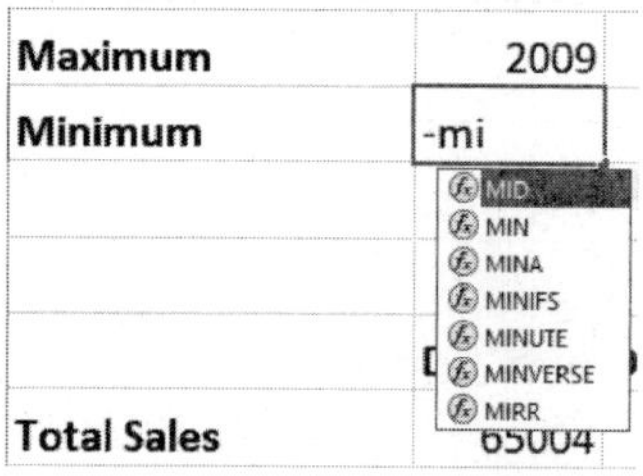
5. 按键盘上的向下箭头，突出显示所需选项。 所需选项被突出显示。	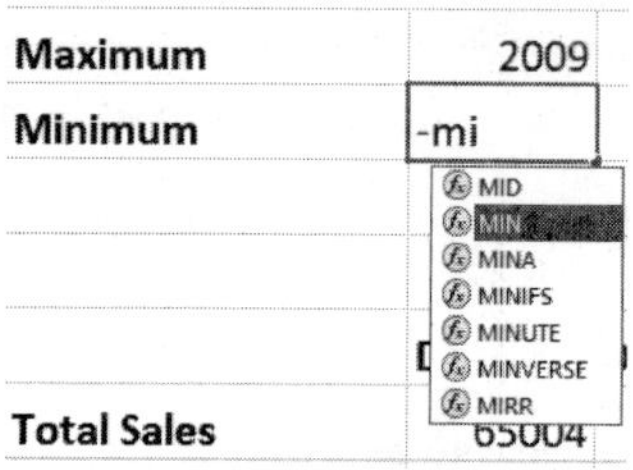
6. 按 Tab 键来选择所需函数。 公式自动完成下拉列表关闭，该函数插入单元格中，其中插入点在左括号后面，并且屏幕提示会描述该函数的结构。	按 Tab 键
7. 选择要计算的单元格的范围。 拖动来选定范围，屏幕会提示选择了多少列和行。	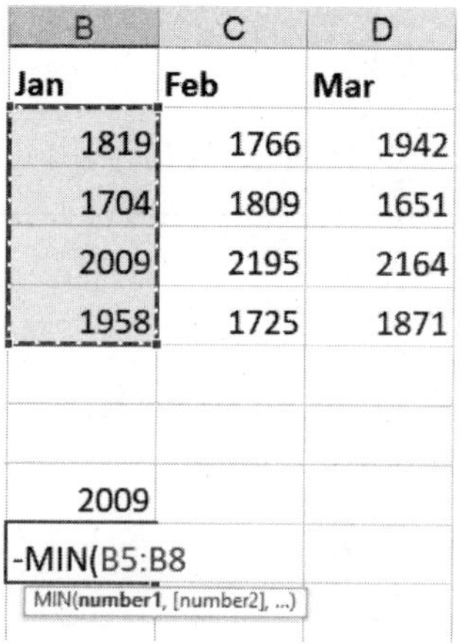
8. 松开鼠标按钮。 公式出现在编辑栏和单元格中，选定单元格周围出现闪烁的边框，边框的每个角带有颜色。	松开鼠标按钮
9. 按 Enter 键。 公式结果出现在单元格中。	按 Enter 键

公式结果应为“1704”。

概念实践：选择单元格 E5，然后输入函数“=SUM(B5：D5)”。需注意，在输入时，范围周围出现彩色的边框。按 Enter 键来完成函数，结果应为“5527”。将该函数复制到单元格范围 E6：E8。

10.7 编辑函数

步骤

编辑函数的步骤：
选择单元格 C12，利用“自动求和”菜单插入“MIN”函数；接受所建议的范围。

1. 选择包含要编辑的函数的单元格。 活动单元格相应地移动。	选择单元格 C12
2. 选择“公式”选项卡中的“插入函数”按钮。 “函数参数”对话框打开。	fx 插入函数
3. 针对要编辑的参数，选择“折叠对话框”按钮 “函数参数”对话框折叠。	单击“Number 1”
4. 选择在计算中要使用的范围。 拖动时，范围被选定。	Number1 C5:C8 Number2
5. 松开鼠标按钮。 范围出现在折叠的“函数参数”对话框，以及编辑栏和单元格的公式中。	松开鼠标按钮
6. 选择“展开对话框”按钮。 “函数参数”对话框展开。	单击
7. 选择“确定”按钮。 “函数参数”对话框关闭，公式结果出现在单元格中。	单击 确定

计算结果应为“1725”。

函数参数

MIN

Number1 C5: C8 = {1766;1809;21… 725}

Number2 = 数值

= 1725

返回一组数值中的最小值，忽略逻辑值及文本

Number1: number1,number2,... 是准备从中求取最小值的 1 到 255 个数值、空单元格、逻辑值或文本数值

计算结果 = 1725

有关该函数的帮助(H)

确定 取消

“函数参数”对话框

10.8 使用自动计算

概念

对一组单元格进行计算的最快方法是利用自动计算功能。其最大的优点是甚至不需要输入公式，因为公式可以自动输入。只要突出显示一组单元格，该单元格范围的总和就会显示在状态栏中。

此功能不仅适用于“SUM”函数。还可以通过右击状态栏选择所需函数来计算该范围的平均值、计数、数值计数、最大值和最小值。

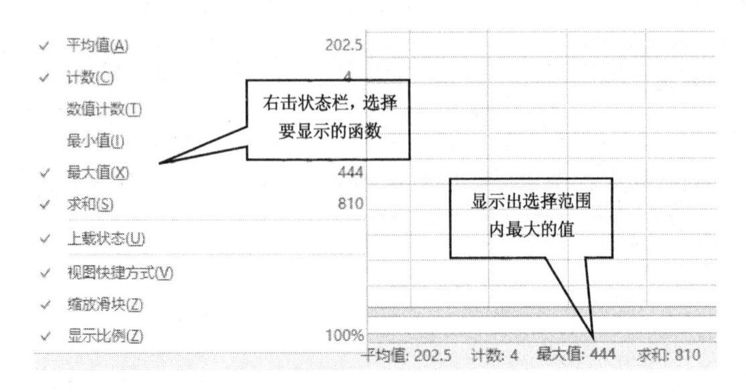

步骤

使用自动计算功能的步骤：

1. 选择要计算的范围。 拖动时，该范围被选定。	B C D Jan Feb Mar 1819 1766 1942 1704 1809 1651 2009 2195 2164 1958 1725 1871
2. 松开鼠标按钮。 在状态栏中显示已启用的自动计算函数的结果。	松开鼠标按钮。
3. 要启用其他自动计算结果，需右击状态栏的任意位置。 出现“自定义状态栏”菜单。	右击状态栏
4. 选择所需的自动计算函数。 选定的函数出现在状态栏中。	平均值(A) 计数(C) 数值计数(T) 最小值(I) 最大值(X) 求和(S)
5. 选择状态栏。 “自定义状态栏”菜单关闭。	单击状态栏

单击任意单元格，取消选定该范围。

10.9 使用范围边框修改公式

步骤

使用范围边框修改公式的步骤：

1. 双击包含要编辑的函数的单元格 F9。 公式范围引用，并且相应的范围边框以同一颜色显示。	双击单元格 F9

（续表）

2. 拖动范围边框相应角处的方形伸缩柄，可以更改引用范围的大小。 鼠标指针变为黑色对角线双箭头。	Expenses Net Profit 1241 1165 1650 1345 =SUM(F5:F6)
3. 将范围边框拖动到所需位置。 拖动时，范围发生改变。	Expenses Net Profit 1241 1165 1650 1345 =SUM(F5:F8)
4. 按 Enter 键 修改的公式结果出现在该单元格中。	按 Enter 键

撤销上一个操作，使单元格只显示 F5：F6 的总和。需注意，Excel 检测到计算中可能有一些错误时，会在单元格左上角显示绿色箭头。

10.10 错误检查

概念

与拼写检查类似，Excel 可以根据某些规则来检测公式中的错误，虽然这些规则并不能保证工作表没有错误，但是它们在识别重复错误方面可以发挥重大作用。

与使用公式有关的典型错误值包括：

错误	原因
#NAME?	不能识别公式中的文本
#DIV/0!	数字被除以 0
#REF!	单元格引用无效
#####	列不够宽，无法显示数值

（续表）

＃Value!	使用了错误类型的参数或操作数
＃N/A	数值不可用于函数或公式
＃NUM!	公式或函数中的无效数值
＃NULL!	公式中没有正确分隔单元格引用

可以根据出现的选项来更正错误，还可以通过单击“忽略错误”来忽略此项错误。如果忽略了特定单元格中的错误，那么此单元格中的错误不会出现在之后的错误结果检查中。但是，可以重置之前忽略的所有错误，这样它们会在错误检查结果中再次出现。

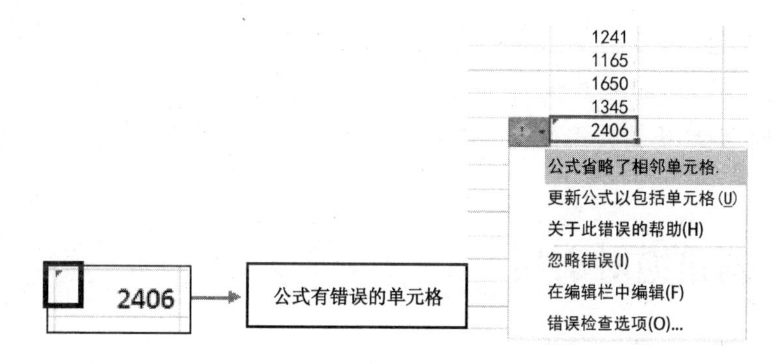

步骤

利用错误检查选项更正公式中的错误的步骤：

1. 选择左上角显示绿色三角形的单元格。 单元格被选定，错误检查智能标记出现在单元格左边。	Total Sales / Expenses / Net Profit 1241 1165 1650 1345 2406
2. 指向错误检查智能标记，出现屏幕提示。 屏幕提示会显示所识别错误的原因。	Total Sales / Expenses / Net Profit 1241 1165 1650 1345 2406

（续表）

3. 单击错误检查智能标记，显示错误检查选项列表。 出现可用的错误检查选项的列表。	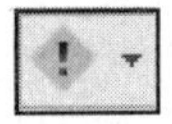
4. 选择所需选项 错误得到更正，智能标记列表关闭，并且不再识别出该单元格有错误。	公式省略了相邻单元格. 更新公式以包括单元格(U) 关于此错误的帮助(H) 忽略错误(I) 在编辑栏中编辑(F) 错误检查选项(O)...

还可以通过转到“公式”，单击“公式审核”组中的“错误检查”按钮，然后在工作表中发现错误时选择“更新公式”或者“忽略错误”来对整个工作表进行错误检查搜索。

10.11 创建绝对引用

概念

Excel 中的单元格引用有两种基本类型：相对引用和绝对引用。在将一个单元格中的公式复制到另一单元格时，绝对引用与相对引用之间的区别会变得明显。

在复制包含相对引用的公式时，引用将调整到新位置。例如，如果创建了一个公式来计算 A 列的总和，然后将该公式复制到 B 列和 C 列，那么单元格引用将调整为计算 B 列和 C 列中相应数值的总和。Excel 中默认相对引用。

无论公式复制到何处，绝对引用常引用相同的单元格。将公式复制到另一位置时，如果不想更改单元格引用，那么可以使用绝对引用。例如，如果创建公式来计算一组销售人员的佣金并在单元格 C1 中显示 10%的佣金率，无论该公式复制到何处，希望该公式始终引用单元格 C1。绝对引用单元格 C1 可以确保佣金计算始终基于单元格 C1，即使将公式复制到其他位置也是如此。一种好方法是将诸如佣金率的数值放入单元格中而不是每个公式中；如果佣金率更改，只需更改单元格 C1 中的数值，所有基于该公式的佣金将会自动更新。

绝对引用由列字母和行数值前面的美元符号（$）表示。在输入单元格引用之后，按 F4 键，然后 Excel 会添加两个美元符号（$）使单元格引用绝对化。如果继续按 F4 键，则循环浏览四种引用类型。

单元格内容	引用类型	结果
C1	相对	复制时，行号和列标都得到调整。
$C1	混合	复制时，列标没有调整。
C$1	混合	复制时，行号没有调整。
C1	绝对	复制时，行号和列标都没有调整。

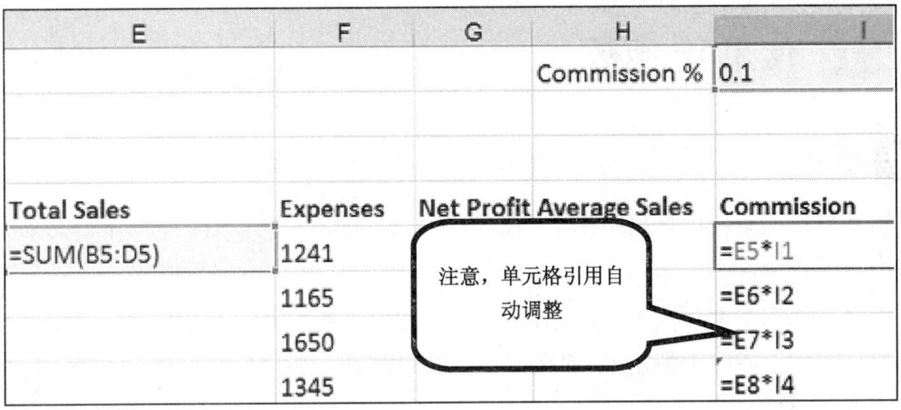

E	F	G	H	I
			Commission %	0.1
Total Sales	Expenses	Net Profit	Average Sales	Commission
=SUM(B5:D5)	1241			=E5*I1
	1165			=E6*I2
	1650			=E7*I3
	1345			=E8*I4

注意，单元格引用自动调整

步骤

利用绝对引用创建公式的步骤如下：

复制单元格 I5 中的佣金公式，将该公式粘贴到单元格 I6：I8 中。需注意，该公式没有给出第 6 行至第 8 行的正确结果。查看 I6、I7 和 I8 中的公式。由于相对引用，公式并没有引用单元格 H1 中的佣金率，所以佣金没有计算出来。删除单元格 I5：I8 中的内容。

步骤	操作
1. 选择要输入公式的单元格。 活动单元格相应移动。	选择单元格 I5
2. 输入所需公式。 公式出现在编辑栏和单元格中。	输入"＝E5 * I1"
3. 在编辑栏或该单元格中单击要绝对引用的任意内容。 插入点出现在单元格引用中。	单击编辑栏中的文本 E5
4. 如有必要，按 F4 键，直至出现所需类型的单元格引用。 列字母和行数字前面出现"＄"。	再按一次 F4 键
5. 按"Enter"键。 公式结果出现在该单元格中。	按 Enter 键

选择单元格 I5；查看编辑栏中的公式。单元格引用＄I＄1 表明绝对引用。

概念实践：将单元格 I5 中的公式复制到范围 I6：I8。按 Esc 键移除闪烁的选框以及“粘贴选项”按钮。

选择单元格 I6，并查看编辑栏中的公式。公式中第一个单元格引用为相对引用，现在引用单元格 E6。公式中的第二个单元格引用为绝对引用，继续引用单元格 I1。

关闭“Formula. xlsx”，不保存。

10.12 使用 IF 函数

概念

逻辑函数根据条件计算出结果。如果条件为真，做出一种操作；如果条件为假，则做出另一种操作。

逻辑函数适用于多种情况。例如，可以利用逻辑函数判断一个学生是否通过测试。如果分数大于或等于指定值，那么该学生通过测试。如果分数小于指定值，那么该学生没有通过测试。

如果条件为真，IF 函数返回一个数值；如果条件为假，IF 函数则返回另一数值。在上面的例子中，如果考试分数高于或等于及格分数，则返回“真”。如果分数低于及格分数，则返回“假”。

可以利用 IF 函数将文本显示为判断式的结果，但是必须将要显示的文本放在引号中。

例如，如果 A1 大于 10，则公式“＝IF(A1＞10，“大于 10”，“10 或小于 10”)”返回“大于 10”；如果 A1 小于或等于 10，则返回“10 或小于 10”。

IF 函数的结构为：

＝ IF(logical test，value_if_true，value_if_false)

组成	描述
logical text	即判断式，可以包含单元格引用、引号中的文本、单元格名称以及数字。利用下列运算符比较这些项： ＝(等于) ＜＞(不等于) ＞(大于) ＞＝(大于或等于) ＜(小于) ＜＝(小于或等于)

（续表）

value_if_true	判断式为真时的结果。它可以是数字、公式、单元格引用、单元格名称、引号中的文本或者其他函数
value_if_false	判断式为假时的结果。它可以是数字、公式、单元格引用、单元格名称、引号中的文本或者其他函数

步骤

使用 IF 函数的步骤：

打开“Sales72. xlsx”。显示“Bonus”工作表。想要计算某一销售团队的销售额的10%的奖金，但是，只有销售人员的销售额超过他们的配额，销售人员才能拿到这笔奖金。

1. 选择要显示 IF 函数结果的单元格。 单元格被选定。	单击单元格 G8
2. 输入“=if”和左括号“(”。 “=if(”出现在单元格和编辑栏中。开始输入函数时，会出现屏幕提示，以输入有效参数。	输入“=if(”
3. 输入判断式。 文本显示在单元格和编辑栏中。	输入“e8>f8”
4. 输入逗号“,”。 “,”出现在单元格和编辑栏中。	输入“,”
5. 输入如果判断式为真时要做出的行动。 文本显示在单元格和编辑栏中。	输入“e8 * 10%”
6. 输入逗号“,”。 “,”出现在单元格和编辑栏中。	输入“,”
7. 输入如果判断式为假时要做出的行动。 文本显示在单元格和编辑栏中。	输入“0”
8. 输入右括号“)”。 “)”出现在单元格和编辑栏中。	键入“)”
9. 按 Enter 键。 IF 函数的结果出现在单元格中。	按 Enter 键

需注意，由于“Deb Tan”的第一季度销售总额低于他的配额，所以他的奖金为零。

在范围 G9：G13 中输入类似的公式来计算其他销售人员的奖金。然后，单击工作表中的任意位置，取消选定该范围。

关闭工作簿，不保存。

10.13 回顾练习

创建和处理公式

1. 打开“ExFormula. xlsx”。
2. 在单元格 B9 中,利用“自动求和”按钮计算第一季度的销售总额。
3. 在单元格 F5 中,利用“自动求和”按钮计算北部地区的销售总额。
4. 选择范围 F6：F8 中的空白单元格,利用“自动求和”按钮同时计算三个区域的销售总额。检查编辑栏中的每个公式,确保每一行的 B 列至 E 列都得到计算。
5. 在单元格 H5 中创建一个公式,将单元格 F5 中的北部地区的销售总额减去单元格 G5 中的费用。
6. 在单元格 I5 中输入一个函数,求范围 B5：E5 中北部地区四个季度销售额的平均值。
7. 在单元格 I6 中,利用“自动求和”菜单输入一个函数,求范围 B6：E6 中南部地区四个季度销售额的平均值。
8. 在单元格 I7 中,利用“插入函数”按钮求范围 B7：E7 中中部地区四个季度销售额的平均值。
9. 在单元格 I8 中,利用任意方法求范围 B8：E8 中西部地区四个季度销售额的平均值。
10. 在单元格 H1 中,利用“自动求和”菜单找出所有地区(范围 B5：E8)的最大季度销售额。
11. 利用自动计算功能,验证单元格 H1 中的答案。
12. 利用自动计算功能,求所有销售额(范围 B5：E8)的总和。
13. 在单元格 B14 中创建一个公式,计算单元格 B9 中的总销售额增长 15%后的数值。(提示：将单元格 B9 中的数值乘以 1.15。可以参考单元格 C13 中的公式。)
14. 在单元格 B15,创建一个公式,计算单元格 B9 中的总销售额增长 20%后的数值。(提示：将单元格 B9 中的数值乘以 120%。)
15. 利用范围边框编辑单元格 B9 中的公式。拖动范围边框使之包括所有区域的第一季度和第二季度销售额。观察单元格 B9、C13、C14 和 C15 中更新的结果。然后,将公式更改回只包括原来的范围 B5：B8。
16. 关闭工作簿,不保存。

第 11 课

剪切、复制和粘贴

在本节中，你将学到以下知识：

- 复制和粘贴数据
- 剪切数据
- 复制公式
- 粘贴选项
- 粘贴列表
- 填充单元格
- 拖放编辑
- 撤销和恢复

11.1 复制和粘贴数据

概念

复制包含内容或数字的单元格后，Excel 会在将内容粘贴到其他位置时创建所复制内容的副本。

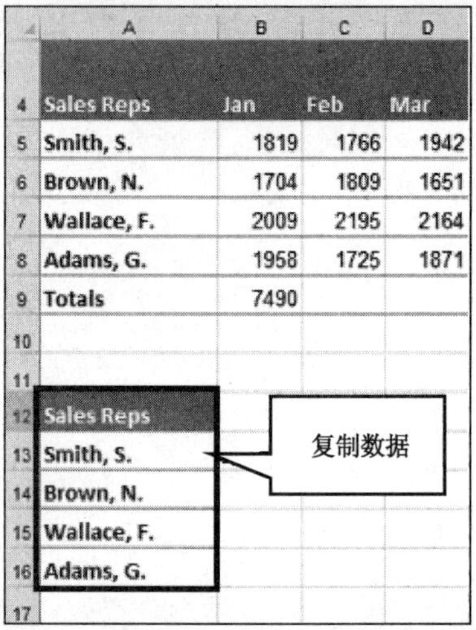

	A	B	C	D
4	Sales Reps	Jan	Feb	Mar
5	Smith, S.	1819	1766	1942
6	Brown, N.	1704	1809	1651
7	Wallace, F.	2009	2195	2164
8	Adams, G.	1958	1725	1871
9	Totals	7490		
10				
11				
12	Sales Reps			
13	Smith, S.			
14	Brown, N.			
15	Wallace, F.			
16	Adams, G.			
17				

复制数据

步骤

打开“Student”文件夹中的“CopyPaste. xlsx”。

复制和粘贴数据的步骤：

显示“开始”选项卡。

步骤	
1. 选择要复制的单元格范围 A4：A8。 拖动时，范围被选定。	选择单元格 A4：A8
2. 选择“开始”选项卡中的“剪贴板”组中的“复制”箭头。 显示下拉菜单。	 复制
3. 选择所显示菜单中的“复制”。 选定的单元格或范围周围出现闪烁的选框，单元格内容复制到剪贴板。	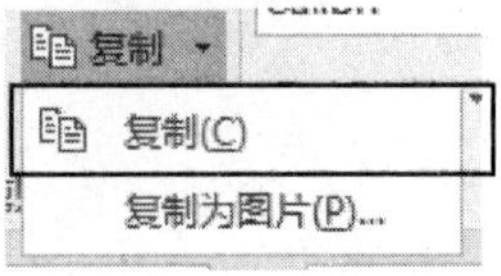 复制 复制(C) 复制为图片(P)...

（续表）

4. 选择要粘贴单元格内容的单元格或范围。 该单元格或范围被选定。	选择单元格 A12
5. 单击“开始”选项卡中的“剪贴板”组中的“粘贴”按钮的顶部。 将剪贴板中的内容粘贴到选定的范围中。	粘贴

按 Esc 键，移除闪烁的选框并隐藏“粘贴选项”按钮。

如有必要，选择 A12：A16 并删除所复制的文本。单击空白单元格，取消选定该范围。

11.2 剪切数据

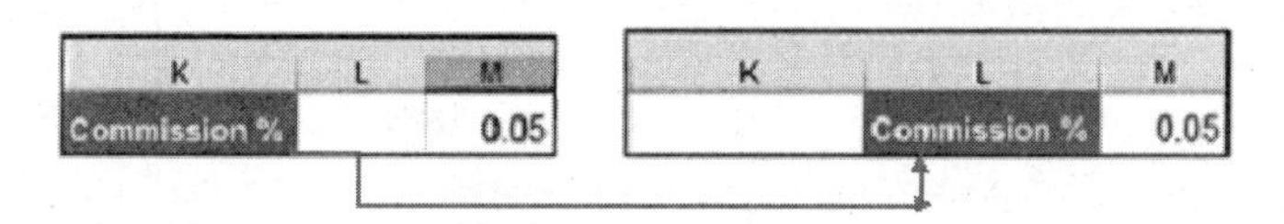

K 列的数据移动到 L 列

步骤

剪切和粘贴数据的步骤：

显示“开始”选项卡。

1. 选择单元格 K1。 该单元格或范围被选定。	单击单元格 K1
2. 选择“开始”选项卡中的“剪贴板”组中的“剪切”。 选定的单元格或范围周围出现闪烁的选框，单元格内容被放在剪贴板上。	剪切
3. 选择要粘贴单元格内容的单元格或范围。 该单元格或范围被选定。	选择单元格 L1
4. 选择“开始”选项卡中的“剪贴板”组中的“粘贴”按钮的顶部。 将剪贴板中的内容粘贴到选定的范围中。	粘贴

按 Esc 键，移除闪烁的选框并隐藏“粘贴选项”按钮。

11.3 复制公式

概念

复制包含公式的单元格时，Excel 会根据行或列的变化调整公式中的单元格引用，例如，如果公式“＝B5＋B6＋B7＋B8”计算 B 列中三个单元格的总和，将该公式复制到 C 列中相邻的单元格时，Excel 则将该公式调整为“＝C5＋C6＋C7＋C8”，这样就可计算出 C 列中三个相应的单元格的总和。

Sales Reps	Jan	Feb	Mar
Smith, S.	1819	1766	1942
Brown, N.	1704	1809	1651
Wallace, F.	2009	2195	2164
Adams, G.	1958	1725	1871
Totals	=B5+B6+B7+B8	=C5+C6+C7+C8	=D5+D6+D7+D8

复制的公式

移动包含公式的单元格时，Excel 不会调整公式中的单元格引用。公式仍引用原来的单元格进行计算。如果既移动公式又移动包含数据的单元格，那么该公式中的单元格引用会调整到数据的新位置。

“开始”选项卡中的“剪贴板”组中的“粘贴”按钮提供了“粘贴”菜单。

步骤

复制和粘贴公式的步骤如下：

显示“开始”选项卡。

1. 选择要复制的包含公式的单元格。 该范围被选定。	单击单元格 E5
2. 选择“开始”选项卡中的“剪贴板”组中的“复制”。 显示下拉菜单。	复制
3. 选择所显示菜单中的“复制”。 选定的单元格或范围周围出现闪烁的选框，单元格内容复制到剪贴板。	复制 复制(C) 复制为图片(P)...

（续表）

4. 选择要粘贴公式的单元格或范围。 拖动时，范围被选定。	拖动选定 E6：E8
5. 选择“开始”选项卡中的“剪贴板”组中的“粘贴”按钮的顶部。 将剪贴板中的内容粘贴到选定的单元格或范围中，公式中的单元格引用出现相应更改，并且显示“粘贴选项”按钮。	粘贴

按 Esc 键，移除闪烁的选框并隐藏“粘贴选项”按钮。

选择单元格 E6 并查看编辑栏中的函数。需注意，从第 5 行复制的“SUM”函数已调整了单元格引用，变成引用第 6 行的数据[=SUM(B6：D6)]。依次选择单元格 E7、E8 并查看编辑栏中调整后的公式。

概念实践：复制单元格 H5 中的公式，将该公式粘贴到范围 H6：H8 中。检查每个单元格的编辑栏，了解每一行的公式是如何调整的。

按 Esc 键，移除闪烁的选框并隐藏“粘贴选项”按钮。

11.4 粘贴选项

概念

将数据粘贴到某一单元格后，在该单元格的右下角会出现“粘贴选项”按钮。

步骤

使用“粘贴选项”按钮的步骤如下：

1. 选择要移动或复制的单元格或范围。 单元格或范围被选定。	单击单元格 E5
2. 根据需要，选择“开始”选项卡中的“剪贴板”中的“剪切”或“复制”按钮。 选定的单元格或范围周围出现闪烁的选框，单元格内容复制到剪贴板。	复制
3. 选择要粘贴已剪切或复制的数据的单元格或范围。 单元格或范围被选定。	单击单元格 E18

（续表）

4. 选择“开始”选项卡中的“剪贴板”组中的“粘贴”按钮的顶部。 数据被粘贴，并且出现“粘贴选项”按钮。	粘贴
5. 选择“粘贴选项”按钮。 出现可用的粘贴选项菜单。	(Ctrl)
6. 选择“粘贴选项”菜单中的“链接单元格”选项。 粘贴的数据出现相应更改。	粘贴 粘贴数值 123 123 123 其他粘贴选项
7. 按 Esc 键，可以隐藏“粘贴选项”按钮。 “粘贴选项”按钮关闭，并取消选定从中复制数据的单元格。	按 Esc 键

概念练习：将单元格 B5 中的数字更改为“1950”并按 Enter 键。需注意，单元格 E5 和 E18 都进行了相应更新。复制单元格 A2 中的文本“Sales Report”，将其粘贴到单元格 E16 中。选择“粘贴选项”按钮，然后选择“匹配目标格式”选项来粘贴文本而不保留原来格式。

11.5 “粘贴”列表

概念

如上所述，单击“粘贴选项”按钮后，会出现数据在单元格中显示的方式的选项列表。

步骤

使用“粘贴”列表的步骤：

1. 选择要移动或复制的单元格或范围。 单元格或范围被选定。	拖动 A5：A8

（续表）

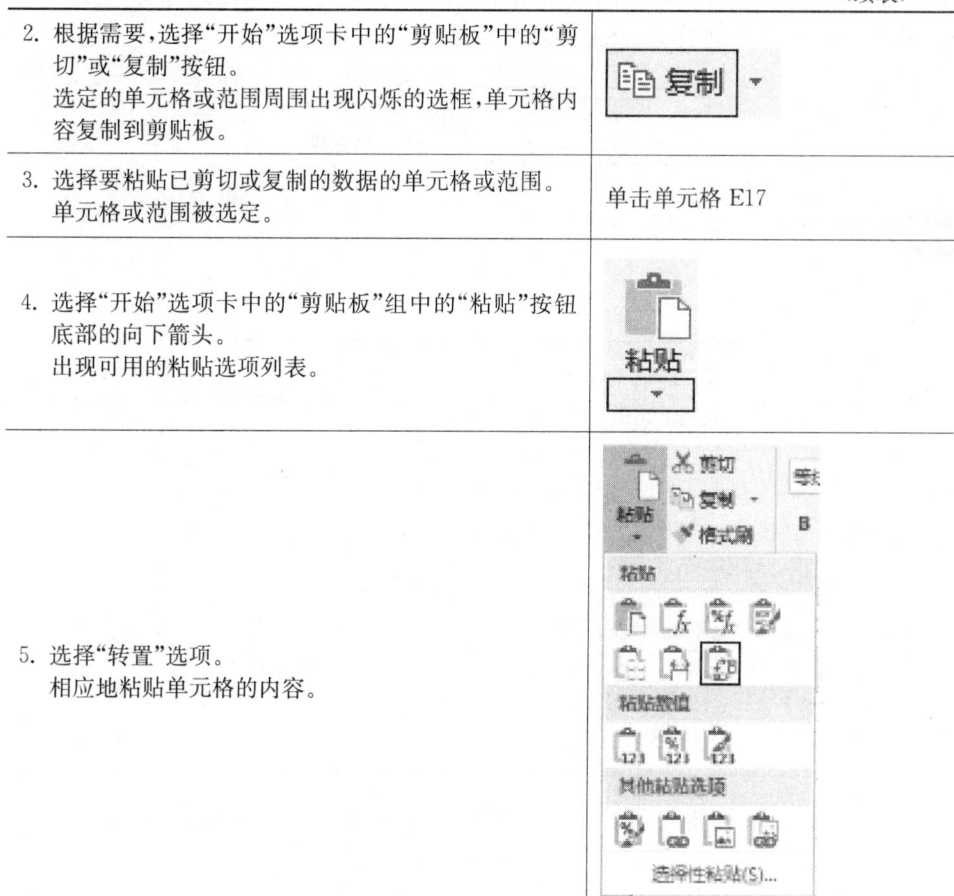

2. 根据需要，选择“开始”选项卡中的“剪贴板”中的“剪切”或“复制”按钮。 选定的单元格或范围周围出现闪烁的选框，单元格内容复制到剪贴板。	复制
3. 选择要粘贴已剪切或复制的数据的单元格或范围。 单元格或范围被选定。	单击单元格 E17
4. 选择“开始”选项卡中的“剪贴板”组中的“粘贴”按钮底部的向下箭头。 出现可用的粘贴选项列表。	粘贴
5. 选择“转置”选项。 相应地粘贴单元格的内容。	剪切 复制 格式刷 粘贴 粘贴数值 其他粘贴选项 选择性粘贴(S)...

需注意，转置后，原行标题显示为列标题。

概念实践：复制单元格 E6。选择单元格 F18，利用“粘贴”列表粘贴公式中的数值。查看编辑栏。需注意，只粘贴数值，不粘贴公式。将单元格 B6 中的数字更改为“1850”。需注意，单元格 E6 将公式结果更新为“5310”，但是单元格 F18 仍显示“5164”。

11.6 填充单元格

概念

利用自动填充功能，可以在 Excel 中自动输入数据。该功能通过利用现有单元格

中的数据或范例进行操作，从而利用填充柄拖动并填充多个单元格。利用自动填充，可以跨单元格复制数据、公式和函数。

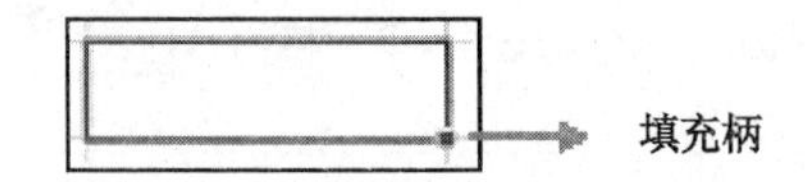

步骤

填充范围的步骤：

1. 选择要复制的包含数据的单元格。 选定的单元格变为活动单元格。	单击单元格 B9
2. 指向选定的单元格右下角的填充柄。 鼠标指针变为一个实心的黑色加号“＋”。	7490
3. 将填充柄拖动到要填充的范围上。 拖动时，该范围的轮廓显示为阴影边框。	将填充柄拖动到 C9：I9 上
4. 松开鼠标按钮。 填充选定的范围，并且出现“自动填充选项”按钮。	松开鼠标按钮

单击每一个已填充的单元格。需注意，Excel 已针对每一个单元格的位置对公式进行了调整。

概念实践：利用填充柄将单元格 G5 中的公式复制到范围 G6：G8。单击任意单元格，取消选定该范围，

11.7 拖放编辑

概念

通过鼠标拖放技巧，可以选择一个单元格，然后将该单元格放入工作表的新区域中。

步骤

使用拖放编辑移动和复制单元格的步骤：

1. 选择要移动的单元格或范围。 拖动时，会显示该单元格或范围的阴影轮廓。	拖动选择 A9：I9
2. 松开鼠标按钮。 该单元格或范围被选定。	松开鼠标按钮
3. 指向选定的单元格或范围的边框。 鼠标指针发生变化，标准指针旁边出现一个四方向箭头。	指向 A9：I9 的边框
4. 将该单元格或范围拖动到所需位置。 拖动时，会显示该单元格或范围的阴影轮廓，鼠标指针旁边出现屏幕提示，显示该轮廓当前占据的位置。	将该范围拖动 A13：I13
5. 松开鼠标按钮。 单元格内容移至新位置。	松开鼠标按钮
6. 选择要复制的单元格或范围。 该单元格或范围被选定。	拖动选择 A4：I4
7. 指向选定的单元格或范围的边框。 鼠标指针发生变化，标准指针旁边出现一个四方向箭头。	指向 A4：I4 的边框
8. 按住 Ctrl 键。 鼠标指针发生变化，四方向箭头消失，标准指针旁边出现"+"。	按住 Ctrl 键
9. 按住 Ctrl 键的同时将该范围拖动到所需位置。 拖动时，会显示该范围的阴影轮廓，鼠标指针旁边出现屏幕提示，显示该轮廓当前占据的位置。	按住 Ctrl 键并将该范围拖动到 A12：I12
10. 松开鼠标按钮。 单元格内容复制到新位置。	松开鼠标按钮。
11. 松开 Ctrl 键。 鼠标指针恢复为标准指针。	松开 Ctrl 键

概念实践：利用拖放编辑将范围 A13：I13 的单元格内容移回到范围 A9：I9。删除范围 A12：I12 的单元格内容。单击任意单元格，取消选定该范围。

11.8 撤销和恢复

概念

利用撤销功能，可以撤销前一命令或操作的结果。

使用撤销功能后，恢复功能即可使用。利用恢复功能，可以恢复利用撤销功能撤销的命令或操作的结果。可以在快速访问工具栏上访问这两种功能。

步骤

使用撤销和恢复功能的步骤：

删除单元格 C5 中的内容，将单元格 B9 移至 A11。

1. 选择快速访问工具栏上的“撤销”按钮左边，可以撤销前一命令或操作。 撤销前一命令或操作。	
2. 选择快速访问工具栏上的“恢复”按钮左边，可以恢复已撤销的命令或操作。 恢复该命令或操作。	
3. 选择“撤销”按钮右边的箭头，可以撤销多个连续操作。 显示操作列表，其中最近的操作显示在列表顶部。	
4. 选择“恢复”按钮右边的箭头，可以恢复多个连续操作。 显示操作列表，其中最近撤销的操作显示在列表顶部。	

11.9 回顾练习

复制和移动公式及数据

1. 打开“ExCopyPaste. xlsx”。
2. 复制范围 A4：A8，将该范围粘贴到单元格 A14。
3. 复制范围 B4：E4，将该范围粘贴到单元格 B14。
4. 利用“复制”和“粘贴”按钮，将单元格 H5 中的公式复制到范围 H6：H8。
5. 利用填充柄，将单元格 I5 中的公式复制到范围 I6：I8。
6. 利用填充柄，将单元格 B9 中的公式复制到范围 C9：I9。
7. 在单元格 B15 中输入一个公式，将单元格 B5 中的内容乘以单元格 D12 中的预计增长。在编辑栏中，选择单元格 D12，然后按键盘上的 F4 键。
8. 利用填充柄，将单元格 B15 中的内容复制到范围 C15：E15。

9. 如有必要，选择范围 B15：E15，并且利用填充柄将单元格的内容向下复制到第16行、17行和18行。
10. 将单元格 D12 中的预计增长“1.08”更改为“1.12”。需注意，在单元格 D12 中输入新的数值时，所有的预计数值都会自动更新。在单元格 A12 中，将标签中的文本“8%”更改为“12%”。
11. 利用拖放编辑，将范围 E14：E18 中的单元格内容移至范围 G14：G18。查看单元格 G14：G18 中每一个单元格的公式。需注意，因为源数据没有移动，所以单元格引用不会更改。
12. 利用“撤销”按钮，撤销前一操作。
13. 利用拖放编辑，将范围 F4：F8 中的单元格内容复制到范围 F14：F18。查看单元格 F14：F18 中的每一个单元格。需注意，单元格引用已更改以反映新位置。
14. 复制范围 H4：H9，利用“粘贴”列表将数值粘贴到单元格 K4。查看编辑栏中单元格 K5：K9 的内容。需注意，只粘贴公式的数值。
15. 将单元格 G5 中的费用更改为“50000”。需注意，单元格 H5 更新了净利润，而单元格 K5 保留了原有值。
16. 关闭工作簿，不保存。

第 12 课

数 据 管 理

在本节中，你将学到以下知识：

- 排序
- 查找数据
- 替换数据
- 查找和替换单元格格式

12.1 排序

概念

对数据进行排序是数据分析的一个组成部分。对数据进行排序有助于用户快速直观地呈现数据并更好地理解数据,有助于组织并查找所需的数据,最终做出更有效的决策。

提示:在创建列表时应当避免在列表主体中出现空白行和列,以便进行数据排序。例外情况是您可能想要在“Total”行之前插入一个空白行。同时应当确保列表四周的单元格是空白的。

对数据进行排序适用于多种情况:按字母顺序排列名称列表,按从高到低的顺序排列股票列表,或者按颜色或图标对行进行排序。使用功能区中的“数据”选项卡上的“升序”和“降序”按钮,可以快速对数据进行排序。

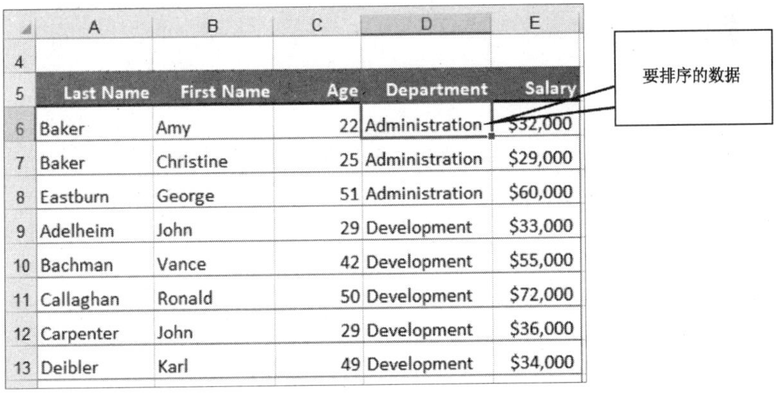

	A	B	C	D	E
4					
5	Last Name	First Name	Age	Department	Salary
6	Baker	Amy	22	Administration	$32,000
7	Baker	Christine	25	Administration	$29,000
8	Eastburn	George	51	Administration	$60,000
9	Adelheim	John	29	Development	$33,000
10	Bachman	Vance	42	Development	$55,000
11	Callaghan	Ronald	50	Development	$72,000
12	Carpenter	John	29	Development	$36,000
13	Deibler	Karl	49	Development	$34,000

要排序的数据

步骤

对一个列表按升序或降序排序的步骤:

打开“Student”文件夹中的“Sort. xlsx”。

如有必要,显示“数据”选项卡。

步骤	操作
1. 选择要进行排序的列中的任意单元格。 该单元格被选定。	单击单元格 D6
2. 单击“数据”选项卡中的“排序和筛选”组中的“升序”或“降序”按钮。 对该列表按升序或降序进行相应地排序。	A↓Z 或 Z↓A

利用快速访问工具栏中的“撤销”按钮，撤销所有排序操作，并将表格恢复到未排序状态。

12.2 查找数据

概念

Excel 的查找和替换功能十分强大。利用查找和替换，可以在工作表中搜索文本或数值，并且可以选择替换这些文本或数值。通过指定要查找的格式以及其他搜索选项(包括区分大小写)，可以缩小搜索范围。

步骤

查找某一范围中的数据的步骤：

显示“Employees”工作表。

1. 选择要搜索的范围。 该范围被选定。	拖动 A6：E23
2. 选择“开始”选项卡。 显示“开始”选项卡。	单击“开始”
3. 选择“编辑”组中的“查找和选择”按钮。 显示下拉列表。	查找和选择
4. 选择“查找”按钮。 “查找”对话框打开。	单击“查找”
5. 在“查找内容”框中输入要查找的数值。 在“查找内容”框中显示该内容。	输入“edwards”
6. 选择“查找下一个”按钮。 “查找内容”条目的第一个匹配项变为活动单元格。	单击 查找下一个(F)
7. 选择“查找全部”按钮。 “查找内容”条目的第一个匹配项变为活动单元格，并且在“查找和替换”对话框显示所有查找到的匹配项的列表。	单击 查找全部(I)
8. 单击“查找全部”列表中的任意列表，激活该单元格。 选定的单元格变为活动单元格。	单击单元格列中的“＄A＄20”
9. 选择“关闭”按钮。 “查找和替换”对话框关闭。	单击 关闭

12.3 替换数据

概念

利用 Excel 的查找和替换功能，可以更改数据。例如，如果用户在准备一项报告或项目计划时，意识到所有称为“development”的部门需要更改为“R&D”，那么可以利用查找和替换(Ctrl＋H)来执行该操作。

步骤

替换某一范围中的数据的步骤：

步骤	操作
1. 选择要替换的包含字符的范围。 该范围被选定。	拖动 A6：E23
2. 选择“开始”选项卡。 显示“开始”选项卡	单击“开始”
3. 选择“编辑”组中的“查找和选择”按钮。 显示下拉列表。	查找和选择
4. 选择“替换”命令。 “查找和替换”对话框打开。	单击“替换...”
5. 选择“查找内容”文本框。 该文本被选定，或者在“查找内容”文本框中出现插入点。	单击“查找内容”文本框
6. 输入要查找的数值。 该内容出现在“查找内容”框。	输入“development”
7. 选择“替换为”文本框。 在“替换为”文本框中出现插入点。	按 Tab 键
8. 输入所需的替换字符。 在“替换为”文本框中显示这些字符。	输入“R&D”
9. 选择“查找下一个”按钮。 “查找内容”条目的第一个匹配项变为活动单元格。	单击 查找下一个(F)
10. 选择“替换”将当前匹配项替换为替换字符，选择“全部替换”将所有匹配项替换为替换字符，或者选择“查找下一个”跳过当前匹配项。 这些字符被替换或跳过，并且活动单元格移至“查找内容”框中该条目的下一个匹配项。	单击 替换(R)

（续表）

11. 根据需要继续替换或跳过匹配项。 所有剩余的匹配项被替换或跳过，并且在搜索完成后“Microsoft Excel”消息框打开。	单击 全部替换(A)
12. 在提示搜索完成后，选择“确定”按钮。 “Microsoft Excel”消息框关闭。	单击 确定
13. 选择“关闭”按钮。 “查找和替换”对话框关闭。	单击 关闭

单击工作表区域中的任意位置，取消选定该范围。

12.4 查找和替换单元格格式

概念

利用 Excel 的查找和替换功能，可以更改单元格格式。例如，用户在准备一项报告或项目计划时，需要将所有红色单元格更改为蓝色，那么可以利用查找和替换(Ctrl＋H)来执行该操作。

步骤

查找和替换单元格格式的步骤：

如有必要，显示“Employees”工作表。

1. 选择包含要查找或替换的格式的范围。 该范围被选定。	拖动 A6：E23
2. 选择“开始”选项卡。 显示“开始”选项卡。	单击“开始”选项卡
3. 选择“编辑”组中的“查找和选择”按钮。 下拉列表打开。	查找和选择
4. 选择“替换”命令。 “查找和替换”对话框打开。	查找(F)... 替换(R)... 转到(G)... 定位条件(S)...

（续表）

5. 选择“查找内容”文本框。 该文本被选定，或者在“查找内容”文本框中显示插入点。	单击“查找内容”文本框
6. 输入要查找的字符，或者删除现有的字符，只查找格式。 这些字符出现在“查找内容”文本框中或者从“查找内容”中删除。	输入“production”
7. 选择“替换为”文本框。 在“替换为”文本框中出现插入点。	按 Tab 键
8. 输入要所需的替换字符，或者删除现有的字符，只替换格式。 这些字符出现在“替换为”文本框中或者从“替换为”文本框中删除。	按 Delete 键
9. 选择“选项”按钮。 “查找和替换”对话框展开，显示高级搜索选项。	单击 格式(M)...
10. 根据需要，选择“查找内容”框或“替换为”框中的“格式”按钮。 “查找格式”或“替换格式”对话框相应地打开。	单击“替换为”右边的 格式(M)...
11. 选择要查找或用作替换的格式所在的选项卡。 出现相应的页面。	单击“字体”选项卡
12. 选择所需的格式选项。 这些选项被选定。	选择“字形”下面的“倾斜”
13. 选择“确定”按钮。 “查找格式”或“替换格式”对话框关闭，并且相应的“No Format Set”消息替换为词“Preview”，设置相应的格式。	单击 确定
14. 选择“查找下一个”按钮。 活动单元格移至“查找内容”条目的第一个匹配项。	单击 查找下一个(F)
15. 选择“替换”按钮将当前匹配项替换为替换格式，选择“全部替换”替换所有匹配项，或者选择“查找下一个”跳过当前匹配项。 当前匹配项被替换，并且“查找内容”条目的下一个匹配项变为活动单元格。	单击 查找下一个(F)
16. 根据需要，继续替换或跳过出现的内容。 所有匹配项被替换，并且“Microsoft Excel”消息框打开。	单击 全部替换(A)
17. 选择“确定”按钮。 “Microsoft Excel”消息框关闭。	单击 确定
18. 选择“关闭”按钮。 “查找和替换”对话框关闭。	单击 关闭

单击任意单元格，取消选定该范围。

关闭“查找和替换”对话框。

关闭“Sort. xlsx”。

12.5 回顾练习

管理工作表中的数据

1. 打开“ExSort. xlsx”。
2. 对“Employees”工作表中的列表按雇佣日期进行降序排序。
3. 对“Administration”工作表中的列表按姓进行升序排序。
4. 显示“Employees”工作表。
5. 利用“查找和替换”对话框查找状态为“2”的员工。需注意，Excel 在工作表中查找所有包含数字“2”的条目。
6. 选择“查找和替换”对话框中的“单元格匹配”。现在，利用“查找全部”按钮查找状态为“2”的所有员工。需注意，Excel 查找整个单元格中只有“2”的条目，总共找到 16 个匹配项。
7. 查找状态为“7”的所有匹配项并将其状态替换为“5”。确保仅查找整个单元格中仅有“7”的条目。
8. 关闭工作簿，不保存。

第 13 课

创建图表

在本节中，你将学到以下知识：

- 插入柱形图
- 插入折线图
- 插入条形图
- 插入饼图
- 移动或调整图表大小
- 添加图表标题
- 更改图表背景
- 设置图表图例、标题、坐标轴格式
- 更改柱、条、线或饼块的颜色
- 更改图表类型
- 给图表添加数据标签
- 更改图表布局
- 复制和移动图表
- 删除图表

13.1 插入柱形图

概念

通过选择推荐的图表类型，可以在 Excel 中创建基本图表。还可以修改图表，为图表应用内置的类型和布局，以及通过设置格式以创建具有专业外观的图表。

在工作表的列或行中排列的数据可以绘制为柱形图。柱形图通常在水平(类别)轴显示类别，在垂直(数值)轴显示数值。在衡量同一类型但不同时间段的数据时，柱形图尤其有用，例如显示一段时间内一个国家人口的变化。

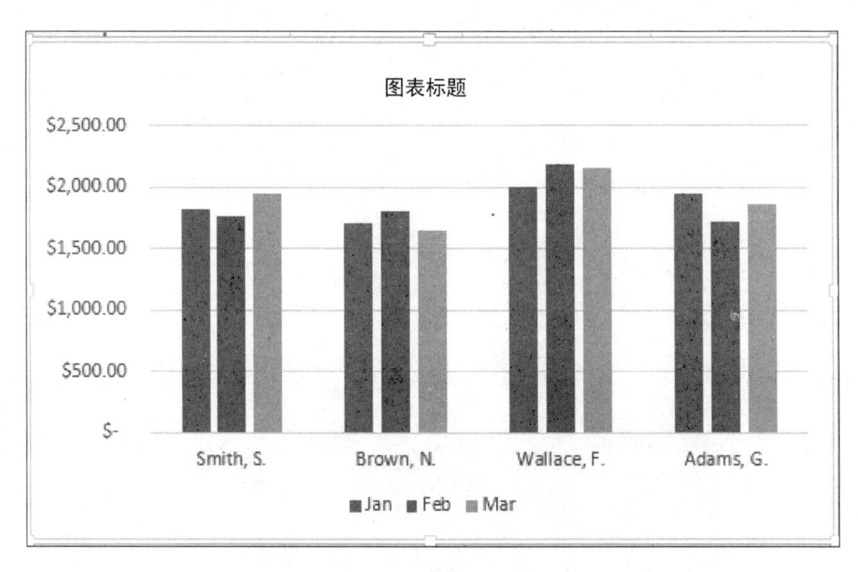

Excel 柱形图

步骤

创建柱形图的步骤：

打开“Student”文件夹中的“Chart. xlsx”。

选择“插入”选项卡。

1. 选择包含要绘制成图表的数据的单元格范围。该范围被选定。	选择范围 A2：D6

（续表）

2. 选择“图表”组中的“插入柱形图或条形图”按钮。柱形图及条形图图集打开。	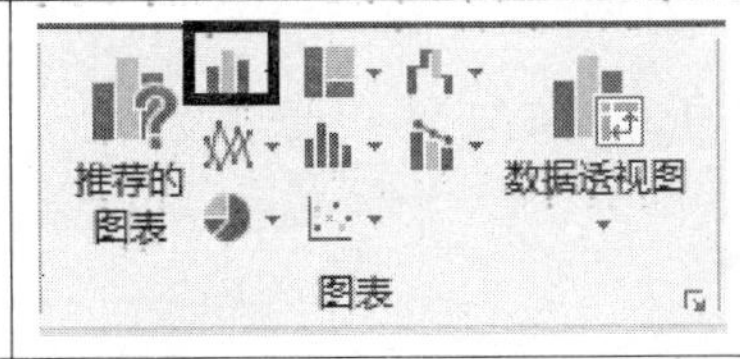
3. 选择该图集中的“簇状柱形图”子类型。图集关闭，并且图表出现在工作表中。显示“图表工具”上下文选项卡。	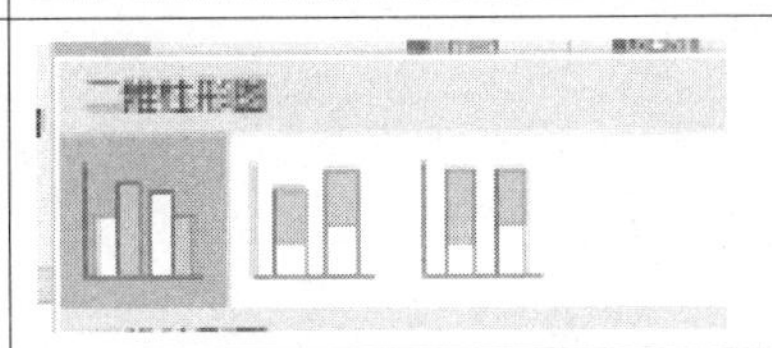

一个嵌入式二维簇状柱形图插入工作表中。单击选定该图表。按 Delete 键删除该图表。

13.2 插入折线图

概念

折线图主要用于标示一段时间内数据的变化，诸如温度月变化或股市价格的日变化。

与其他多数图表类似，折线图由垂直轴和水平轴组成。如果标示数据随时间的变化，则沿水平轴或 x 轴标示时间，沿垂直轴或 y 轴将其他数据（例如降雨量）标示为单个的点。折线图常用于追踪一段时间内的连续数据或趋势，例如网站的用户流量或者企业的销售数字。

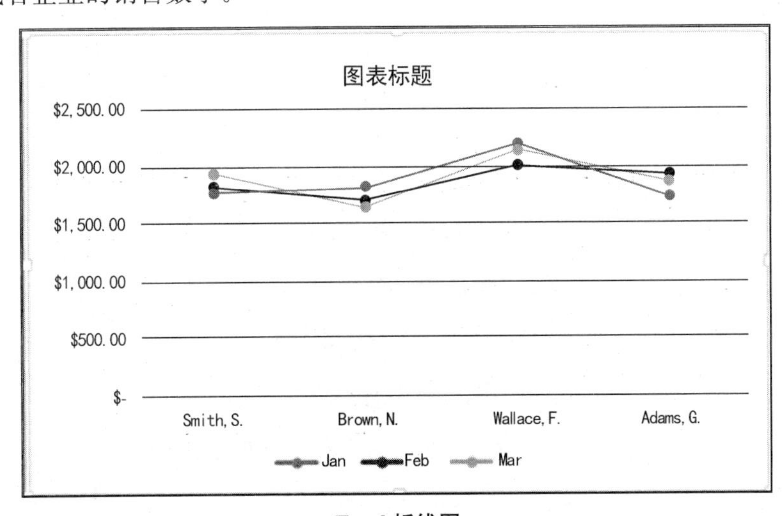

Excel 折线图

步骤

创建折线图的步骤：

打开“Student”文件夹中的“Chart. xlsx”。

选择“插入”选项卡。

1. 选择包含要绘制成图表的数据的单元格范围。该范围被选定。	选择范围 A2：D6
2. 选择“图表”组中的“插入折线图或面积图”按钮。折线图及面积图图集打开。	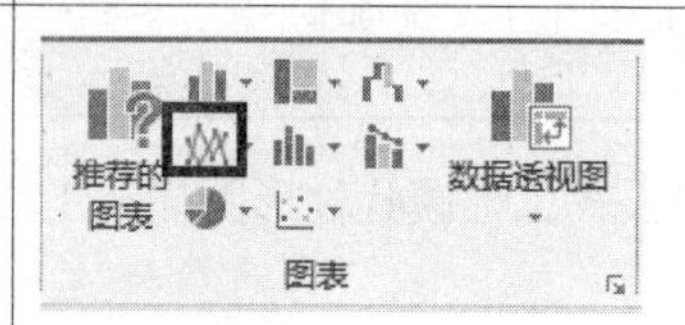
3. 选择该图集中的“带数据标记的折线图”子类型。图集关闭，并且图表出现在工作表中。显示“图表工具”上下文选项卡。	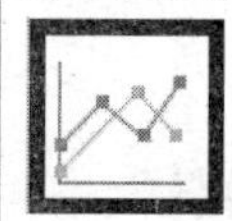

一个嵌入式的带数据标记的折线图插入工作表中。

选中该图表，按 Delete 键删除该图表。

13.3 插入条形图

概念

条形图与柱形图类似，不同之处在于条形图显示为水平条形。在比较数据或者存在导致图表难以垂直解读的数据时通常使用条形图。

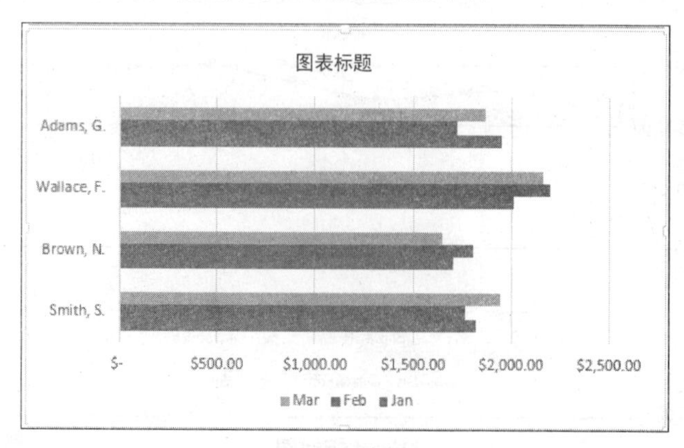

Excel 条形图

步骤

创建条形图的步骤：

打开“Student”文件夹中的“Chart. xlsx”。

选择“插入”选项卡，并选择“Sheet1”工作表。

1. 选择包含要绘制成图表的数据的单元格范围。 该范围被选定。	选择范围 A2：D6
2. 选择“图表”组中的“插入柱形图或条形图”按钮。 柱形图及条形图图集打开。	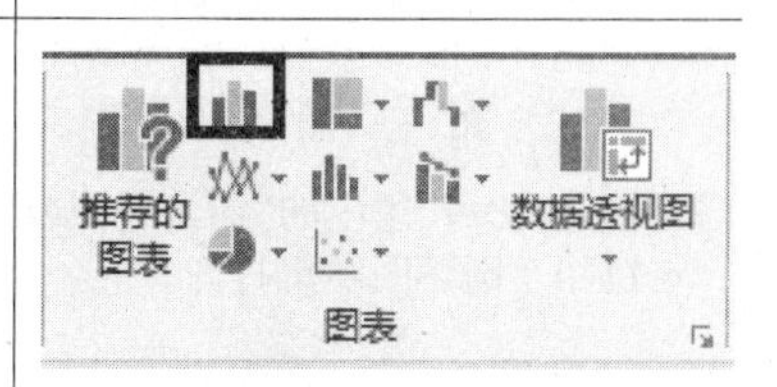
3. 选择该图库中的“簇状条形图”子类型。 图集关闭，并且图表出现在工作表中。显示“图表工具”上下文选项卡。	二维条形图 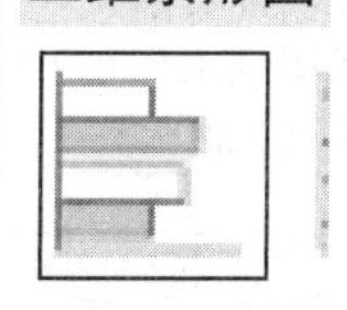

一个嵌入式二维簇状条形图插入工作表中。选定该图表，按按 Delete 键删除该图表。

13.4 插入饼图

概念

饼图是一种圆形图表，它像饼一样被分为若干块。饼图非常适于显示数据点占整体的百分比。

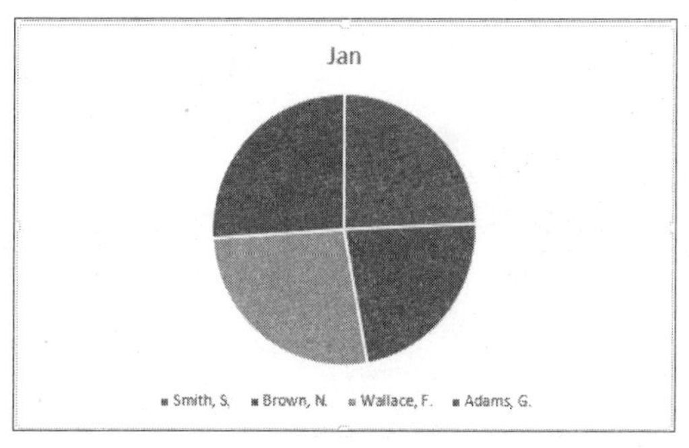

Excel 饼图

步骤

创建饼图的步骤如下：

打开“Student”文件夹中的“Chart. xlsx”。

选择“插入”选项卡。

1. 选择包含要绘制成图表的数据的单元格范围。 该范围被选定。	选择范围 A2：B6
2. 选择“图表”组中的“插入饼图或圆环图”按钮。 饼图及圆环图图集打开。	
3. 选择该图集中的“饼图”子类型。 图集关闭，并且图表出现在工作表中。显示“图表工具”上下文选项卡。	

一个嵌入式二维饼图插入工作表中。

13.5 移动图表和调整图表大小

概念

Excel 图表可以在一个工作表内移动也可以移至另一个工作表。用户还可以使用尺寸柄调整图表大小，使其合适地放在工作表内。

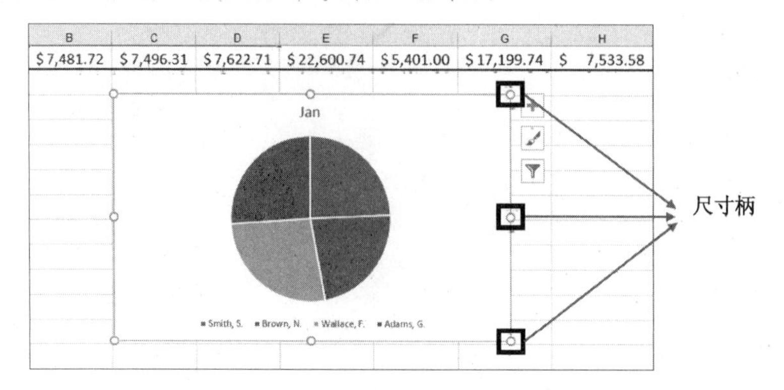

步骤

移动图表和调整图表大小的步骤：

1. 选择要移动的图表。 该图表周围出现一个带尺寸柄的框架。	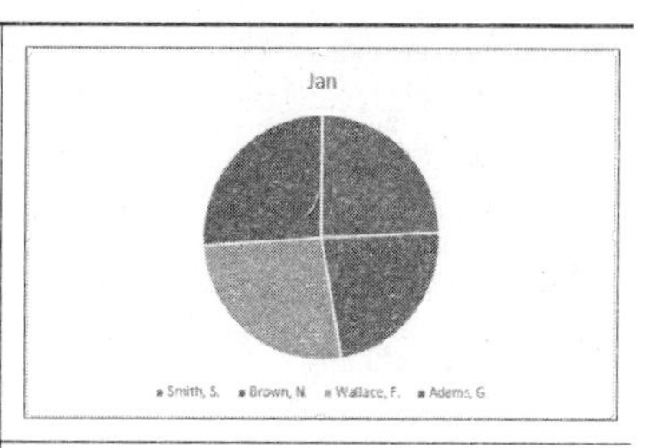
2. 将图表拖动到单元格 C8。 拖动时，会显示该图表的轮廓，松开鼠标按钮时，该图表会出现在新位置中。	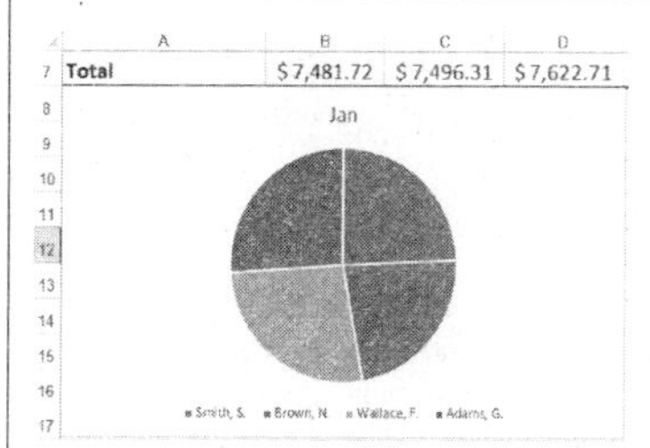
3. 要将该图表移至另一工作表，需选择“设计”选项卡中的“移动图表”。 “移动图表”对话框将打开。	单击“设计”，然后单击“移动图表”
4. 选择“新工作表”然后单击“确定”按钮。 该图表将移至选定的工作表。	选择“新工作表”然后单击“确定”按钮
5. 要调整图表大小，需指向所需的尺寸柄。 鼠标指针变为双箭头。	如有必要，滚动鼠标并指向右下尺寸柄
6. 将尺寸柄拖动到单元格 F17。 拖动时，该图表会展开或收缩，松开鼠标按钮时，出现调整大小后的图表。	将右下尺寸柄拖动到单元格 H26 的右下角

13.6 添加图表标题

概念

在 Excel 中添加图表标题有助于识别工作表中的数据，同时也可对图表进行润色。

步骤

给图表添加标题的步骤：

选定该图表。

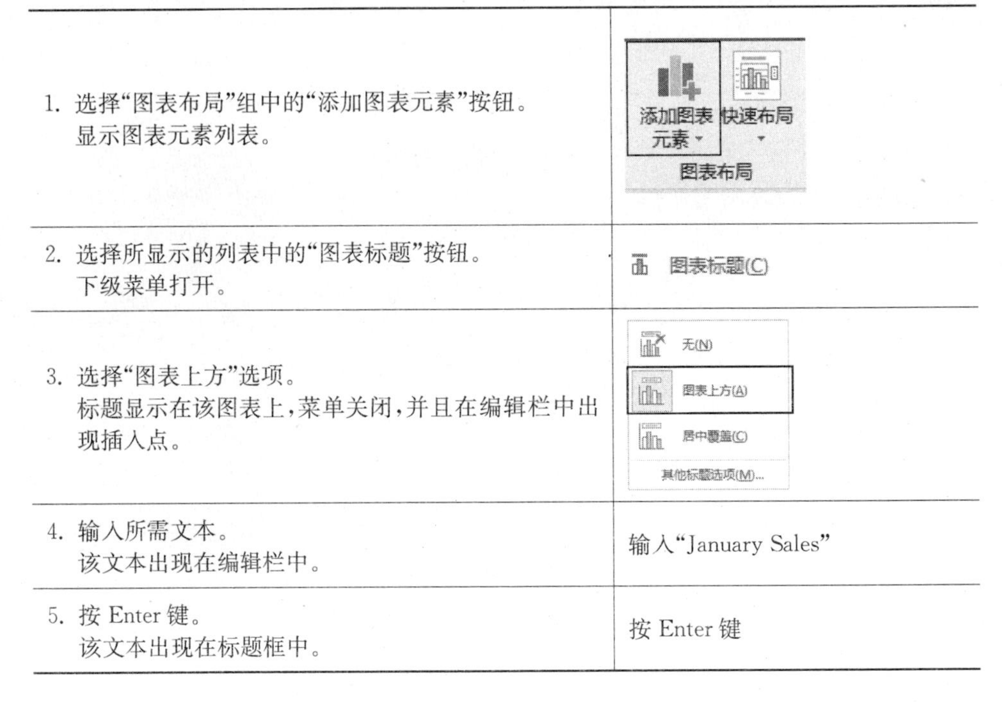

1. 选择“图表布局”组中的“添加图表元素”按钮。 显示图表元素列表。	添加图表元素 快速布局 图表布局
2. 选择所显示的列表中的“图表标题”按钮。 下级菜单打开。	图表标题(C)
3. 选择“图表上方”选项。 标题显示在该图表上，菜单关闭，并且在编辑栏中出现插入点。	无(N) 图表上方(A) 居中覆盖(C) 其他标题选项(M)...
4. 输入所需文本。 该文本出现在编辑栏中。	输入“January Sales”
5. 按 Enter 键。 该文本出现在标题框中。	按 Enter 键

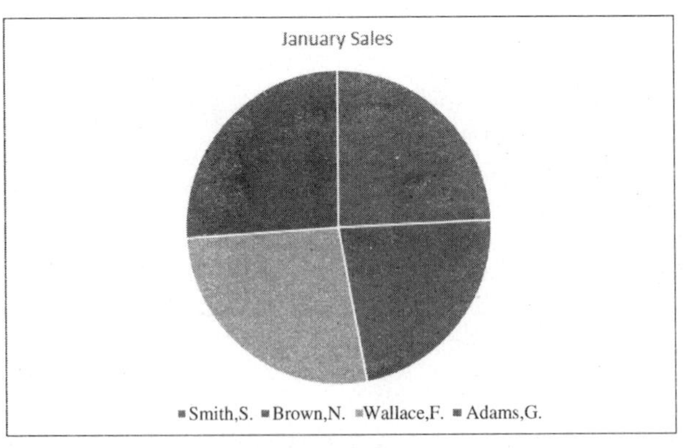

给饼图添加的图表标题

要设置图表标题的格式，需选定标题“January Sales”，然后单击“开始”选项卡，从“字体”组中选择所需的字体和字号。选定该标题，然后进行所需的更改，可以编辑该标题。若要移除图表标题，选定该标题，按 Delete 键。

还可以通过单击“开始”选项卡，利用“字体”组中的字号和字体颜色选项来改变图表标题的字号和颜色。这些步骤还可以应用于图表坐标轴和图表图例文本。

13.7 更改图表背景

概念

更改图表背景可以增加图表数据的表现力，使图表颜色更有区分度。

步骤

更改图表背景的步骤：

选择“功能区”中的“设计”选项卡，并选择“Sheet1”工作表。

1. 选择“图表工具”上下文选项卡中的“格式”选项卡。 “格式”选项卡被选定，相关命令显示在功能区中。	
2. 选择“当前所选内容”组中的“图表区”选项。 下拉列表打开。	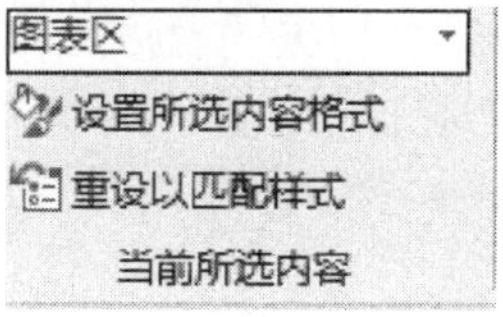
3. 选择“当前所选内容”组中的“设置所选内容格式”选项。 在右窗格中显示“设置图表区格式”窗格。	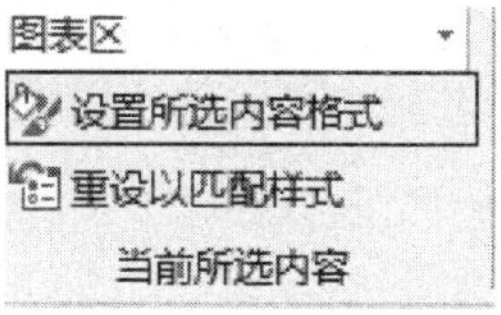
4. 选择右窗格中的“填充”选项。 显示“填充”列表。	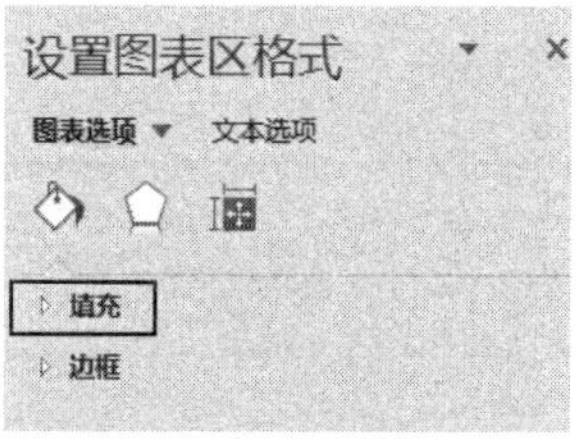
5. 选择所显示的列表中的“渐变填充”。 选定的填充选项应用于图表背景上。	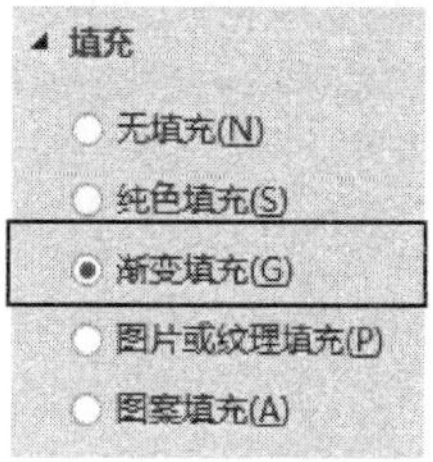

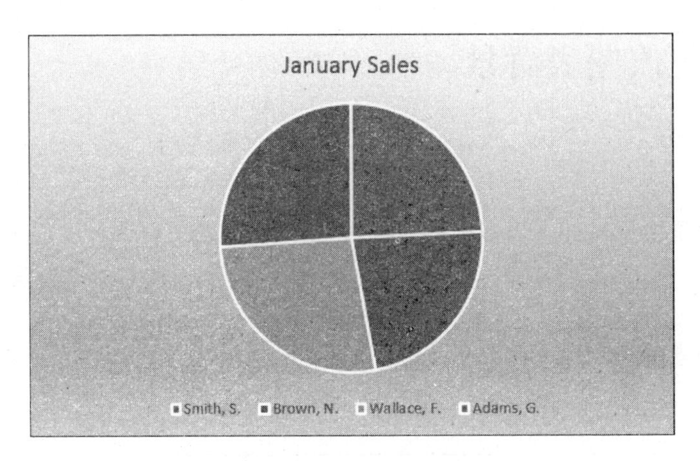

饼图中更新的图表背景

13.8 设置图表图例、图表标题、图表坐标轴格式

概念

创建图表时，图例默认显示在图表下方。图例是对图表绘图区域中各图形所代表的数据的说明，有助于更好地呈现图表的内容。通过更改图例填充颜色或者更改图例文本的字号和颜色可以设置图例格式。

步骤

更改图例填充颜色的步骤：

选定该图表。

1. 选择图表图例。 该图表图例被选定。	单击图表图例
2. 选择“格式”选项卡中的“当前所选内容”组中的“设置所选内容格式”按钮。 右侧显示“设置图例格式”窗格。	单击 图例 设置所选内容格式 重设以匹配样式 当前所选内容

（续表）

3. 选择“填充与线条”。 显示填充与线条列表。	单击 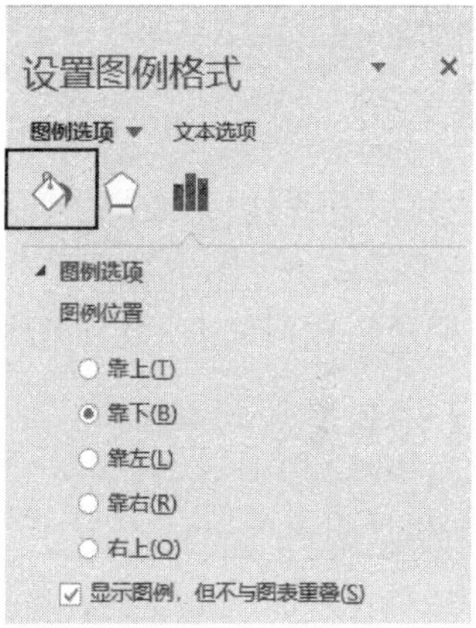
4. 选择“纯色填充”选项。	单击“纯色填充”
5. 选择“填充颜色”按钮。	单击 
6. 单击所需的颜色。 所需的颜色被选定。	单击相应的颜色

步骤

要更改图表图例文本、图表标题文本或图表坐标轴的字号和颜色，需选定该图表。

1. 选择要更改的图表标题文本、图表坐标轴或图表图例文本。 相应的图表选项被选定。	单击相应的选项
2. 单击“开始”选项卡中的“字体”组中的“字号”或“字体颜色”按钮。 将出现相应的下拉列表。	
3. 单击所需的字号或字体颜色。 相应的所选内容应用于图表图例、图表标题或图表坐标轴。	单击相应的字号或字体颜色

提示：可以通过选定该图表，然后单击“添加图表元素”按钮来移除图表图例。在“图例”下级菜单中选择“无”，移除图表图例。

13.9 更改柱、条、线或饼块颜色

概念

用户可以设置柱、条或饼块颜色,使图表呈现不同的外观。根据图表类型,可以更改柱形图或条形图中数据系列(用相同颜色的矩形表示)的颜色,或者饼图中数据点(用单个数据值表示)及饼块的颜色。

步骤

对于每种图表类型,更改图表颜色的过程是相同的。改变饼块颜色的步骤如下:

选择“设计”选项卡。

1. 选择该图表。 图表周围出现选择手柄。	单击图表区域
2. 选择图表右下象限块。	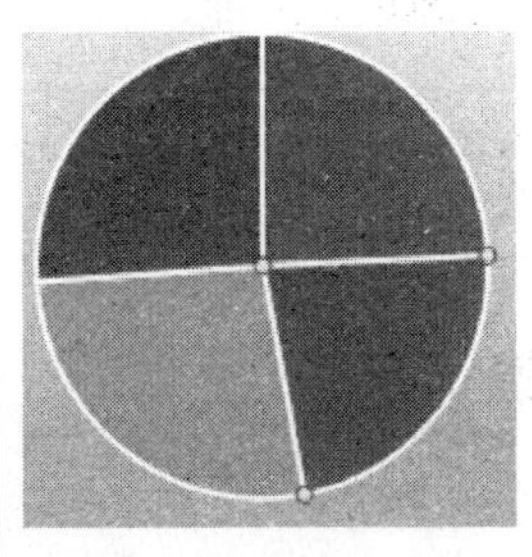
3. 右击选定的要更改颜色的块,然后单击“填充”按钮。 显示快捷菜单,并显示带有不同颜色的填充列表。	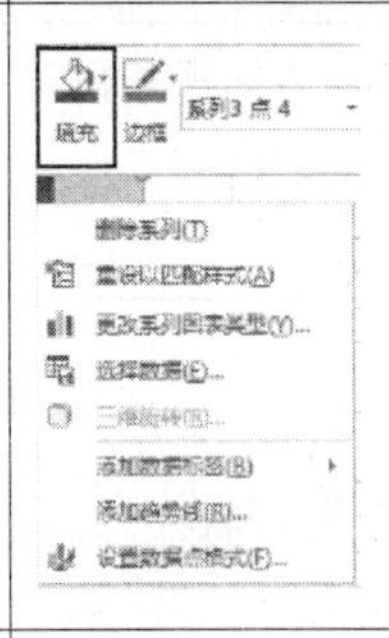
4. 从该列表中选择所需颜色。 选定的颜色应用于该块上。	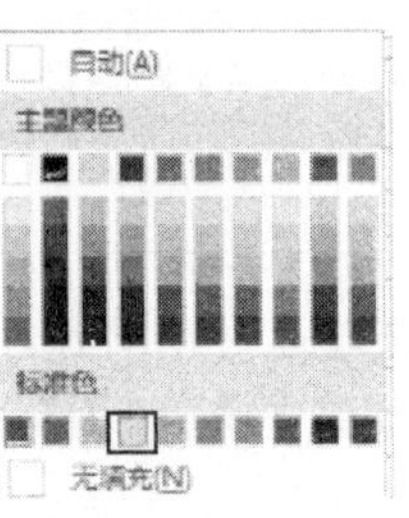

单击工作表中的任意单元格，取消选定该图表。

13.10 更改图表类型

概念

用户可以更改整个图表的图表类型，使其呈现不同的外观，或者针对任意单个数据系列选择不同的图表类型，从而将该图表转换为组合图表。有许多不同的图表类型，包括二维簇状柱形图、三维簇状柱形图、折线图、条形图等。

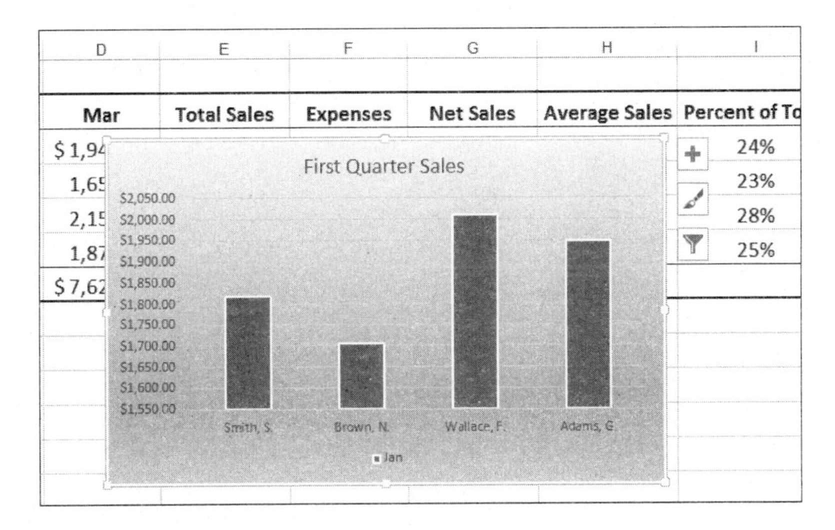

更新的图表类型

步骤

改变图表类型的步骤：

选择“设计”选项卡。

1. 选定该图表。 该图表周围出现选择手柄。	单击图表区域
2. 选择“类型”组中的“更改图表类型”按钮。 显示“更改图表类型”对话框。	更改 图表类型 类型

（续表）

3. 选择“推荐的图表”选项卡。 显示推荐的图表。	单击“推荐的图表”选项卡
4. 从对话框右窗格中的库中选择所需图表。 在库中突出显示该图表。	簇状柱形图 First Quarter Sales
5. 选择“确定”按钮。 “更改图表类型”对话框关闭，显示新的图表类型。	单击 确定

13.11 给图表添加数据标签

概念

图表中的数据标签有助于快速识别图表中特定点处的数据系列。它们默认关联到数据值并且在更改这些数据值时自动更新。

步骤

1. 选定该图表。 该图表被选定。	单击图表区域
2. 选择“设计”选项卡中的“图表布局”组中的“添加图表元素”按钮。 将显示“添加图表元素”选项。	单击“添加图表元素”
3. 选择“数据标签”。 将显示“数据标签”选项。	单击“数据标签”
4. 选择数据标签所需的位置。 从要应用于图表的数据标签位置列表中选择。	选择相应的位置。

提示：如果选择“数据标签”选项列表中的“其他数据标签选项”，可以选择诸如将数值或“%”显示为数据标签等选项。要移除数据标签，只需在“数据标签”菜单中选择“无”。

13.12 更改图表布局

概念

Excel 2016 提供了一些有用的图表布局，可以用于为图表呈现新的有趣外观。除了支持几十种类型外，许多布局会改变数据标签的位置，在不确定数据标签位置的情况下十分有用。

步骤

更改图表布局的步骤：

选定该图表。

1. 选择“图表布局”组中的“快速布局”按钮。 “图表布局”库打开。	
2. 选择“图表布局”库中的“布局 4”。 选定的布局应用于该图表。	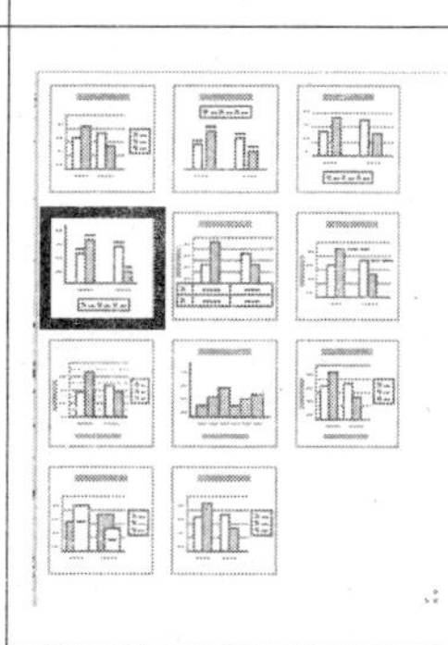

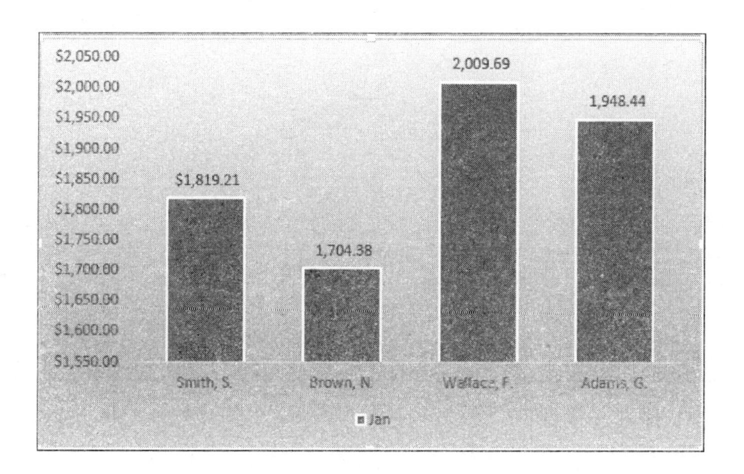

13.13 移动图表

步骤

将图表移动到新的工作表，可以更改图表位置。

选定该图表。

1. 选择功能区中的“设计”选项卡。 显示“设计”选项卡。	图表工具 设计 格式
2. 选择“位置”组中的“移动图表”按钮。 “移动图表”对话框打开。	移动图表 位置
3. 选择“新工作表”选项。 “新工作表”选项被选定。	单击“○新工作表”
4. 选择“确定”按钮。 “移动图表”对话框关闭，该图表移至新工作表。	单击 确定

13.14 删除图表

步骤

删除图表的步骤：

1. 选定该图表。 该图表被选定。	如有必要，单击图表区域
2. 按键盘上的 Delete 键。 删除选定的图表。	Delete

关闭工作簿，不保存。

13.15 回顾练习

创建嵌入式图表和设置嵌入式图表格式

1. 单开“ExChart. xlsx”文件。
2. 选择“Totals”工作表中的范围 A4：D10。
3. 插入“三维簇状柱形图”。
4. 移动该图表并调整图表大小，使该图表跨越单元格 A12 至 G25。
5. 将该图表类型更改为“簇状柱形图”。
6. 将该图表移至称为“总计图表”的新工作表。
7. 关闭工作簿，不保存。

第 14 课

使用页面设置

在本节中，你将学到以下知识：

- 工作表页边距
- 工作表方向
- 工作表页面大小
- 页眉和页脚
- 使用内置页眉和页脚
- 缩放工作表以适应页面
- 重复行和列标签
- 更改工作表选项

14.1 工作表页边距

概念

页边距是工作表数据与打印页面的边缘之间的空白区域。用户可以在页边距中插入页眉、页脚和页码。

用户可以使用预定义的页边距，指定自定义的页边距，或者使工作表在页面上水平/垂直居中。这将使打印出的工作表更加美观。

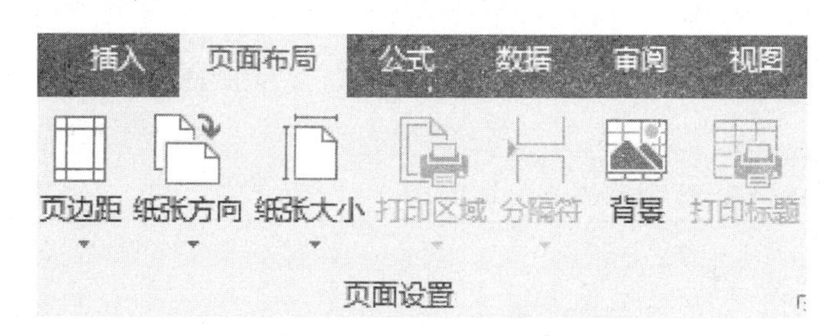

Excel 中“页面设置”组中的选项

步骤

更改工作表页边距的步骤：

打开“Student”文件夹中的“Margin. xlsx”。

1. 选择功能区中的“页面布局”选项卡。 显示“页面布局”选项卡。	单击“页面布局”
2. 选择“页面设置”组中的“页边距”按钮。 页边距库打开。	单击“页边距”按钮
3. 要使用预定义的页边距，需从页边距库中选择所需按钮。 Excel 应用选定的页边距，工作表中出现分页指示线。	单击“宽”

要设置具体的页边距，需选择“自定义页边距...”，然后设置上、下、左、右页边距。

概念实践：再次单击“页边距”按钮，从页边距库中选择“窄”。需注意分页指示线的新位置。

14.2 工作表方向

概念

在 Excel 中,可以选择纵向或横向页面方向,这样会影响打印页面的布局。

步骤

更改工作表方向的步骤:

1. 选择功能区中的"页面布局"选项卡。 显示"页面布局"选项卡。	单击"页面布局"
2. 选择"页面设置"组中的"纸张方向"按钮。 纸张方向库打开。	单击"纸张方向"
3. 选择"纵向"或"横向"。 所需的方向被选定,然后纸张方向库关闭。	单击"横向"

14.3 工作表页面大小

概念

在 Excel 中,还可以设置工作表页面大小,使之与计划用于打印工作表的纸张的大小相匹配。

步骤

更改页面大小的步骤:

1. 选择功能区中的"页面布局"选项卡。 显示"页面布局"选项卡。	单击"页面布局"
2. 选择"页面设置"组中的"纸张大小"按钮。 纸张大小库打开。	单击"纸张大小"
3. 选择所需的大小。 所需的大小被选定,然后纸张大小库关闭。	单击"A3(缩放比例)"

通过打开"页面布局"选项卡,转到"调整为合适大小"组,然后在"宽度"和"高度"框中输入所需的页数,还可以调整页面设置使工作表内容适应指定数量的页面。

14.4 页眉和页脚

概念

用户可以在打印的工作表顶部和底部添加页眉和页脚。例如,可以创建一个页脚,其中包含页码、日期和时间,以及文件名。可以在页面布局视图中插入页眉或页脚,也可以利用“页面设置”对话框。

在普通视图中,工作表上不显示页眉和页脚,页眉和页脚只在页面布局视图中以及打印页面上显示。

步骤

创建当前工作表的页眉和页脚的步骤:

步骤	操作
1. 选择“视图”选项卡。 显示“视图”选项卡。	单击“视图”
2. 选择“工作簿视图”组中的“页面布局”。 应用“页面布局”视图。	单击“页面布局”
3. 向上滚动以选择工作表中的页眉区域。 在标准选项卡右边显示“页眉和页脚工具设计”上下文选项卡,工作表上方出现三个页眉部分框,插入点定位在中央部分框中。	
4. 选择所需的部分框。 插入点定位在选定的框中。	单击左部分框。
5. 输入所需文本。 该部分框中显示该文本。	输入“Date printed-”
6. 要插入信息编码,需选择“设计”选项卡中的“页眉和页脚元素”组中的相应按钮。 该部分框中显示该编码。	单击 当前日期
7. 要输入页脚信息,需选择“设计”选项卡中的“导航”组中的“转至页脚”按钮。 Excel 显示页脚部分框,插入点定位在相应的页脚部分框中。	单击 转至页脚

（续表）

8. 选择所需的部分框。 插入点定位在选定的框中。	单击左部分框。
9. 输入所需的文本或者在“页眉和页脚元素”组中选择所需的编码。 该部分框中显示文本或编码。	单击 文件路径
10. 选择工作表中的任意单元格。 该单元格被选定。	单击 A1
11. 选择“视图”选项卡。 显示“视图”选项卡。	单击“视图”选项卡
12. 选择“工作簿视图”组中的普通按钮。 工作表返回到普通视图。	单击 普通 分页预览 页面布局 自定义视图 工作簿视图

概念实践：单击中央部分框。需注意，现在在左部分框中显示日期而非编码。输入“Monthly Sales Figures”。

步骤

在工作表中编辑或删除页眉和页脚中的文本的步骤：

1. 单击“插入”选项卡中的“文本”组中的“页眉和页脚”按钮。 在默认情况下，页眉部分打开；要转至页脚，需单击“设计”选项卡中的“导航”组中的“转至页脚”按钮。	文本框 页眉和页脚 艺术字 签名行 对象 文本
2. 根据需要，编辑或删除文本。 该文本将被删除。	删除相应文本

14.5 使用内置页眉和页脚

步骤

使用内置页眉和页脚的步骤：

1. 选择"插入"选项卡。 显示"插入"选项卡。	单击"插入"选项卡
2. 选择"文本"组中的"页眉和页脚"。 Excel 切换到页面布局视图,在标准选项卡右边显示"页眉和页脚工具设计"上下文选项卡,工作表上方出现三个页眉部分框,插入点定位在中央部分框中。	单击 文本框 页眉和页脚 艺术字 签名行 对象 文本
3. 在默认情况下,页眉部分打开;要转至页脚,需单击"设计"选项卡中的"导航"组中的"转至页脚"按钮。	单击 转至页脚
4. 向上滚动以选择工作表中的页眉区域。	向上滚动以选择页眉部分
5. 要插入内置页眉,需选择"设计"选项卡中的"页眉和页脚"组中的"页眉"按钮。 显示"页眉"菜单。	单击 页眉 页脚 页眉和页脚
6. 从"页眉"菜单中选择所需选项。 在该部分框中显示选定的页眉文本,"设计"选项卡关闭,然后显示"插入"选项卡。	单击"Sheet1, Confidential, Page 1"
7. 单击页眉中的任意位置。 显示"设计"选项卡。	单击页眉区域
8. 要插入内置页脚,需选择"设计"选项卡中的"页眉和页脚"组中的"页脚"按钮。 显示"页脚"菜单。	单击 页眉 页脚 页眉和页脚
9. 从"页脚"菜单中选择所需选项。 在该部分框中出现选定的页脚文本,"设计"选项卡关闭,然后显示"开始"选项卡。	单击"页脚"菜单的最后一个选项
10. 选择"视图"选项卡。 显示"视图"选项卡。	单击"视图"选项卡
11. 选择"工作簿视图"组中的"普通"按钮。 工作表变为普通视图。	单击 普通 分页预览 页面布局 自定义视图 工作簿视图

14.6 缩放工作表以适应页面

概念

通过缩小或放大工作表以进行打印,这样可以更好地适应打印页面。可以指定打印时工作表的页数,并且调整工作表比例以适应打印页面的纸张宽度。

步骤

缩放工作表以减少打印页面的步骤:

预览该工作表。滚动页面。需注意,打印的工作表将长达 6 页。然后关闭“打印预览”。

1. 选择“页面布局”选项卡。 显示“页面布局”选项卡。	单击“页面布局”选项卡
2. 选择“调整为合适大小”组中的“宽度”右边的箭头。 显示“宽度”列表。	单击“宽度”按钮上的 ▾
3. 选择要打印输出的工作表宽度所跨越页面数。 该选项被选定,然后调整“缩放”比例。	单击“1 页”
4. 选择“调整为合适大小”组中的“高度”右边的箭头。 显示“高度”列表。	单击“高度”按钮上的 ▾
5. 选择要打印输出的工作表高度所跨越页面数。 该选项被选定,然后调整“缩放”比例。	单击“2 页”

打开打印预览;需注意现在只有 2 个打印页面。关闭打印预览。

概念实践:选择“调整为合适大小”启动栏箭头,打开“页面设置”对话框。改变“调整为”数字,将工作表恢复到原来的设置。单击“确定”按钮。需注意,“调整为合适大小”组中的“宽度”和“高度”重置为“自动”。

14.7 重复显示行和列标题

概念

如果工作表跨越多个页面,用户可以设置在每个打印页面上显示行和列标题,以确保数据被正确地标记。

步骤

设置在每个打印页面上显示行或列标题的步骤：

在后台视图中预览文档。查看第 2 页和第 3 页。需注意，列上方没有标签。查看第 4—6 页。需注意，列左边没有标签。

1. 选择“页面布局”选项卡。 显示“页面布局”选项卡。	单击“页面布局”
2. 选择“打印标题”按钮。 出现“页面设置”对话框，显示“工作表”页面	打印标题
3. 选择“打印标题”下面的“顶端标题行”框右边的“折叠对话框”按钮。 “页面设置”对话框折叠。	单击“顶端标题行”
4. 要在单行中重复该标签，需单击该行的任意位置，或者拖动以选择多行。 拖动时，闪烁的轮廓线表示选定的行。	拖动单元格 A1 至 K4 以选定第 1 行至第 4 行
5. 松开鼠标按钮。 行被选定。	松开鼠标按钮
6. 单击“展开对话框”按钮。 “页面设置”对话框展开，在“顶端标题行”框中显示该范围。	单击
7. 选择“打印标题”下面的“左端标题列”框右边的“折叠对话框”按钮。 “页面设置”对话框折叠。	单击“左端标题列”
8. 要在单列中重复该标签，需单击该列中的任意位置，或者拖动以选择多列。 闪烁的轮廓线表示选定的列。	单击单元格 A1 以选定 A 列
9. 松开鼠标按钮。 列被选定。	松开鼠标按钮
10. 单击“展开对话框”按钮。 “页面设置”对话框展开，该范围出现在相应的框中。	单击
11. 选择“确定”。 “页面设置”对话框关闭。	单击 确定

预览第 1 页至第 3 页。需注意，单元格 A1 和 A2 中的标题以及第 4 行中的月份出现在每页顶端。查看第 4 页至第 6 页。需注意，A 列中的标题出现在每页左端，并

且单元格 A1 和 A2 中的标题以及第 4 行中的月份出现在每页顶端。关闭打印预览。

14.8 更改工作表选项

概念

Excel 中有各种可以更改的选项,可以根据自己的喜好更快、更轻松地设置工作簿。

步骤

更改网格线和标题选项的步骤:

1. 选择“页面布局”。 显示“页面布局”选项卡。	单击“页面布局”选项卡
2. 要隐藏或显示屏幕上的网格线,需根据需要取消选择或选择“工作表选项”组中的“网格线”下方的“查看”选项。 相应地隐藏或显示网格线。	网格线 标题 ☑ 查看 ☑ 查看 ☐ 打印 ☐ 打印 工作表选项
3. 要启用或禁用网格线以进行打印,需根据需要选择或取消选择“工作表选项”组中的“网格线”下方的“打印”选项。 相应地启用或禁用网格线以进行打印。	网格线 标题 ☑ 查看 ☑ 查看 ☐ 打印 ☐ 打印 工作表选项
4. 要隐藏或显示屏幕上的列和行标题,需根据需要取消选择或选择“工作表选项”组中的“标题”下方的“查看”选项。 相应地隐藏或显示标题。	网格线 标题 ☑ 查看 ☑ 查看 ☐ 打印 ☐ 打印 工作表选项
5. 要启用或禁用列和行标题以进行打印,需根据需要选择或取消选择“工作表选项”组中的“标题”下方的“打印”选项。 相应地启用或禁用标题以进行打印。	网格线 标题 ☑ 查看 ☑ 查看 ☐ 打印 ☐ 打印 工作表选项

关闭“Margin. xlsx”，不保存。

14.9 回顾练习

 使用页面设置

1. 打开“ExMargin. xlsx”。
2. 将所有页边距更改为“0.5”，并且将页眉和页脚边距更改为“0.25”。
3. 使工作表水平居中于页面上。
4. 将方向更改为横向，将工作表调整为 1 页宽，3 页高。
5. 选择内置页脚“第 1 页，共？页(Page 1 of ?)”。
6. 通过添加标题“District Sales Report”来创建一个自定义页眉。使该标题居中。
7. 创建自定义页脚。在左端添加文件名，在右端添加日期。不移除中央的页码。
8. 选择工作表中的任意单元格，然后返回到普通视图。
9. 设置选项，打印网格线。
10. 在每一打印页面顶端重复月份(第 4 行)。
11. 在每一打印页面左端重复地区和产品名称(A 列)。
12. 预览工作表的所有页面。
13. 使工作表垂直居中，并将缩放比例返回为“100%”。
18. 将工作表返回到普通视图。
19. 关闭工作簿，不保存。

第 15 课

打　印

在本节中,你将学到以下知识:

- 打印预览
- 打印当前工作表
- 对所有打印页面应用自动打印标题行
- 打印选定的范围
- 设置打印页面范围
- 打印多份

15.1 打印预览

概念

预览和打印在 Microsoft Office 后台视图执行。

步骤

在打印之前预览当前工作表的步骤：

打开“Student 文件夹”中的“Print. xlsx”。

1. 选择“文件”选项卡。 出现后台视图。	单击 文件
2. 选择“打印”选项。 右窗格上显示该文档的预览。	单击 打印
3. 选择“缩放到页面”按钮。 预览放大。	单击
4. 再次单击“缩放到页面”按钮。 预览缩小。	单击
5. 选择“下一页”箭头，在多页打印输出中查看下一页。 打印预览中显示下一页。	单击 ▸
6. 选择“上一页”箭头，在多页打印输出中查看上一页。 打印预览中显示上一页。	单击 ◂

15.2 打印当前工作表

步骤

打印当前工作表的步骤：

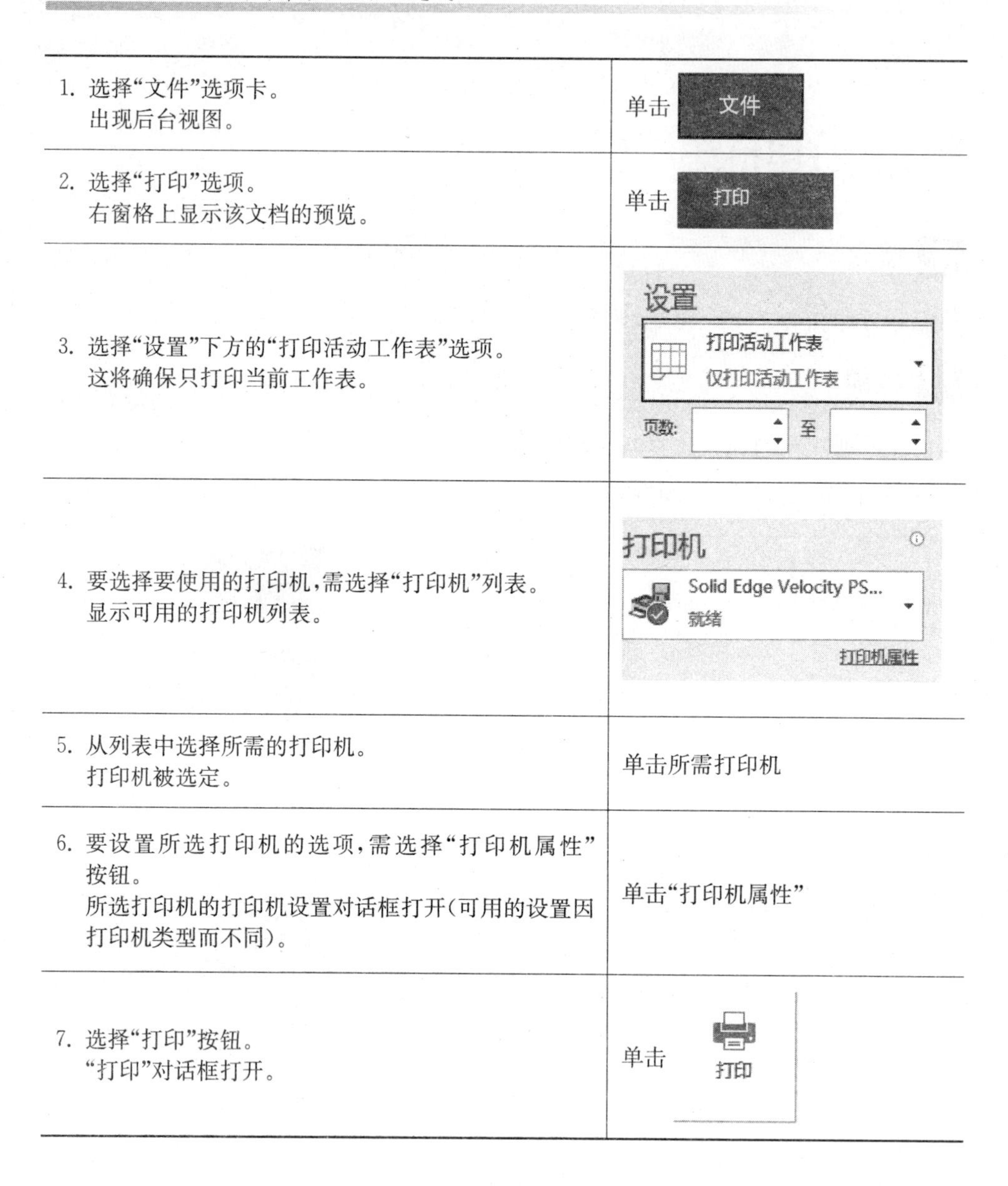

1. 选择“文件”选项卡。 出现后台视图。	单击 文件
2. 选择“打印”选项。 右窗格上显示该文档的预览。	单击 打印
3. 选择“设置”下方的“打印活动工作表”选项。 这将确保只打印当前工作表。	设置 打印活动工作表 仅打印活动工作表 页数: 至
4. 要选择要使用的打印机，需选择“打印机”列表。 显示可用的打印机列表。	打印机 Solid Edge Velocity PS... 就绪 打印机属性
5. 从列表中选择所需的打印机。 打印机被选定。	单击所需打印机
6. 要设置所选打印机的选项，需选择“打印机属性”按钮。 所选打印机的打印机设置对话框打开(可用的设置因打印机类型而不同)。	单击“打印机属性”
7. 选择“打印”按钮。 “打印”对话框打开。	单击 打印

15.3 对所有打印页面应用自动打印标题行

概念

对工作表的所有打印页面应用自动打印标题行对于可能包含大量数据的长表格非常有用。每页上都有一个标题行便于定位正查看的内容。

步骤

1. 选择“页面布局”选项卡。 显示“页面布局”选项卡。	选择“页面布局”选项卡
2. 选择“页面设置”组中的“打印标题”按钮。 将显示“页面设置”对话框。	单击 打印标题
3. 单击“顶端标题行”框右边的“折叠对话框”按钮。 可以选择想要重复的行。	单击
4. 选择要在打印页面顶端重复的行。 行被选定。	单击工作表中的第 4 行
5. 单击“展开对话框”按钮。 “页面设备”对话框展开，该范围出现在相应的框中。	单击
6. 单击“确定”按钮。 将执行所选内容。	单击 确定

15.4 打印选定的工作表范围

步骤

打印选定的工作表范围的步骤：

1. 选择要打印的范围。 拖动时，该范围被选定。	拖动以选择 A1：H10
2. 松开鼠标按钮。 该范围被选定。	松开鼠标按钮
3. 如有必要，按住 Ctrl 键，并且选择其他范围。 拖动时，其他范围被选定。	按住 Ctrl 键，并且拖动以选择 A18：H22
4. 松开鼠标按钮。 其他范围被选定。	松开鼠标按钮
5. 选择“文件”选项卡。 出现后台视图。	单击 文件
6. 选择“打印”选项。 右窗格上显示该文档的预览。	单击 打印

（续表）

7. 从“设置”列表中选择“打印选定区域”。 选择该选项。	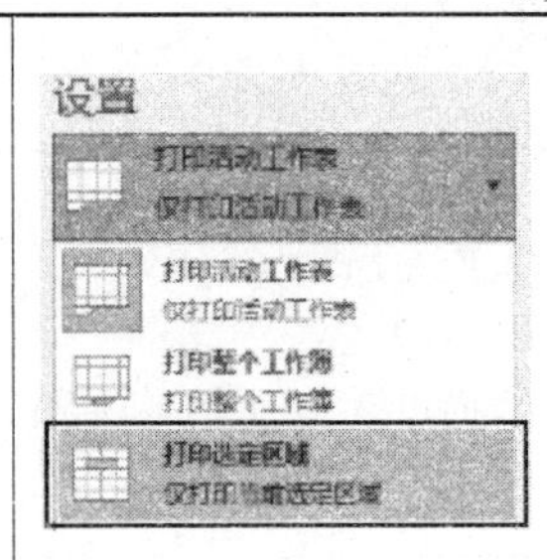
8. 选择“打印”按钮。 打印预览关闭，Excel 打印选定的范围。	

单击任意单元格，取消选定该范围。

15.5 设置打印页面范围

步骤

设置打印页面范围的步骤：

1. 选择“文件”选项卡。 出现后台视图。	单击 文件
2. 选择“打印”选项。 右窗格上显示该文档的预览。	单击 打印
3. 输入要打印的页面范围。 “页数”框中显示数字。	在页数选项的第一个框中输入 2，在第二个框中输入 3。 页数: 至
4. 选择“打印”按钮。 “打印”对话框打开。	单击 打印

15.6 打印多份工作表

步骤

打印多份工作表的步骤：

1. 选择范围 A4：H10。	选择范围 A4：H10
2. 选择“文件”选项卡。 出现后台视图。	单击 文件
3. 选择“打印”选项。 右窗格上显示该文档的预览。	单击 打印
4. 在“份数”选值框中输入要打印的份数。 “份数”选值框中显示数字。	单击“份数”选值框中的向上箭头，在“份数”选值框中显示“2” 份数: 2
5. 选择“打印”按钮。 “打印”对话框打开。	单击 打印

关闭“Print. xlsx”，不保存。

15.7 回顾练习

打印

1. 打开“ExPrint. xlsx”。
2. 预览该工作表。
3. 缩放到页面；然后缩小。
4. 利用“打印”按钮打印当前工作表。
5. 选择地区 1 和地区 2 从“1 月份”至“第 2 季度总计”的数据（A4：I16）。
6. 将选定的范围打印两份。
7. 只打印工作表的第 2 页和第 3 页。
8. 关闭工作簿，不保存。

ICDL 试算表课程大纲

编号	ICDL 任务项	位置
1.1.1	打开、关闭试算表应用程序。打开、关闭试算表。	1.1 启动 Excel 2016 1.5 打开工作簿 1.7 关闭工作簿 1.12 关闭和退出 Excel
1.1.2	利用默认模板、其他可用的本地模板或联机模板创建新试算表。	1.4 创建工作簿
1.1.3	将试算表保存到本地联机驱动器上的某个位置。将试算表另存为另一名称，保存到本地联机驱动器上的某个位置。	1.6 保存新工作簿 3.10 将工作簿保存为另一名称
1.1.4	把试算表另存为另一文件类型：文本文件、pdf、csv、特定软件的文件扩展名。	3.11 将工作簿保存为另一文件类型
1.1.5	在打开的试算表之间进行切换。	1.5 打开工作簿
1.2.1	设置该应用程序中的基本选项/首选项：用户名、打开和保存试算表的默认文件夹。	1.3 Excel 选项
1.2.2	使用可用的帮助资源。	2.1 使用 Microsoft Excel 帮助和资源 2.2 运用 Excel 帮助
1.2.3	使用放大/缩放工具。	1.11 使用放大/缩放工具
1.2.4	显示、隐藏内置工具栏。还原、最小化功能区。	1.10 隐藏功能区
1.2.5	了解在试算表中导航的好方法：使用快捷方式、转到工具。	3.1 利用键盘选定单元格/导航工作薄 3.4 使用“转到”命令
1.2.6	使用转到工具导航到具体的单元格。	3.4 使用“转到”命令
2.1.1	了解工作表中的一个单元格只应包含一个数据元素，例如，数量在一个单元格中，描述在相邻单元格中。	3.5 输入文本
2.1.2	了解创建列表的好方法：避免列表主体中出现空白行和列，确保列表四周的单元格是空白的。	12.1 排序
2.1.3	在单元格中输入数字、日期、文本。	3.6 输入数字 3.5 输入文本

（续表）

编号	ICDL 任务项	位置
2.1.4	选择一个单元格、一组相邻的单元格、一组不相邻的单元格、整个工作表。	4.1 选择一个单元格 4.2 选择一组相邻的单元格 4.3 选择一组不相邻的单元格 4.4 选择整个工作表
2.2.1	编辑单元格内容。	3.5 输入文本 3.6 输入数字
2.2.2	使用撤销、恢复命令。	11.8 撤销和恢复
2.2.3	使用搜索命令，在工作表中查找指定内容。	12.2 查找数据
2.2.4	使用替换命令，替换工作表中的指定内容。	12.4 替换数据
2.2.5	按一个标准对单元格范围按字母升序、降序排序。	12.1 排序
2.3.1	在工作表中、工作表之间、已打开的试算表之间复制单元格、单元格范围中的内容。	8.8 插入剪切或复制的单元格
2.3.2	使用自动填充/复制手柄工具复制、增加数据、公式、函数。	11.6 填充单元格
2.3.3	在工作表中、工作表之间、已打开的试算表之间移动单元格、单元格范围的内容。	8.8 插入剪切或复制的单元格
2.3.4	删除单元格内容。	3.8 编辑数据
3.1.1	选择整行、一组相邻的行、一组不相邻的行。	4.5 选择整行 4.6 选择一组相邻的行 4.7 选择一组不相邻的行
3.1.2	选择整列、一组相邻的列、一组不相邻的列。	4.8 选择整列 4.9 选择一组相邻的列 4.10 选择一组不相邻的列
3.1.3	插入、删除行和列。	5.4 插入列和行 5.5 删除列和行
3.1.4	将列宽、行高更改为指定值、最优列宽或行高。	5.1 调整列宽 5.2 调整行高 5.3 自动调整列
3.1.5	冻结、取消冻结行和/或列标题。	5.6 冻结和取消冻结列和行
3.2.1	在工作表之间进行切换。	1.8 处理工作表
3.2.2	插入新工作表、删除工作表。	1.8 处理工作表
3.2.3	了解命名工作表的好方法：使用有意义的工作表名称而不是接受默认名称。	1.8 处理工作表
3.2.4	在试算表内、试算表之间复制、移动工作表。重命名工作表。	1.8 处理工作表

（续表）

编号	ICDL 任务项	位置
4.1.1	了解创建公式的好方法：在公式中使用单元格引用而不是输入数字。	10.1 使用基本公式
4.1.2	使用单元格引用和数学运算符（加、减、乘、除）创建公式。	10.1 使用基本公式 10.2 输入公式
4.1.3	识别和了解与公式相关的标准错误值：“#NAME?”“#DIV/0!”“#REF!”“#VALUE!”。	10.10 错误检查
4.1.4	了解并在公式中创建相对、绝对单元格引用。	10.11 创建绝对引用
4.2.1	使用 SUM（求和）、AVERAGE（平均数）、MINIMUM（最小值）、MAX（最大值）、COUNT（计数）、CONUTA、ROUND（四舍五入）函数。	10.3 基本函数
4.2.2	使用逻辑函数“IF”（返回两个指定值中的一个），在公式中使用比较运算符：“=”“>”“<”。	10.12 使用 IF 函数
5.1.1	设置单元格格式：显示数字，指定小数位数，使用或不使用千位分隔符。	6.4 千位分隔样式 6.5 小数位
5.1.2	设置单元格格式：显示日期，显示货币符号。	6.2 会计数字格式
5.1.3	设置单元格格式：将数字显示为百分比样式。	6.3 百分比样式
5.2.1	对单元格内容设置文本格式：字号、字体类型。	7.2 更改字体 7.3 更改字号
5.2.2	对单元格内容设置格式：加粗、倾斜、下划线、双下划线。	7.4 加粗和倾斜样式 7.5 给文本加下划线
5.2.3	对单元格内容、单元格背景应用不同的颜色。	7.6 字体颜色
5.2.4	对单元格范围应用自动套用格式/表格样式。	7.10 利用自动套用格式应用表格样式
5.2.5	将一个单元格、单元格范围的格式复制到另一单元格、单元格范围。	8.7 格式刷
5.3.1	对一个单元格、单元格范围的内容应用自动换行，取消自动换行。	7.8 自动换行
5.3.2	对齐单元格内容：水平、垂直。调整单元格内容的方向。	7.1 设置文本格式 7.7 旋转文本 8.2 垂直对齐
5.3.3	合并单元格，使单元格内容在合并单元格中居中。取消单元格合并。	8.1 合并单元格
5.3.4	对单元格、单元格范围应用、移除边框效果：线条类型、颜色。	8.4 添加边框 8.5 绘制边框

（续表）

编号	ICDL 任务项	位置
6.1.2	使用电子表格数据创建不同类型的图表：柱形图、条形图、折线图、饼图。	13.1　插入柱形图 13.2　插入折线图 13.3　插入条形图 13.4　插入饼图
6.1.3	选择一个图表。	13.1　插入柱形图
6.1.4	更改图表类型。	13.10　更改图表类型
6.1.5	移动、删除图表，调整图表大小。	13.5　移动图表和调整图表大小
6.2.1	添加、移除、编辑图表标题。	13.6　添加图表标题
6.2.2	添加、移除图表图例。	13.8　设置图表图例、图表标题、图表坐标轴格式
6.2.3	给图表添加、移除数据标签：数值/数字，百分数。	13.11　给图表添加数据标签
6.2.4	更改图表区背景颜色、图例填充颜色。	13.8　设置图表图例、图表标题、图表坐标轴格式 13.7　更改图表背景
6.2.5	更改图表中的柱、条、线饼块颜色。	13.9　更改柱、条、线或饼块颜色
6.2.6	更改图表标题、图表坐标轴、图表图例文本的字号和颜色。	13.8　设置图表图例、图表坐标轴、图表标题格式
7.1.1	更改工作表页边距：上边距、下边距、左边距、右边距。	14.1　工作表页边距
7.1.2	更改工作表方向：纵向、横向，更改纸张大小。	14.2　工作表方向
7.1.3	调整页面设置以使工作表内容放在指定数量的页面上。	14.6　缩放工作表以适应页面
7.1.4	在工作表中添加、编辑、删除页眉、页脚中的文本。	14.4　页眉和页脚
7.1.5	在页眉、页脚中插入、删除域：页码信息、日期、时间、文件名、工作表名。	14.4　页眉和页脚 14.5　使用内置页眉和页脚
7.2.1	检查和更正试算表计算和文本。	3.9　拼写检查 10.10　错误检查
7.2.2	打印时显示或不显示网格线，显示行和列标题。	14.8　更改工作表选项
7.2.3	对工作表的每一页应用自动打印标题行。	15.3　对所有打印页面应用自动打印标题行

（续表）

编号	ICDL 任务项	位置
7.2.4	预览工作表。	15.1 打印预览
7.2.5	打印工作表中选定的单元格范围、整个工作表、指定份数的工作表、整个试算表、选定的图表。	15.2 打印当前工作表 15.4 打印选定的工作表范围 15.5 设置打印页面范围 15.6 打印多份工作表

祝贺你！你已经学完 ICDL 试算表这部分内容。

你已经学习了与试算表应用相关的关键技能，包括：

- 处理试算表，并将其另存为不同的文件格式。
- 使用该应用程序的内置选项（如帮助功能），提高工作效率。
- 在单元格中输入数据；用正确的方法创建列表。
- 选中、排序、复制、移动和删除数据。
- 编辑工作表中的行和列。
- 复制、移动、删除和重命名工作表。
- 使用标准试算表功能创建数学和逻辑公式；使用正确的方法创建公式；识别公式中的错误值。
- 设置试算表中数字和文本内容的格式。
- 选择、创建以及设置图表格式，准确表达信息。
- 调整试算表页面设置。
- 在最终打印试算表之前检查和更正试算表内容。

学习到这个阶段后，你应该准备参加 ICDL 认证考试。有关参加考试的更多信息，请联系你所在地的 ICDL 考试中心。

第 1 课

探索 Microsoft PowerPoint 2016

在本节中，你将学到以下知识：

- 使用 PowerPoint
- 启动 PowerPoint
- PowerPoint 选项
- 使用 PowerPoint 帮助
- 退出 PowerPoint

1.1 使用 PowerPoint 2016

概念

Microsoft PowerPoint 2016(简称演示文稿 2016)是一款用于编辑、放映幻灯片的程序。该程序用于制作包含影片、声音、文本、图形以及图表的动态幻灯片。可用于正式/非正式演讲及会议,也可用于在线演讲。

PowerPoint 2016 的用户界面让创建、展示与分享演讲更加便捷与直观。功能区、选项卡以及不同图标的使用,使得 PowerPoint 2016 将常见任务聚集在同一个地方。

使用主题可以为演示文稿应用一致的外观,进行一步操作,演示文稿就可整体应用共同背景、字体样式及页面。主题种类多样,用户可以很方便地找到需要的主题。当与其他人一起工作时,也可添加评论以提出问题并获得反馈。

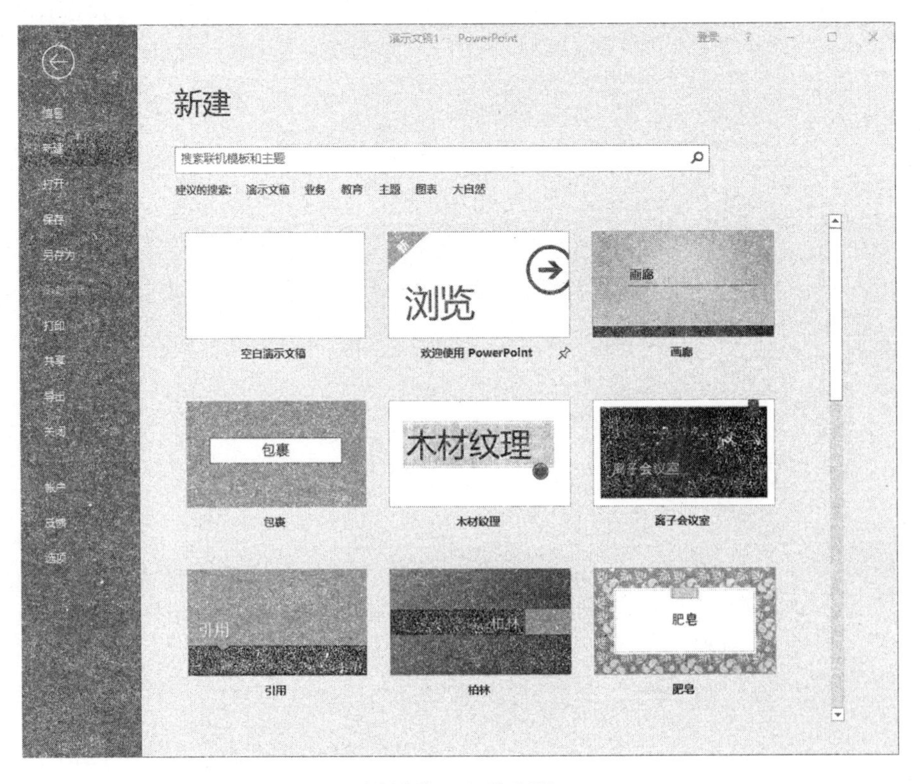

默认演示文稿主题

1.2 启动 PowerPoint 2016

步骤

启动 PowerPoint 2016 的步骤：

1. 选中任务栏中的“开始”图标。 “开始”菜单出现。	单击
2. 找到“最近添加”下的程序列表。 滚动条出现。	垂直居中
3. 滚动并选定“PowerPoint 2016”。 微软 PowerPoint 2016 主界面打开。	PowerPoint 2016
4. 单击模板列表中的“空白演示文稿”。 空白演示文稿打开。	空白演示文稿

1.3 使用快速访问工具栏

概念

该自定义工具栏中可添加常用命令。用户可单击该工具栏末端的向下箭头以显示可用选项。

步骤

使用快速访问工具栏的步骤：

1. 选定快速访问工具栏右侧的箭头。 “自定义快速访问工具栏”菜单出现。	

（续表）

2. 选定“在功能区下方显示”。 “自定义快速访问工具栏”关闭并在功能区下方显示。	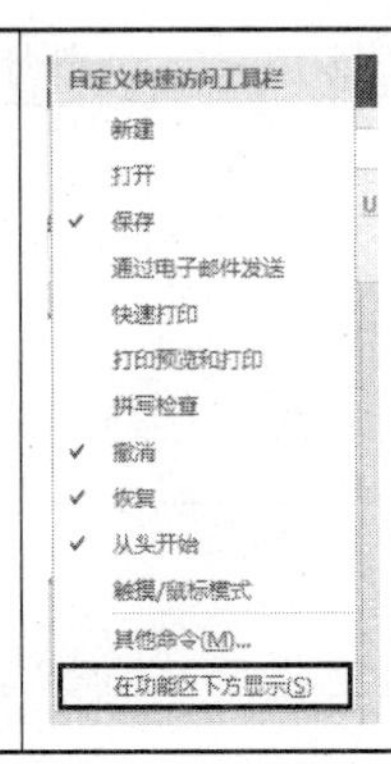

小贴士：双击演示文稿任意选项卡都可最小化功能区。若最大化功能区需重复双击栏标的操作。

单击屏幕右上角的“功能区显示选项”按钮并选定“自动隐藏功能区”即可隐藏所有工具栏以及功能区。如需还原则单击“功能区显示选项”以及“显示选项卡及命令”。

1.4 PowerPoint 选项

概念

通过设置 PowerPoint 选项，可为演示文稿的创作者创建一个默认用户名，并且可设置一个用以保存及打开演示文稿的默认文件夹。

步骤

创建默认用户名的步骤：

1. 单击“文件”选项卡。 后台视图展现。	单击 文件
2. 单击“选项”按钮。 “PowerPoint 选项”对话框展现。	单击 选项
3. 在“对 Microsoft Office 进行个性化设置”中输入用户名和姓名缩写(可选项)。 作者将被定义完成。	对 Microsoft Office 进行个性化设置 用户名(U): Administrator 缩写(I): A
4. 修改生效。 保存修改。	单击“确定”

创建打开与保存文件的默认文件夹的步骤：

1. 单击“文件”选项卡。 后台视图展现。	单击 文 件
2. 单击“选项”按钮。 “PowerPoint 选项”对话框展现。	单击 选 项
3. 打开“保存”选项卡。 “保存”选项卡展现。	单击 保 存
4. 在“默认本地文件位置”对话框中输入文件位置路径。	默认本地文件位置(I): C:\Users\Administrator\Documents\

1.5 使用 PowerPoint 帮助

概念

用户可通过 PowerPoint 帮助工具获得有关演示文稿任务或功能的帮助，使用功能键 F1 即可启动“帮助”窗口。可利用演示文稿“帮助”窗口获取帮助、培训以及问题的解答。PowerPoint 程序还提供在线教程。

步骤

使用 PowerPoint 帮助的步骤：

1. 按下 F1 功能键。 “帮助”面板打开，在应用程序窗口右侧显示多个主题。	F1

（续表）

2. 在搜索框输入“母版幻灯片”。 搜索框出现文本。	
3. 单击“搜索”按钮。 帮助窗口展现结果列表。	
4. 选中所需的搜寻结果。 同一窗格中的帮助主题打开。	如果需要，滚动并单击“什么是幻灯片母版”

小贴士：访问 Microsoft Office 联机帮助，需单击“文件”选项卡，然后单击窗口右上角的“帮助”图标 ? 。将启动默认网页浏览器，打开 Office 帮助网站。

1.6 退出 PowerPoint

概念

当准备退出 PowerPoint 时，可选择不同方式关闭程序：

- 单击 PowerPoint 2016 程序窗口右上角的关闭(×)按钮。
- 单击 PowerPoint 2016 程序窗口左上角快速访问工具栏左边的空白处并单击“关闭”命令。
- 按 Alt+F4 键。

需注意的是若同时打开多个演示文稿，需逐个关闭演示文稿以退出程序。

如在使用演示文稿之后没有保存最近更改就退出演示文稿，PowerPoint 会弹出警示框询问是否保存更改。如单击“保存”按钮，将在退出前保存更改；如不想保存更改，单击“不保存”按钮。

步骤

退出 PowerPoint 的步骤：

1. 单击快速访问工具栏左上角的空白区。 弹出菜单打开。	
2. 单击“关闭”命令。 演示文稿关闭。	单击 还原(R) 移动(M) 大小(S) 最小化(N) 最大化(X) 关闭(C) Alt+F4

如提示“是否保存对‘演示文稿 1’的更改?”,单击“否”。

1.7 回顾练习

探索演示文稿 2016

1. 打开 Microsoft PowerPoint 2016。
2. 移动快速访问工具栏使之出现在功能区下方。
3. 最小化功能区。
4. 熟悉每个选项内容。
5. 最大化功能区。
6. 将演示文稿用户名修改为姓名(提示:“文件”选项卡,“选项”命令)。
7. 关闭演示文稿,不保存。

第 2 课

演示文稿基本使用技能

在本节中，你将学到以下知识：

- 插入文本至演示文稿
- 保存新建演示文稿
- 关闭演示文稿
- 新建演示文稿
- 打开现有演示文稿
- 添加新幻灯片
- 重命名现有演示文稿
- 保存演示文稿为另一种文件类型
- 切换已打开的演示文稿

2.1 插入文本至演示文稿

概念

用户可将文本添加到文本占位符、文本框以及形状中。标题文本占位符边框为虚线。在文本占位符中插入文本时，良好的习惯十分重要，包括：

- 使用简短、精确的短语
- 使用项目符号
- 使用编号列表

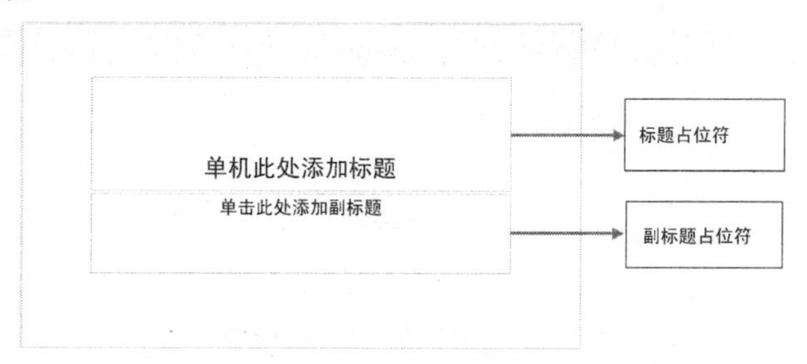

步骤

在幻灯片占位符中插入或编辑文本的步骤：

打开演示文稿，选中“空白演示文稿”。首张幻灯片中应包含标题以及副标题占位符。每张幻灯片使用不同标题是一种标准操作方法，可使其在大纲视图与幻灯片放映视图中更容易被辨认识别。

1. 选中想要添加文本的占位符。 占位符出现带有缩放边框的阴影边框，占位符出现插入点。	单击标题文本占位符
2. 输入所需文本。 占位符中出现文本。	输入“Worldwide Telephony Sales”
3. 单击“Sales”，并将其改为“Trading”。 文本出现“Worldwide Telephony Trading”。	输入“Trading”
4. 取消选中占位符，需单击它的外部。 占位符取消选定，幻灯片窗格出现文本。	单击占位符外部

最终结果

用户也可以在大纲视图中输入文本。即在左侧窗口中的幻灯片编号旁边输入文本。

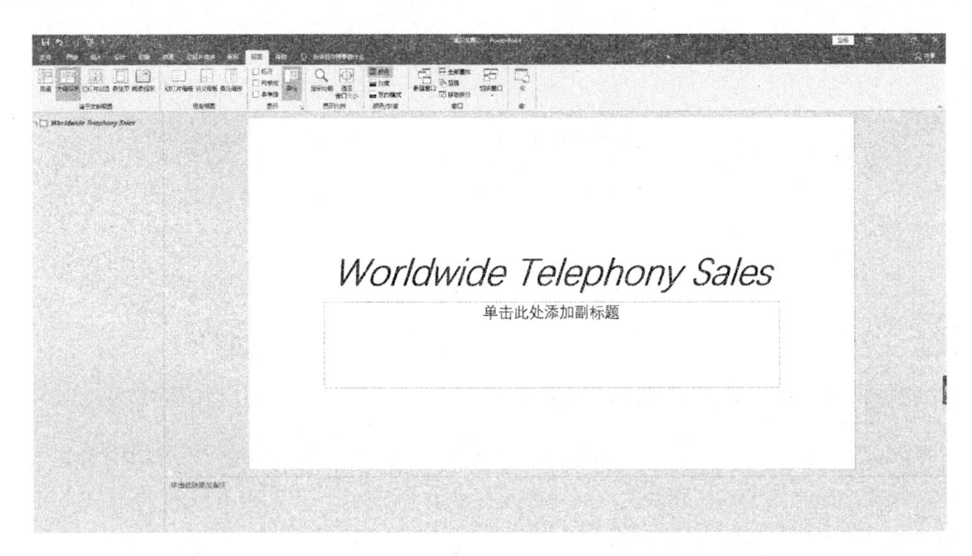

PowerPoint 大纲视图

2.2 保存新建演示文稿

概念

演示文稿中的文本、图片、声音以及视频文件都可保存。可使用“文件”选项卡以及快速访问工具栏保存文件。若想将演示文稿保存至云存储空间中，单击“OneDrive”并注册（或登录）。如需在云计算中添加 Office 365 SharePoint 或 OneDrive 地址，单击“添加位置”。

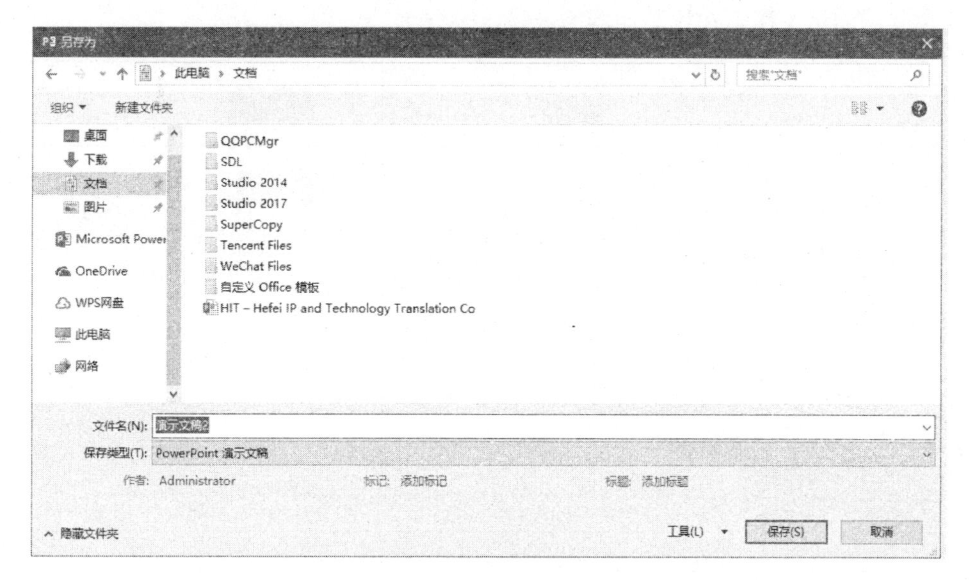

"另存为"对话框

步骤

保存新建演示文稿至本地驱动器的步骤：

创建一个空白演示文稿。

1. 打开后台视图。 后台视图出现。	单击"文件"选项卡
2. 选定"保存"选项。 "另存为"窗口出现。	单击"保存"命令
3. 单击"浏览"按钮。 "另存为"对话框出现。	单击 浏览
4. 选定存储演示文稿的驱动器。 可用文件夹列表出现。	单击"Student"文件夹所在的驱动器
5. 打开用于保存演示文稿文件夹。 文件夹内容出现。	双击打开"Student"文件夹
6. 输入所需文件名。 该文件替换"文件名"框中已有文件。	输入"WTS 演示文稿"
7. 单击"保存"按钮。 保存对话框关闭，演示文稿存入选定驱动器与文件夹，文件名在应用程序标题栏出现。	单击 保存(S)

保存新建演示文稿至在线驱动器的步骤：

1. 单击“文件”选项卡。 后台视图出现。	单击 文件
2. 单击“保存”命令。 “另存为”窗口出现。	单击 保存
3. 选择“位置”。 演示文稿将询问是否登录 OneDrive。根据提示步骤登录。	单击“OneDrive”
4. 如有需要，选定 OneDrive 文件夹保存文件。 演示文稿将打开选定文件夹并展示文件夹中所存演示文稿。	单击文件夹位置
5. 输入所需文件名。 “文件名”框出现文本。	输入“WTS 演示文稿”
6. 单击“保存”按钮以保存文件至 OneDrive。 “另存为”窗口关闭，文件存至选定驱动器，文件名在应用程序标题栏出现。	单击“保存”按钮

概念实践：点击“单击此处添加副标题”占位符并输入“Quarterly Overview”。单击占位符外部并再次使用“保存”按钮保存文件。

需注意“另存为”对话窗口不打开；更改后文件将存至“Student”文件夹中的已有“WTS 演示文稿”中。练习结束后，删除此文件。

小贴士：可使用快捷键 Ctrl+S 快速保存演示文稿。

2.3 关闭演示文稿

概念

完成演示文稿操作后，需将其整齐放入文件夹中。在退出 PowerPoint 前无需关闭文件。若未关闭文件就退出 PowerPoint，PowerPoint 程序将同时关闭文件。仅当需要操作另一文件，而又不想同时打开多个文件时，才需要关闭当前文件。

步骤

关闭演示文稿的步骤：

打开“Student”文件夹中的“Land Tour. pptx”。

1. 单击“文件”选项。 后台视图展现。	单击 文件
1. 单击“关闭”按钮。 演示文稿关闭。	单击 关闭

若弹出消息框询问“是否将更改文件保存至当前演示文稿?”,选定“不保存”。

小贴士:可使用快捷键 Ctrl+W 关闭演示文稿。

2.4 新建演示文稿

概念

用户可通过单击“文件”选项卡并单击“新建”命令来新建演示文稿。PowerPoint 提供了许多模板,可以使用搜索功能,选择本地模板或者联机模板来创建演示文稿。

步骤

使用本地模板创建一个新的空白演示文稿的步骤:

1. 单击“文件”选项卡。 后台视图展现。	单击 文件
2. 单击“新建”按钮。 “新建”对话框出现。	单击 新建

（续表）

3. 选择“空白演示文稿”选项。 新建演示文稿出现在工作区。	单击 空白演示文稿

关闭演示文稿，不保存更改。

使用联机模板新建演示文稿的步骤：

1. 单击“文件”选项卡。 后台视图展现。	单击 文件
2. 单击“新建”按钮。 “新建”对话框出现。	单击 新建
3. 单击“搜索联机模板和主题”搜索框。 搜索框中出现光标。	单击 搜索联机模板和主题
4. 搜索需插入演示文稿中的模板类型。 在线模板列表出现。	输入“商业”并按 Enter 键
6. 为演示文稿选择适当模板。 新建演示文稿出现在工作区。	单击“商业策略演示文稿”并单击“创建”按钮。

关闭演示文稿，不保存更改。

2.5 打开现有演示文稿

概念

可在 PowerPoint 程序中打开现有的演示文稿进行查看或编辑。

步骤

打开现有演示文稿的步骤：

1. 单击“文件”选项卡。 后台视图展现。	单击 文件

（续表）

2. 在菜单中选择“打开”命令。 “打开”对话框出现。	单击 打开
3. 单击“浏览”按钮。 “打开”对话框打开。	单击 浏览
4. 选择所需打开的演示文稿所在的驱动器。 可利用文件夹列表出现。	单击“Student”文件夹所在驱动器
5. 打开所需打开的演示文稿所在的文件夹。 文件夹内容出现。	双击打开“Student”文件夹
6. 选择所需打开的演示文稿文件名称。 文件名称被选中。	滚动并单击“WORLD01. pptx”文件
7. 单击“打开”按钮。 打开对话框关闭，演示文稿打开。	单击 打开(O)

小贴士：可使用快捷键 Ctrl＋O 打开演示文稿。

2.6 添加新幻灯片

步骤

添加新幻灯片至演示文稿的步骤：
在“Student”文件夹中打开 WORLD01. pptx 文件。

1. 单击“开始”选项卡。 开始功能区展现。	单击 开始
2. 单击“幻灯片”组中“新建幻灯片”按钮。 新幻灯片出现当前幻灯片后。	单击 新建幻灯片
3. 选择位于左边的幻灯片/大纲窗格中的幻灯片 1。 幻灯片 1 在主幻灯片编辑窗格展现并在幻灯片/大纲窗格突出显示。	单击幻灯片/大纲窗格中的幻灯片 1
4. 单击垂直滚动条底部的“下一张幻灯片”按钮。 幻灯片 2 在主幻灯片编辑窗格展现并在幻灯片/大纲窗格突出显示。	单击

（续表）

5. 单击垂直滚动条底部的“上一张幻灯片”按钮。 幻灯片 1 在主幻灯片编辑窗格展现并在幻灯片/大纲窗格突出显示。	单击 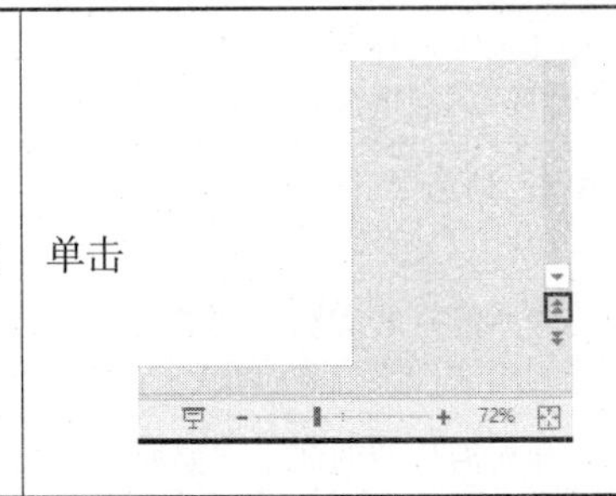

2.7 重命名现有演示文稿

概念

用户可将现有演示文稿另存为其他名称或存至其他位置。

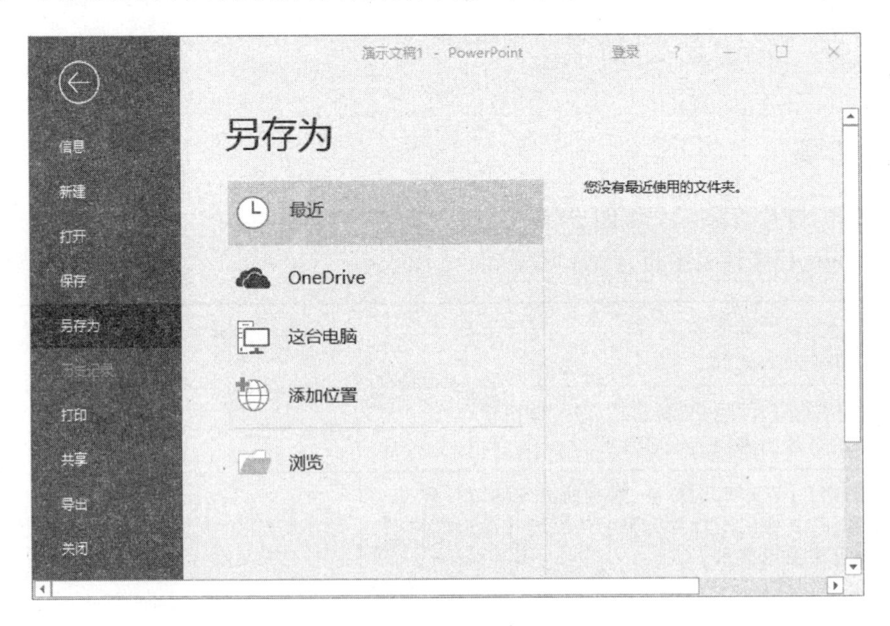

“另存为”对话框

步骤

重命名本地驱动器中的演示文稿的步骤：

打开“Student”文件夹中的 WORLD01. pptx 文件。

1. 单击“文件”选项卡。 后台视图展现。	单击 文件
2. 单击“另存为”命令。 “另存为”窗口打开。	单击 另存为
3. 输入所需文件名称。 “文件名”框出现。	输入“WTS Qtr 1”
4. 单击导航按钮并选中演示文稿将存至的驱动器。 可用文件夹列表出现。	选定“Student”文件夹所在的驱动器
5. 打开要保存新演示文稿的文件夹。 文件夹打开，并显示出以前所存的演示文稿文件。	双击以打开“Student”文件夹
6. 单击“保存”按钮 “另存为”窗口关闭，演示文稿保存到选中的驱动器以及文件夹中，文件名出现在应用程序标题栏。	单击

关闭演示文稿。从“Student”文件夹中删除文件。右击文件，单击“删除”命令，在弹出的对话框中单击“是”。

重命名在线驱动器里的演示文稿的步骤：

1. 单击“文件”选项卡。 后台视图出现。	单击 文件
2. 单击“另存为”命令。 “另存为”窗口打开。	单击 另存为
3. 选择位置。 演示文稿将询问是否登录 OneDrive。根据提示步骤登录。	单击“OneDrive”
4. 输入所需文件名。 “文件名：”框中出现文本。	输入“WTS Qtr 1”
5. 单击“保存”按钮。 “另存为”窗口关闭，演示文稿保存到选定的驱动器及文件夹中，文件名出现在应用程序标题栏。	单击 Save

2.8 保存演示文稿为另一种文件类型

概念

若想演示文稿被那些没有 Microsoft PowerPoint 或软件版本较老的人阅读或编

辑,可使用以下格式实现,如：PDF（*.pdf)、幻灯片模板(*.potx)、幻灯片显示(*.ppsx)、JPEG 文件交换格式(*.jpg)。

步骤

打开“Student”文件夹中的“WORLD01.pptx”文件。

1. 单击“文件”选项卡。 后台视图打开。	单击 文件
2. 单击“另存为”命令。 “另存为”窗口打开。	单击 另存为
3. 改变文件类型,需下拉“保存类型”列表。 可利用文件类型列表出现。	PowerPoint 演示文稿
4. 选择所需文件类型。	选择“PDF（*.pdf)”
5. 选择位置路径。	选择要保存的位置
6. 单击“保存”按钮以保存文件至“Student”文件夹。 “另存为”窗口关闭,文件存入选定驱动器与文件夹中,文件名出现在应用程序标题栏。	单击“保存”按钮

关闭演示文稿。删除完成的文件。

2.9 切换已打开的演示文稿

概念

当打开两个或多个演示文稿时,可轻松地在已打开文件中进行切换。

步骤

打开“Student”文件夹中任意两个演示文稿。

1. 打开“视图”选项卡“窗口”组,单击“切换窗口”按钮。	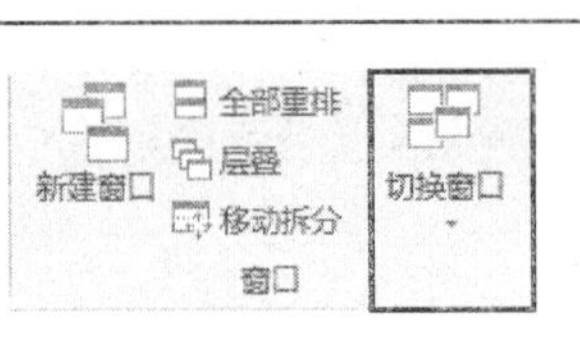

（续表）

2. 选择列表中显示的演示文稿。	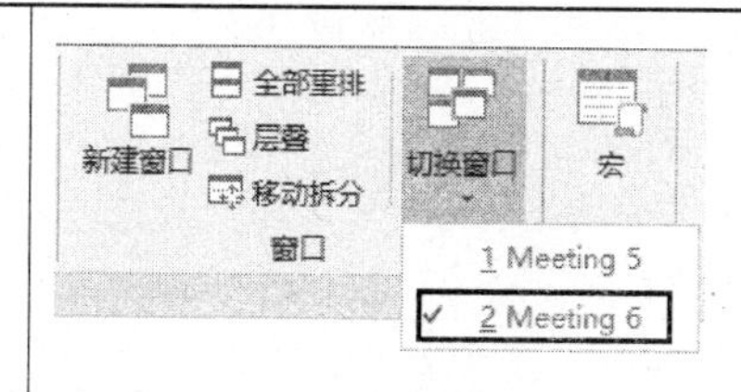

关闭演示文稿。

2.10 回顾练习

演示文稿基本操作技能

1. 新建演示文稿。
2. 在首张幻灯片中添加标题"Customer Service Hall of Fame"。
3. 添加副标题"Keys to Success"。
4. 保存演示文稿并命名为"Customer Service"。
5. 关闭演示文稿。
6. 打开"Product Assembly Line. pptx"文件。
7. 使用"标题幻灯片"版式插入新幻灯片。
8. 输入幻灯片标题文本"Opening Message"。
9. 输入幻灯片副标题文本"Robert Anderson，President"。
10. 重命名演示文稿为"Product Assembly Line-GCT"并保存至"Student"文件夹。
11. 关闭演示文稿。删除所有完成练习的新文件。

第3课

使用演示文稿

在本节中，你将学到以下知识：

- 使用母版幻灯片保持设计及格式一致
- 插入或移除母版幻灯片的图形对象
- 应用设计模板或主题
- 应用背景颜色
- 更改幻灯片方向
- 更改幻灯片放大倍数
- 创建演讲者备注
- 切换视图
- 添加特定幻灯片版式的新幻灯片

3.1 使用母版幻灯片保持设计及格式一致

概念

在幻灯片结构中，母版幻灯片为主幻灯片，其存储了幻灯片的版式、主题、背景颜色、字体、占位符大小等信息。用户可一次性改变演示文稿中关联的每张幻灯片的各种样式，是保持演示文稿设计以及格式一致的有效方法。修改母版幻灯片可改变应用于整个演示文稿的字体大小、字体风格以及字体颜色。

步骤

使用母版幻灯片保持设计与格式一致。

步骤	操作
1. 在“视图”选项卡“母版视图”组中单击“幻灯片母版”按钮。	单击 幻灯片母版
2. 在“幻灯片母版”选项卡“背景”组中单击“颜色”下拉按钮。 可用色彩调色板列表出现，使用它可保持整体幻灯片颜色一致。	单击 颜色
3. 为更改演示文稿字体，可单击“字体”下拉按钮。 为幻灯片的标题、副标题以及页脚选择一种字体，并将其应用于演示文稿的每张幻灯片。	单击 字体
4. 如使用母版幻灯片更改字体大小，可选择文本并单击“开始”选项卡。在“字体”组中更改字体大小。 选择合适的字体大小应用于母版幻灯片。	单击“开始”选项卡，并应用更改。
5. 单击“幻灯片母版”选项卡。 幻灯片母版展现。	单击 幻灯片母版
6. 在“关闭”组单击“关闭母版视图”按钮。 母版视图关闭，“开始”选项卡展现。	关闭母版视图 关闭

3.2 插入图形对象至母版幻灯片/移除母版幻灯片中的图形对象

概念

可从母版幻灯片中插入或移除图形对象。图形对象是指在演示文稿中插入的绘制

的形状或图片等。

步骤

插入图片至母版幻灯片的步骤：

1. 在“视图”选项卡“母版视图”组中，单击“幻灯片母版”按钮。	单击
2. 在“插入”选项卡的“图像”组中单击“图片”“联机图片”或者“相册”按钮。 “插入图片”对话框打开。	单击
3. 浏览插入对象。	选择图片
4. 插入图片。 图片插入。	单击“插入”按钮

插入绘制的形状至母版幻灯片的步骤：

1. 在“视图”选项卡“母版视图”组中，单击“幻灯片母版”按钮。	单击
2. 在“插入”选项卡“插图”组中单击“形状”按钮。 可用形状出现。	单击
3. 单击合适的形状以插入幻灯片。	单击相应的形状
4. 选择形状出现的幻灯片。 形状插入。	单击相应的幻灯片

移除母版幻灯片中的图形对象的步骤：

1. 在“视图”选项卡“母版视图”组中，单击“幻灯片母版”按钮。	单击
2. 单击要删除的图片或图像。 图像被选中。	单击相应的图像
3. 删除图像。 图像删除。	按 Delete 键
4. 在“幻灯片母版”选项卡“关闭”组中，单击“关闭母版视图”按钮。 母版视图关闭，“开始”选项卡展现。	

为关闭母版视图，回到“开始”选项卡，需单击“幻灯片母版”选项卡，单击“关闭母版视图”按钮。

3.3 应用设计模版或主题

概念

PowerPoint 中提供了很多引人注目的、可用于创建演示文稿的设计模板及主题（包括宽屏主题）。

主题中包含一系列的格式设置，如颜色调搭配、背景、字体种类等。因此，仅需选择相应主题，就可改变演示文稿的外观。

步骤

应用主题的步骤：

1. 单击功能区的“设计”选项卡。 “设计”选项卡出现。	单击 设计
2. 选定“主题”图集中的“平面”主题。 主题应用于幻灯片。	单击 文文

3.4 应用背景颜色

概念

PowerPoint 中，用户可以改变幻灯片背景颜色。可使用“设计”选项卡改变背景样式并依据演示文稿主题自定义风格。

步骤

应用背景颜色的步骤：

在“Student”文件夹中打开“WORLD03. pptx”文件并打开幻灯片 1。

1. 单击功能区的“设计”选项卡。 “设计”选项卡出现。	单击 设计
2. 单击“自定义”组中的“设置背景格式”按钮。 “设置背景格式”窗格出现。	单击 设置背景格式
3. 选择“填充”组中的“纯色填充”。 该样式应用于演示文稿。	单击“纯色填充”
4. 选择“颜色”下拉按钮，在“标准色”选项中选择“浅蓝”。 该色应用于幻灯片。	单击“浅蓝”
5. 单击“设置背景格式”窗格中的“关闭”按钮。 “设置背景格式”窗格关闭。	单击 ×

将颜色更改应用至所有幻灯片，需在关闭“设置背景格式”窗格前，单击“设置背景格式”窗格底部的“全部应用”按钮。

3.5 改变幻灯片方向

概念

用户可将文件或电子数据表的方向更改为横向或纵向。PowerPoint 中的幻灯片方向也可应用相同的方式进行设置。在默认情况下，幻灯片为横向。

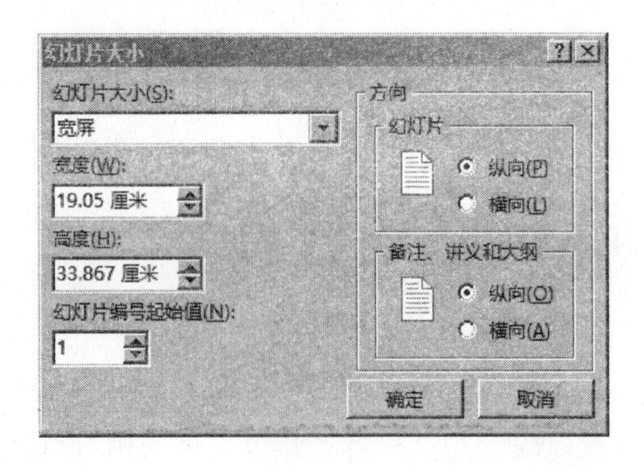

步骤

改变幻灯片方向的步骤：

1. 单击功能区的“设计”选项卡。 “设计”选项卡出现。	单击 设计
2. 在“自定义”组中单击“幻灯片大小”按钮。 下拉菜单出现。	单击 幻灯片大小
3. 在菜单中单击“自定义幻灯片大小”。 “幻灯片大小”对话框出现。	标准(4:3) 宽屏(16:9) 自定义幻灯片大小(C)...
4. 选择方向组中的“纵向”选项。 所需选项被选中。	单击 ○ 纵向(P)
5. 单击“确定”按钮以关闭“幻灯片大小”对话框。 “幻灯片大小”对话框关闭，选择的方向应用于幻灯片。	单击 确定 按钮

概念实践：将幻灯片方向改回横向。

3.6 改变缩放比例

概念

PowerPoint 普通视图中，幻灯片的默认缩放比例为 62%。用户可使用“视图”选项卡中的选项或状态栏中的滑块来改变缩放比例。

步骤

改变演示文稿的缩放比例的步骤：
切换到普通视图。

1. 单击将要更改缩放比例的窗格。 选定窗格被激活。	单击主幻灯片编辑窗格
2. 单击“视图”选项卡。 “视图”选项卡展现。	单击 视图
3. 单击“显示比例”组中的“显示比例”按钮。 “缩放”对话框打开。	单击 显示比例
4. 在“显示比例”下，选择所需的缩放比例。 所需缩放比例选中。	○ 100%
5. 单击“确定”按钮。 “缩放”对话框关闭，特定缩放比例的幻灯片出现。	单击 确定

概念实践：使用“缩放”对话框将主幻灯片编辑窗格的缩放比例设置为“50%”，然后再重置为“调整”。

3.7 添加演讲者备注

概念

在演示文稿中添加演讲者备注可以帮助演讲者流畅地进行演讲而不必担心遗忘。

步骤

在普通视图与备注页视图中添加备注的步骤：

幻灯片 3 以普通视图展现。

1. 以普通视图进入演讲者备注，需将光标置于备注窗格。 插入点在备注窗格出现。	点击“单击此处添加备注”窗格
2. 输入所需备注文本。 备注窗格出现文本。	输入“VoIP on mobile is what telecoms fear most”
3. 为浏览备注页面，单击“视图”选项卡。 “视图”功能区出现。	单击 视图
4. 选定“演示文稿视图”组的“备注页”按钮。 当前幻灯片备注页视图出现。	单击 备注页

概念实践：使用缩放滑块将视图放大到 80%。按下键盘上的 PageUp 键以展示幻灯片 2。单击备注窗格并且输入文本“Successful strategies for winning, keeping customers”。

3.8 切换视图

概念

用户可使用以下视图编辑、打印并播放演示文稿。

- 普通视图
- 大纲视图

- 幻灯片浏览视图
- 备注页视图
- 阅读视图
- 母版视图：幻灯片母版、讲义母版以及备注母版。

步骤

在演示文稿中切换视图的步骤：

1. 单击状态栏上缩放滑块左边的所需视图按钮。 演示文稿将以选中的视图出现。	单击 幻灯片浏览

概念实践：切换演示文稿至普通视图。

3.9 添加特定幻灯片版式的新幻灯片

概念

可在演示文稿中添加具有特定幻灯片版式的新幻灯片，如：标题幻灯片、标题和内容、仅标题或空白。PowerPoint 中提供多种幻灯片版式，用户可根据需要选用，以优化演示文稿。

步骤

打开“Student”文件夹中的“WORLD03. pptx”文件。

1. 选中演示文稿中最后一张幻灯片。	单击最后一张幻灯片
2. 单击在“开始”选项卡“幻灯片”组中的“新建幻灯片”箭头。	单击 新建幻灯片

（续表）

3. 单击所需的幻灯片版式。选择“标题和内容”。	单击 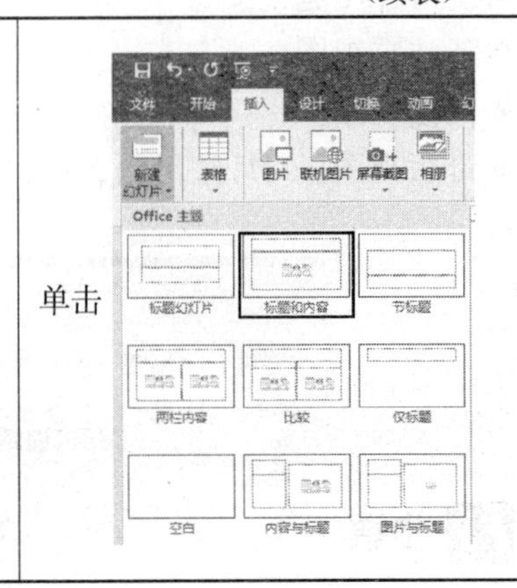

关闭“WORLD03. pptx”文件，不保存。

3.10 回顾练习

自定义演示文稿外观

1. 打开 PowerPoint 2016，新建演示文稿。
2. 插入新幻灯片页面至幻灯片主视图，并且插入文本占位符至幻灯片顶部。
3. 插入图片占位符至幻灯片底部。
4. 应用“离子会议室”主题至演示文稿。
5. 应用“顶部聚光灯—个性色 2”渐变填充至演示文稿。
6. 选择幻灯片 1 并在备注窗格中输入“General Welcome and Introduction to Company”。
7. 增大缩放比例至 100%。
8. 切换幻灯片以纵向出现。
9. 关闭演示文稿，不保存。

第 4 课

编辑及校对文本

在本节中，你将学到以下知识：

- 选中文本
- 删除幻灯片列表项
- 移动/复制幻灯片文本
- 使用“粘贴选项”按钮
- 使用撤销与恢复
- 查找与替换文本
- 检查输入拼写
- 运行拼写检查程序

4.1 选中文本

概念

双击文字可选中相应文字，在段落中任何一处三击可选中整个段落。

步骤

选中文本的步骤：

打开“Student”文件夹中的“WORLD05. pptx”文件。

转到幻灯片 2。

1. 选中含有将选中文本的占位符。 占位符展示带有尺寸柄的阴影边框，占位符中出现插入点。	单击含有“Worldwide Telephony Trading”的占位符。
2. 为选中文字，需双击。 文本被选中。	双击第一个列表项中的文字“Solutions”
3. 为选中列表项中的所有文字，单击项目符号。 选中该列表项中的所有文本。	单击“Our Business is innovative and international”的项目符号
4. 选中当前占位符中的所有文本，按 Ctrl+A 键。 选中所有在占位符中的文本。	按 Crtl+A 键
4. 选中占位符，需单击占位符边框。 占位符边框由虚线变为实线边框。	单击占位符“About Us”的边框

概念实践：单击幻灯片空白区域以取消选中所有幻灯片对象。三击第一段以选中其中所有文本。然后单击幻灯片空白区域以取消选中所有对象。

4.2 删除幻灯片列表项

概念

Established in 1980, Worldwide Telephony Trading is a privately held global company and world's leading provider of integrated network solutions.

We support a full range of network solutions with excellent value.

Our business is innovative and international. → 删除这条列表项

步骤

删除幻灯片列表项的步骤：

转到幻灯片 2。

1. 选择想要删除的列表项或选定想要删除的列表项的占位符。 选择列表项或占位符。	单击列表项
2. 选中想要删除文本。 选中文本。	单击“Our business is innovative and international”项目符号
3. 选择“删除”命令。 删除所选项目或文本。	按下 Delete 键

单击演示文稿窗口任意一处以取消选中占位符。

4.3 移动/复制幻灯片文本

概念

使用剪贴板，可复制或移动当前幻灯片中以及其他已打开演示文稿中的文本。

步骤

移动或复制幻灯片之间选定文本的步骤：

切换至普通视图，选择功能区中的“开始”选项卡，并单击“剪贴板”组中的启动箭头以启动剪贴板任务。

转到幻灯片 7。

1. 选中包含将移动文本的占位符。 占位符被选中。	单击列表项
2. 选中将移动的文本。 拖动文本时，文本高亮显示。	拖动选择文本“Easy integration with other applications”
3. 完成选中文本。 选中文本。	释放鼠标按钮
4. 单击“剪贴板”组中的“剪切”按钮。 选中的文本从演示文稿中移除并放置剪贴板中。	单击 剪切

（续表）

5. 转到要粘贴文本的幻灯片。 幻灯片出现。	在幻灯片窗格单击幻灯片 8
6. 选中所要粘贴文本的占位符。 选中占位符。	单击“Ability to easily add ...”下部
7. 单击“剪贴板”组中的“粘贴”按钮的顶部。 来自于剪贴板中的文本出现在占位符中的插入点。	单击 粘贴
8. 转到幻灯片 6 中选择想要复制的文本。 拖动时文本高亮显示。	拖动选择文本“Many (perhaps all) .... minimizing costs.”
9. 完成选中文本。 选中文本。	释放鼠标按钮
10. 单击“剪贴板”组中的“复制”按钮。 选中的文本仍在幻灯片中，复制内容放入剪贴板并显示在“剪贴板”任务窗格上。	单击 复制
11. 转到所要粘贴文本的幻灯片。 幻灯片出现。	滚动幻灯片窗格并单击幻灯片 4
12. 选中所要粘贴文本的占位符。 选中占位符。	单击空白占位符
13. 定位到将要粘贴文本的插入点位置。 新位置出现插入点。	单击占位符左上角
14. 单击“剪贴板”组中的“粘贴”按钮的顶部。 来自于剪贴板上的文本复制到插入点的占位符中。	单击 粘贴

单击演示文稿窗口以取消选中占位符。

小贴士：可使用以下快捷键使用演示文稿剪切与复制功能：剪切——Ctrl+X；复制——Ctrl+C。

4.4 使用“粘贴选项”按钮

概念

如所粘贴文本与将要粘贴到的占位符中的文本格式不同，“粘贴选项”按钮将出现。用户可采用不同的格式设置方式，单击“粘贴选项”按钮并进行以下操作之一：

1. 若保持粘贴项目的原有格式，单击“保留源格式”。

2. 若希望粘贴文本与当前占位符中文本的格式保持一致，单击“使用目标主题”。（若粘贴文本或目标占位符中文本的字体格式与源文件模板或当前设计模板不一致，可进行该操作）

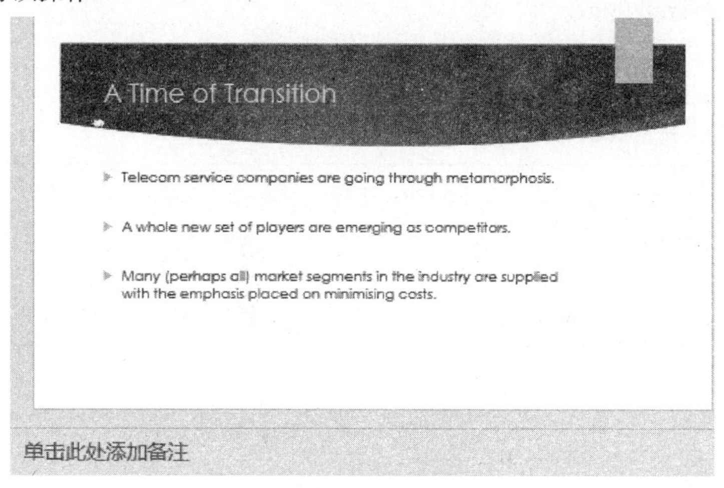

步骤

使用“粘贴选项”按钮的步骤：

打开文件“WORLD05. pptx”。显示幻灯片 5。

切换至普通视图，单击功能区中的“开始”选项卡，并单击“剪贴板”组中的启动箭头以启动“剪贴板”窗格。

1. 选择将要移动或复制的文本。 文本被选中。	单击绿色箭头以选中“Tap into our Global Reach .... using our products.”
2. 剪切或复制所需文本。 剪切或复制文本放至剪贴板。	单击 复制
3. 转到将要粘贴文本的幻灯片。 幻灯片出现。	在幻灯片窗格中单击幻灯片 4
4. 选定将要粘贴文本的位置。 插入点出现在新位置。	单击文本框的任意一处
5. 单击“剪贴板”组中的“粘贴”按钮的顶部。 文本粘贴在新插入点。“粘贴选项”按钮出现在粘贴文本下方。	单击 粘贴
6. 单击“粘贴”按钮。 可利用粘贴选项列表出现。	单击 粘贴

（续表）

7. 选择所需选项。 粘贴文本格式相应更改。	单击 粘贴选项: 选择性粘贴(S)...
8. 若隐藏“粘贴选项”按钮，按 Esc 键。 “粘贴选项”按钮隐藏。	按 Esc 键

小贴士：可使用快捷键 Ctrl+V 以快速从剪贴板上粘贴项目。

4.5 使用撤销与恢复

概念

如在编辑演示文稿幻灯片时出错，可使用撤销命令。

一次只可撤销一个动作，可重复使用撤销命令。

演示文稿也提供恢复命令。若使用了撤销命令，发现并未出错，可使用恢复命令。

步骤

使用撤销与恢复功能的步骤：

删除在幻灯片 5 中的项目“Rely on financial strength”与幻灯片 7 中的项目“Convergence of voice and data onto a single network”。

1. 若撤销最近命令或动作，需单击快速访问工具栏的“撤销”按钮。 最近命令或动作被撤销	单击
3. 若恢复撤销命令或动作，单击快速访问工具栏的“恢复”按钮 命令或动作恢复。	单击
4. 若撤销多个连续动作，需单击“撤销”按钮右边的下拉箭头，选择想要返回到的动作。 以前的动作列表出现，最近动作位于列表顶部。	单击

需注意演示文稿幻灯片 5 的项目“Rely on financial strength”及幻灯片 7 中的“Convergence of voice and data onto a single network”被恢复。

小贴士：可使用 Ctrl+Z 来撤销最近命令以及使用 Ctrl+Y 恢复最近动作。

4.6 查找与替换文本

概念

演示文稿的查找与替换功能是一个强有力的工具。使用查找与替换功能搜寻或替换演示文稿中的文本或值。使用特定格式或其他搜寻选项如大小写匹配等来搜寻可缩小搜寻范围。

步骤

在演示文本中查找或替换文本的步骤：

1. 单击“开始”选项卡。 “开始”选项卡显示。	单击 开始
2. 单击“编辑”组的“替换”按钮。 “替换”对话框打开，并在“查找内容”框中出现插入点。	单击“替换”按钮
2. 输入要查找的文本。 文本出现在“查找内容”框中。	输入“innovative”
3. 选择“替换为”对话框。 插入点出现在“替换为”框中。	按 Tab 键
4. 输入所需替换的文本。 替换文本出现在“替换为”框中。	输入“pioneering”
5. 选中所需搜寻选项。 所需搜寻选项被选中。	点击☐选择匹配形式
6. 单击“查找下一个”按钮。 首次出现的搜寻文本高亮显示。	单击“查找下一个”按钮
7. 选择“替换”“全部替换”或者“查找下一个”按钮。 “替换”是指本次出现的搜寻文本被替换；“全部替换”是指整个演示文稿中的出现的搜寻文本都被替换；“查找下一个”是指下一个出现的搜寻文本高亮显示或“Microsoft PowerPoint”消息框打开。	单击“全部替换”按钮
8. 当完成查找与替换后，单击“确定”按钮。 “Microsoft PowerPoint”消息框打开。	单击 确定
9. 单击“关闭”按钮。 “替换”对话框关闭。	单击 关闭

关闭“WORLD05. pptx”文件，无需保存。

4.7 对输入内容进行拼写检查

概念

PowerPoint 有一个功能,可以对幻灯片中输入的内容进行拼写检查。用户可使用 PowerPoint 选项或状态栏启用该功能以更正拼写。

步骤

对输入内容进行拼写检查的步骤:
打开"Spell Check. pptx"文件。

1. 右击下部出现红色波浪线的文本。 包含拼写建议与替换选项的快捷菜单出现。	右击幻灯片 1 上的"BUSNES"
2. 选择替换建议或拼写命令。 文字被替换或命令被执行。	单击"Business"
3. 选择状态栏上的拼写状态图标以移动下一个错误识别。 移动至下一个错误,并出现"拼写检查"对话框。	单击状态栏上的

概念练习:选择"Satisfaction"并单击"更改"按钮以更正"Satisfacton"拼写。需注意下一个拼写错误立即被选中。单击"关闭"按钮以关闭"拼写检查"对话框,不修改错误。

4.8 运行拼写检查程序

概念

拼写工具可自动进行查找并更正演示文稿中的错误。

步骤

运行拼写检查程序以检查演示文稿中错误的步骤:

转到演示文稿中的幻灯片 1。

1. 选择"审阅"选项卡。 "审阅"选项卡展现。	单击 审阅
2. 单击"校对"组中的"拼写"按钮。 "拼写检查"窗格打开,第一个识别的错误高亮显示。	单击 拼写检查

（续表）

3. 更改识别错误的拼写，需从替换词列表框中选择所需拼写。 “拼写检查”窗格中出现替换词拼写。	单击“mision”
4. 单击“更改”或“全部更改”按钮。 演示文稿中被识别的错误被替换列表框中的替换拼写替换或所有识别错误被替换。	单击“更改”
5. 如忽略识别错误，则根据需要选定“忽略”或“全部忽略”。 当前出现的错误或所有识别的错误被忽略，选一个识别错误高亮显示。	单击“忽略”按钮以忽略“TechTele-TG7745T”
6. 如添加识别错误至自定义词典中，则单击“添加”按钮。 识别错误添加至自定义词典。	单击添加“TechGalore-BH5678”至自定义词典
7. 在弹出的对话框中单击“确定”按钮以完成拼写检查。 “Microsoft PowerPoint”消息框关闭。	单击 确定

注意：当检查演示文稿文本时，拼写检查程序将标记重复关键词，但这一选项必须在演示文稿设置中打开。打开/关闭标记重复单词选项，需去“文件”→“选项”，然后单击“PowerPoint 选项”对话框中的“校对”。选择或取消选择“重复标记单词”。

“PowerPoint 选项”对话框

4.9 回顾练习

 编辑及校对演示文稿中的文本

1. 打开“Meeting5. pptx”文件。
2. 开启拼写检查程序。
3. 订正“overveiw”为“read Overview”。
4. 使用“全部更改”按钮将“proffit”的错误拼写改为“profit”。完成拼写检查。
5. 使用“替换”对话框将所有“situation”替换为“circumstances”。关闭“替换”对话框。
6. 在幻灯片 8 中删除“Reiterate key goals”列表项。
7. 使用“撤销”功能以恢复之前操作。
8. 在幻灯片 6 中,剪切“Round the clock customer support”列表项。
9. 在幻灯片 7 中,粘贴“Round the clock customer support”作为第一列表项并带格式粘贴。
10. 关闭演示文稿,不保存。

第 5 课

设置演示文稿文本格式

在本节中，你将学到以下知识：

- 改变现有字体
- 修改字体大小
- 改变字体样式及效果
- 改变字体颜色
- 使用大小写转换
- 改变文本对齐方式
- 修改段落间距
- 使用缩进
- 使用超链接

5.1 改变现有字体

概念

PowerPoint 中所有主题都默认为“等线”字体，导致在演示文稿中输入文本时，新文本字体类型默认为“等线”。无论何时演示文稿中新添文本框，默认字体都将被应用，即使用户已更改其他文本框的字体。可以为幻灯片中的文本设置格式，以更改它们的字体类型。

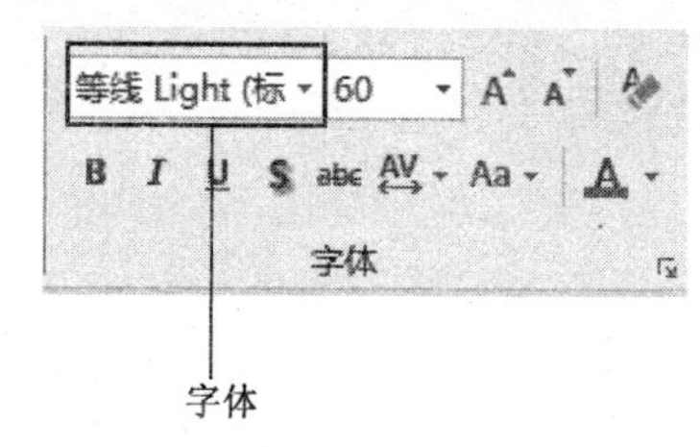

步骤

改变现有文本字体的步骤：

打开“Student”文件夹中的“WORLD06. pptx”文件。

以普通视图显示幻灯片 1 并选择“开始”选项卡。

1. 选择将要含有将要格式文本的占位符。 占位符进入编辑模式。	选择“WORLDWIDE TELEPHONY SYSTEMS”占位符
2. 单击“开始”选项卡“字体”组的“字体”框箭头。 可用字体列表出现。	单击 Times New R ▾ 18
3. 选择所需字体。 字体应用于被选中的文本。	滚动并单击“Aharoni”字体

点击空白区以取消选定占位符。

5.2 修改字体大小

概念

可修改字体大小以设置文本格式。

步骤

修改现有文本字体大小的步骤：

以普通视图显示幻灯片 2 并单击“开始”选项卡。

1. 选择整个占位符或选择将要设置格式的特定文本。 整个占位符或特定文本被选中。	选择内容占位符，其内容为“Products, value, quality, and service... Partnership is the key”
2. 单击“字体”组中“字号”框的箭头。 可用字号列表展现。	选择
3. 选择所需字号。 字号应用于被选中的文本。	滚动并单击“24”

单击空白处以取消选中文本。

5.3 改变字体样式及效果

概念

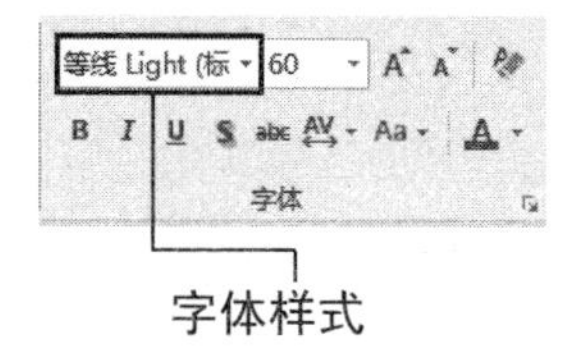

字体样式

如上图所示，使用“B”“*I*”以及“U”按钮，可将选中的字体显示为加粗、斜体以及加下划线。

小贴士：可使用快捷键 Ctrl+B 加粗文本，Ctrl+I 将文本变为斜体，Ctrl+U 在文本下加下划线。

步骤

改变幻灯片中的字体样式及效果的步骤：

转到幻灯片 2，以普通视图呈现并单击“开始”选项卡。

1. 选中整个占位符或选中将要设置格式的文本。 整个占位符或特定文本被选中。	拖动以选中“Success is our objective”
2. 单击“开始”选项卡“字体”组的所需字体样式或效果按钮。 字体样式或效果应用至选定文本。	单击 B

单击空白区以取消选中文本。

概念实践：使用“开始”选项卡“字体”组中“文字阴影”按钮为幻灯片 3 标题“Building Partnerships”应用阴影效果。单击空白区以取消选中文本。

5.4 更改字体颜色

概念

可更改演示文稿中选定单元格或范围的字体颜色。

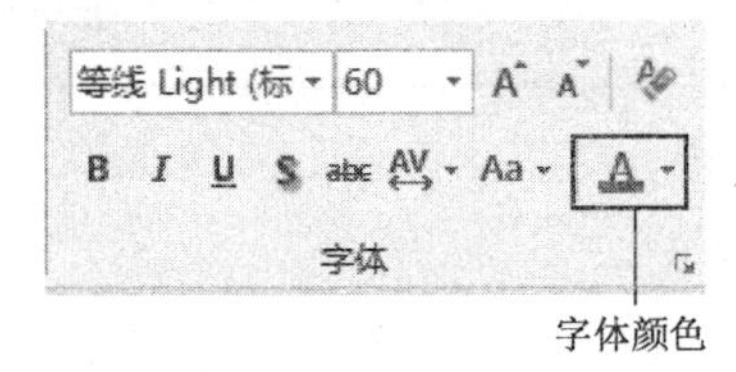

步骤

使用“字体颜色”按钮以更改字体颜色。

转到幻灯片 2，打开“开始”选项卡。

1. 选中整个占位符或选中将要设置格式的文本。 整个占位符或特定文本被选中。	选中内容占位符的前两个项目符号，内容为“Products，value，quality，and service . . . Partnership is the key”
2. 单击“开始”选项卡“字体”组中的“字体颜色”按钮箭头。 调色板出现。	单击 A
3. 选择所需颜色。 颜色被应用到文本。	单击“标准色”中的“绿色”。

单击空白区以取消选中占位符。

概念实践：单击第三个项目中的单词“Satisfaction”并单击“字体颜色”按钮(不是箭头)以改变文本颜色至绿色。

单击空白区以取消选中文本。

5.5 使用大小写转换

概念

可以在 PowerPoint 中进行文字的大小写转换，如将文本设置为全部大写。

步骤

转到幻灯片 5。

1. 选中整个占位符或选中将要设置格式的文本。 整个占位符或特定文本被选中。	选中内容占位符，其内容为“Wide range of products to choose from ... Quick resolution of problems”
2. 单击“开始”选项卡“字体”组中的“更改大小写”转换按钮。 更改大小写转换选项出现。	单击 Aa
3. 使句首字母大写，需选择“句首字母大写”选项。 选定内容以句首字母大写形式出现。	单击 句首字母大写(S) 全部小写(L) 全部大写(U) 每个单词首字母大写(C) 切换大小写(T)
4. 使所有字母小写，需选择“全部小写”选项。 选中内容以小写形式出现。	单击“小写”选项
5. 使所有字母大写，需选择“全部大写”选项。 选中内容将以大写形式出现。	单击“大写”选项
6. 使每个单词首字母大写，选择“每个单词首字母大写”按钮。 选中内容将以单词首字母大写形式出现。	单击“每个单词首字母大写”选项

单击空白处以取消选中文本。

5.6 更改文本对齐方式

概念

文本对齐方式控制文本在幻灯片内如何排列。可使用“开始”选项卡设置文本对齐方式。

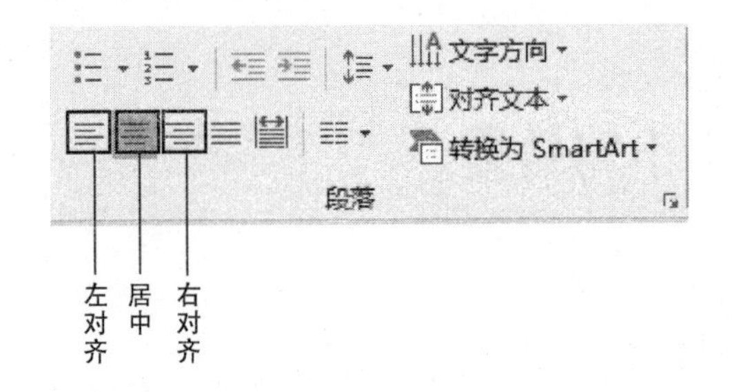

步骤

更改文本对齐方式的步骤：

转到幻灯片 8，并单击“开始”选项卡。

1. 选中整个占位符或选中将要对齐的文本。 整个占位符或特定文本被选中。	单击“内容”占位符
2. 单击“段落”组中的所需对齐按钮。 文本相对应地对齐。	单击 ☰

单击空白区以取消选中占位符。

5.7 修改段落间距

概念

PowerPoint 中，用户可修改幻灯片段落间距以更好地适应文本框，或展开段落以填充文本框。方法包括调整文本项目符号和编号列表、上方或下方间距等。设置文本、项目符号和编号列表中的间隔可修改不同文字块或对象之间的间距。

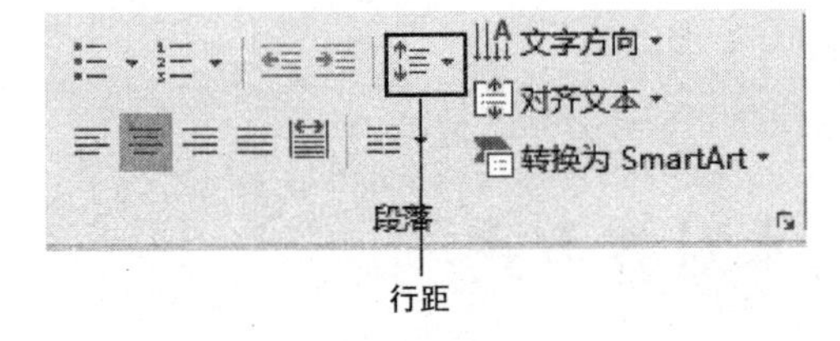

步骤

修改段落间距的步骤：

转到幻灯片 3。

1. 选中整个占位符或选中将要设置格式的文本。 整个占位符或特定文本被选中。	单击内容占位符的边框
2. 单击“开始”选项卡。 “开始”选项卡展现。	单击“开始”选项卡
3. 单击“行距”按钮。 下拉菜单出现。	单击
4. 选择所需行距。 所需行距被应用，菜单关闭。	选择“1.5”

5.8 使用缩进

概念

缩进是一种有用的格式工具，利用它可调整文本版面以获得更好的展示效果，或突显段落或幻灯片中的要点。可使用键盘 Tab 键或通过“开始”选项卡“段落”组的“缩进”按钮来设置缩进。缩进可应用至文本、项目符号及编号列表。

步骤

应用、修改以及移除文本中的缩进的步骤：

打开“Student”文件夹中的“Meeting9. pptx”文件，转到幻灯片 5。

1. 选中要缩进的文本。 “July” “August” “September”以及数据高亮显示。	高亮显示“July” “August” “September”以及对应数据
2. 单击“开始”选项卡。 “开始”选项卡展现。	单击“开始”选项卡
3. 选定“提高列表级别”按钮。 文本缩进。	单击

如移除缩进，单击“降低列表级别”按钮。可再次单击“提高列表级别”以修改缩进或单击“段落”按钮以开启“段落”对话框。可设置文本前的缩进距离以及特殊格式。

应用缩进至项目符号文本。

打开“Student”文件夹中的“Meeting9. pptx”文件，转到幻灯片 2。

1. 选中将缩进项目符号文本。 四个项目符号高亮显示。	高亮显示四个项目符号
2. 单击“开始”选项卡。 “开始”选项卡展现。	单击“开始”选项卡
3. 单击“增加列表级别”按钮。 项目符号对象缩进。	单击

5.9 使用超链接

概念

超链接是指向网页、文档整体或部分文档的链接，单击文本中的链接即可看到链接内容。在 PowerPoint 2016 中，超链接在演示时是一个很有用的功能。可将网页超链接插入演示文稿的文本中，在幻灯片放映时，单击超链接，将会使用默认浏览器打开该网页。

步骤

在幻灯片中插入超链接的步骤：

打开“Student”文件夹中的“Meeting9. pptx”文件，转到幻灯片 7。

1. 选中将要插入超链接的文本。 文本高亮显示。	输入“Emerging Telephony Trends”并高亮显示文本
2. 单击“插入”选项卡。 “插入”选项卡展现。	单击 插入
3. 单击“链接”组中的“链接”按钮。 “插入超链接”对话框出现。	单击 链接
4. 单击“最近使用过的文件”按钮，并选择要链接的文件。 “链接到文件”窗口打开。	单击
5. 打开“Student”文件夹并选择文件“Meeting9. pptx”。 “Emerging Telephony Trends”出现在文件名框中。	单击“Student”文件夹以及“Meeting9. pptx”文件
6. 单击“确定”按钮以插入链接。 超链接文本将以新颜色出现并加下划线。	单击“确定”按钮

编辑/移除演示文稿中的超链接的步骤：

1. 选择超链接。 文本高亮显示。	高亮显示"Emergency Telephony Trends"
2. 单击"插入"选项卡。 "插入"选项卡展现。	单击 插入
3. 单击"链接"组中"链接"按钮。 "编辑超链接"对话框出现。	单击 链接
4. 单击"删除链接"按钮以删除链接。 "编辑超链接"对话框关闭，链接移除。	单击 删除链接(R)

关闭演示文稿，不保存。

5.10 回顾练习

设置幻灯片文本格式以及编辑幻灯片文本

1. 打开"Meeting6.pptx"文件。
2. 在幻灯片 1 中，为"Annual Meeting"文本设置以下格式：
   字体：Arial
   样式：加粗
   字号：48
3. 幻灯片 2 中的标题"Agenda"居中对齐。
4. 在幻灯片 4 中，将文本"Raise profits by 15%"字体颜色更改为"标准色"中的橙色。
5. 在幻灯片 7 中，将整个项目符号列表的行距更改为"1.5 倍行距"。
6. 关闭演示文稿，不保存。

第6课

设置项目符号和编号

在本节中，你将学到以下知识：

- 添加与移除项目符号
- 添加与移除项目编号
- 修改项目符号与编号
- 插入/移除列表项目文本缩进
- 调整项目符号及编号列表前后行间距

6.1 添加与移除项目符号

概念

项目符号提供了一种以列表形式展示信息的简单方式。用户可快速添加项目符号与编号至现有文本行。但需注意不要在幻灯片上添加过多文本。

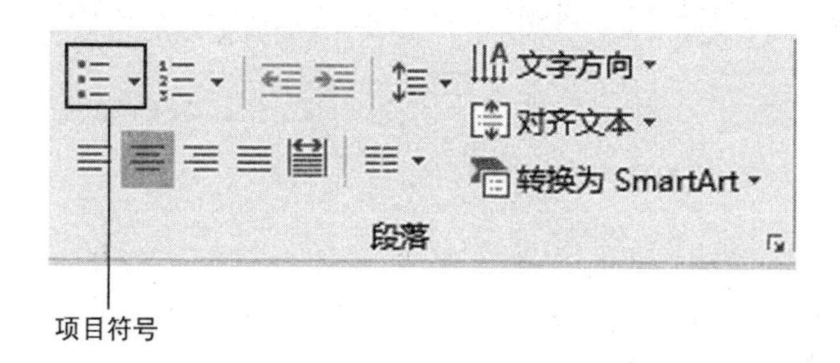

步骤

添加或移除项目符号的步骤：

打开“Student”文件夹中的“WORLD07. pptx”文件。

转到幻灯片 2，并单击“开始”选项卡。

1. 选中将要添加或移除项目符号的文本。 文本被选中。	拖动以选择内容占位符中的文本
2. 单击“段落”组中的“项目符号”按钮。 项目符号应用至被选中的文本。	单击 ☰ ▾

单击空白处以取消选定文本。

概念实践：转到幻灯片 3。选择所有有项目符号的文本并单击“项目符号”按钮以移除项目符号。单击空白处以取消选中文本。

6.2 添加或移除项目编号

概念

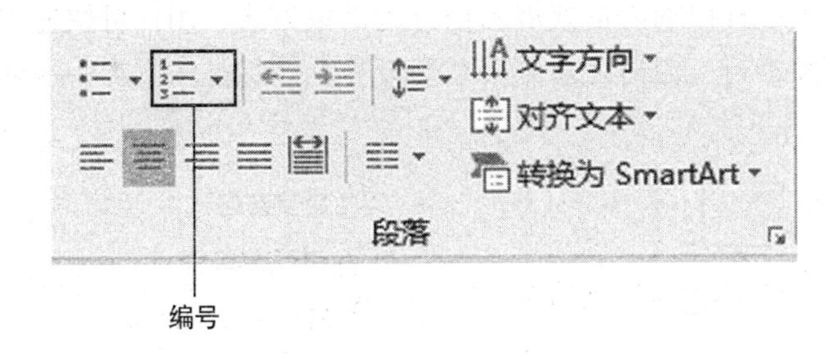

步骤

添加或移除项目编号的步骤：

转到幻灯片 7，并单击“开始”选项卡。

1. 选中将要添加或移除项目编号的文本。 文本被选中。	拖动以选择二级列表项
2. 单击“段落”组中“编号”按钮的左边。 序列数字项目编号应用至选定文本。	单击

概念实践：转到幻灯片 6。选择已有项目编号的文本占位符并单击“编号”按钮以移除项目编号。单击空白区域以取消选中文本。

6.3 修改项目符号及编号

概念

和 Office 2016 的其他程序一样，PowerPoint 中也可改变项目符号及编号样式。

步骤

切换不同项目符号/编号样式的步骤：

转到幻灯片 7。

1. 选择想要更改项目符号的列表。 列表高亮显示。	选择文本框中的所有文本
2. 打开“开始”选项卡。 “开始”选项卡出现。	单击“开始”选项卡
3. 在“段落”组中单击“项目符号”箭头。	单击
4. 选择所需项目符号样式。 应用相应的项目符号类型。	单击“加粗空心方形项目符号”

概念实践：转到幻灯片 8，选择所有带有项目编号的文本并使用“编号”按钮进行更改。项目编号样式更改为带有圆括号的小写字母（第二排第三列）。单击任意空白区以取消选择文本。

6.4 插入/移除列表项目文本缩进

步骤

缩进列表项目文本的步骤：

转到幻灯片 3。

1. 选择要缩进的文本。 文本高亮显示。	选择文本框中的所有文本
2. 打开“开始”选项卡。 “开始”选项卡出现。	单击“开始”选项卡
3. 在“段落”组中单击“提高列表级别”按钮。 列表将缩进。	单击“提高列表级别”按钮

可单击“降低列表级别”按钮以移除插入的缩进。

6.5 调整项目符号及编号列表前后行间距

步骤

调整项目符号及编号列表前后行间距的步骤：

转到幻灯片 6。

1. 选择将调整的列表。 文本高亮显示。	选择文本框中的所有文本
2. 打开“开始”选项卡。 “开始”选项卡出现。	单击“开始”选项卡
3. 在“段落”组，单击“行距”箭头并选择“行距”选项。 下拉菜单出现。	单击
4. 单击“行距选项”并设置行间距选项。 行距应用至列表。	输入段前 8 磅，段后 6 磅。 单击“确定”按钮。

关闭“WORLD07.pptx”，无需保存。

6.6 回顾练习

格式项目符号及编号

1. 打开“Meeting7.pptx”文件。
2. 在幻灯片 2 中添加项目符号至“Welcome ...”占位符中的文本框。
3. 将“Welcome ...”项目符号列表更改为项目编号列表。
4. 更改“Welcome ...”列表中的项目编号样式，使用带有圆括号的项目编号。
5. 在项目 4 后添加一个新项目“Prior Achievements”。
6. 在幻灯片 8 中，删除“Reiterate key goals”的项目符号。
7. 关闭演示文稿，不保存。

第 7 课

使用表格

在本节中，你将学到以下知识：

- 在演示文稿中创建表格
- 调整表格单元格
- 选择行和列
- 插入行和列

7.1 创建表格

步骤

在演示文稿中创建表格的步骤：

打开“Tables. pptx”文件。转到幻灯片 1。

1. 选择内容占位符上的“插入表格”图标。 “插入表格”对话框出现。	单击
2. 确定行数和列数 行数和列数出现在对话框。	列数：2 行数：4
3. 单击“确定”按钮。 “插入表格”对话框关闭，表格出现在内容占位符中。	单击 确定

输入或编辑表格中的文本，只需选择想要编辑的单元格。按 Tab 键可以移至表格中下一个单元格。在表格中输入以下内容：

Previous Qtr	Current Qtr
Sales up by 17%	Sales up by 24%
Expenses up by 10%	Expenses down by 5%
No new product launch	2 product launch

删除表格，需选中表格并按键盘上的 Delete 键。

7.2 调整表格单元格

步骤

调整表格单元格的步骤：

进入“Tables. pptx”文件中的幻灯片 1。

1. 选择表格中的单元格。 单元格被选中。	选择表格中的第一个单元格

（续表）

2. 单击“表格工具布局”选项卡。 “表格工具布局”选项卡展现。	单击“表格工具布局”选项卡
3. 在“单元格大小”组中输入所需宽度以及高度。 表格单元格大小更改。	输入内容： 高度：1.91 厘米 宽度：7.62 厘米

注意：可将光标置于单元格边框并使用鼠标调整指针，以手动更改单元格大小。

7.3 选择行和列

步骤

选择表格中的行和列的步骤：

转到“Tables. pptx”文件中的幻灯片 1。

1. 选择单元格所需行。 单元格被选中。	选择第一行中的任意单元格
2. 单击“表格工具布局”选项卡。 “表格工具布局”选项卡展现。	单击“表格工具布局”选项卡
3. 单击“表”组中的“选择”下拉箭头。 多种选择选项出现。	单击 选择
4. 选择所需选项。 选项关闭，表格的相应行被选定。	单击 选择行(R)

在“表格工具布局”选项卡的“对齐方式”组中单击“居中”和“垂直居中”。将鼠标放在单元格外部并单击黑色箭头也可选定单元格。

7.4 插入行和列

步骤

插入行和列的步骤：

转到“Tables. pptx”文件中的幻灯片 1。

1. 选中将要插入行和列的单元格。 单元格被选中。	选中表格中的第一个单元格
2. 单击“表格工具布局”选项卡。 “表格工具布局”选项卡展现。	单击“表格工具布局”选项卡
3. 在“行和列”组单击所需插入选项。 插入行或列。	单击 在下方插入

单击新插入行的任意单元格并选择“行和列”组中的“删除”下拉箭头，选定“删除行”。

7.5 回顾练习

在演示文稿中使用表格

1. 新建空白演示文稿。
2. 更改幻灯片版式为“标题和内容。”
3. 输入标题“Staff Performance Evaluations”。
4. 插入 5 行 3 列的表格。
5. 在表格中的第一行输入以下内容：

Department Head	Evaluation Month	Submission

6. 设置第一行的高为 2.54 厘米。
7. 关闭演示文稿，不保存。

第8课

使用图片图像

在本节中，你将学到以下知识：

- 插入图片
- 插入图形对象
- 使用幻灯片页面
- 移动图形
- 改变图形大小
- 改变箭头前端与末端样式

8.1 插入图片

概念

可在 PowerPoint 2016 中插入或复制本地图片以及剪贴画。

步骤

插入来自于图形文件夹的图片的步骤：

打开"Student"文件夹中的"WORLD08. pptx"文件并展现幻灯片 2。点击"插入"选项

1. 单击"插入"选项卡"图像"组中的"图片"按钮。 "插入图片"对话框打开。	单击 图片
2. 选中将要插入图片。 所需图片高亮显示。	单击位于"Student"文件夹中的"VoIP. jpg"图片
3. 单击"插入"按钮。 "插入图片"对话框关闭，图片出现在幻灯片中，"图片工具格式"上下文选项卡展现。	单击 插入(S)

单击幻灯片背景任意区域以取消选中所有幻灯片对象。

8.2 插入图形对象至幻灯片

概念

演示文稿可插入图形对象至幻灯片，如：绘制的形状。

步骤

插入形状的步骤：

转到幻灯片 7。

1. 单击"插入"选项卡"插图"组中的"形状"按钮。 插入形状下拉菜单出现。	单击 形状

（续表）

2. 选择将要插入的形状。 所需形状被选中，光标处于活动状态以插入形状。	单击位于“标注”部分的“椭圆形”标注
3. 插入形状。 按住鼠标左键以插入形状并拖动形状至所需大小。	按住鼠标左键并拖动形状至所需大小

8.3 使用互联网插入图片

概念

PowerPoint 中，用户可通过互联网插入图片。

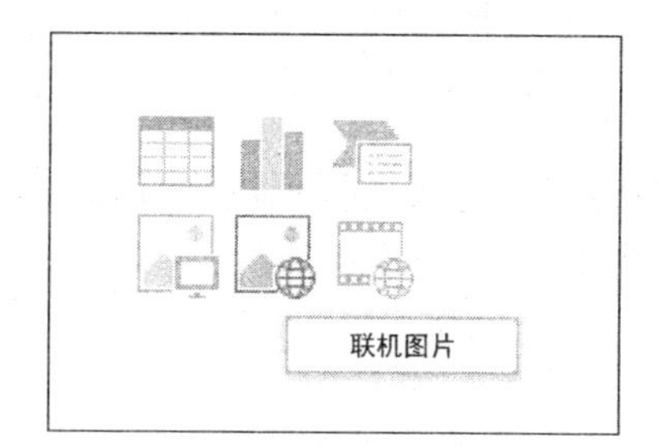

“联机图片”按钮

步骤

使用互联网插入图片的步骤：
展现幻灯片 4。

1. 单击内容占位符中的“联机图片”按钮。 “插入图片”对话框打开。	单击
2. 在“必应图像搜索”对话框中输入所需关键词。 关键词出现在“必应图像搜索”对话框中。	输入“Internet Telephony”
3. 单击“搜索”图标 所有满足搜索条件的图片缩略图出现在对话框中。	单击“搜索”图标

(续表)

4. 选择所需图片。 图片被选中。	单击第三张图片
5. 单击对话框中的"插入"按钮。 被选中的图片插入幻灯片,对话框关闭。	单击 插入

移动图片至幻灯片的右上角。

单击幻灯片任意空白区以取消选中所有幻灯片对象。需注意图片被取消选中后,"图片工具格式"上下文选项卡关闭。

8.4 移动图形

概念

PowerPoint 中,用户可在幻灯片内部、同一演示文稿的不同幻灯片之间以及不同演示文稿之间移动现有图形。

步骤

移动幻灯片中图形的步骤:

转到幻灯片 2。

拖动图形至所需位置。 释放鼠标按钮时,幻灯片拖动到新位置。	拖动"VoIP.jpg"图形至幻灯片右下角

单击幻灯片任意背景区以取消选中所有幻灯片对象。

小贴士: 在不同幻灯片之间或已打开演示文稿之间移动图形,需选中图形并单击"开始"选项卡下方"剪贴板"组中的"剪切"按钮。然后打开目标幻灯片或演示文稿并单击"粘贴"按钮。

8.5 改变图形大小

概念

在 PowerPoint 中可改变插入幻灯片中图形的大小。需选中图形并使用尺寸柄来

修改图片大小。当编辑图形时，可选择是否锁定纵横比。只有在使用位于图形各角的缩放柄编辑图形时，图形才会保持其纵横比。

步骤

更改图形大小的步骤：

单击“视图”选项卡并在“显示”组勾选“标尺”复选框以展现标尺。转到幻灯片 2。

1. 选择将要改变大小的图形。 图形被选中。	单击“VoIP. jpg”图形
2. 拖动缩放柄以增大或减小图形。 图形大小相应更改。	拖动缩放柄的顶部、左下角以及右部以调整图形大小

改变演示文稿图形纵横比，需单击“图片工具格式”选项“大小”组中的“大小和位置”按钮。在“设置图片格式”任务窗格中勾选/取消勾选“锁定纵横比”复选框。

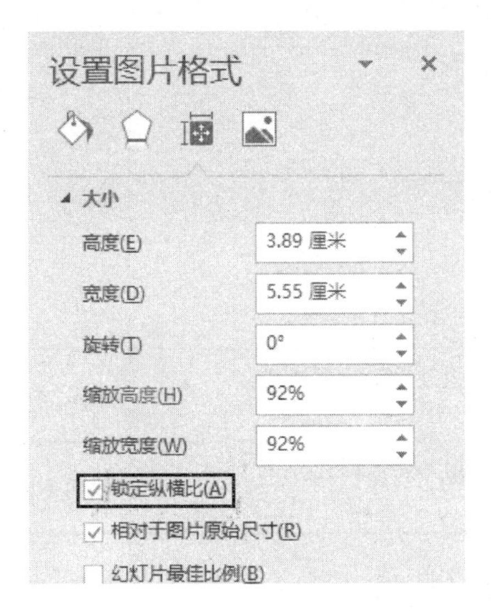

不勾选复选框则意味着更改图片大小时将不保持其纵横比。

单击幻灯片空白区域以取消选中所有幻灯片对象。

8.6 更改箭头前端与末端样式

概念

可选择并应用不同的箭头前端与末端样式。

步骤

转到幻灯片 2。

1. 选中幻灯片左下角的线条。 两个白色方块出现在线条两端。	单击线条
2. 在“绘图工具格式”选项卡的“形状样式”组中选择“形状轮廓”选项。	单击“形状轮廓”→“箭头”
3. 单击“箭头”→“其他箭头”。 “设置形状格式”菜单出现。	单击
4. 单击“箭头前端类型”按钮并单击所需样式。 “箭头”类型出现。	单击“箭头”类型
5. 单击“箭头末端类型”并单击所需样式。 箭头样式出现。	使用不同风格

关闭“WORLD08. pptx”文件，不保存。

8.7 回顾练习

在演示文稿中使用图形图像

1. 打开“Meeting8. pptx”文件。
2. 在幻灯片 1 中插入来自“Student”文件夹的“VoIP-Logo1. jpg”图片。移动图像至幻灯片右下角。
3. 使用任意边角的缩放柄以改变图片大小。

4. 在幻灯片 3 中,修改图片大小以不遮挡任何文本。
5. 移动图片 3 至幻灯片右下角
6. 在幻灯片 8 中,在“联机图片”中,使用关键字“revenue”搜索图片。
7. 插入所选图片。扩大图片并将其移至幻灯片右下角。
8. 在幻灯片 10 中,使用内容占位符插入以“people”为关键词的联机图片。
9. 关闭演示文稿,不保存。

第 9 课

使用 SmartArt

在本节中，你将学到以下知识：

- 插入 SmartArt 对象
- 改变 SmartArt 对象大小及位置
- 插入文本至 SmartArt 对象
- 添加形状至 SmartArt 对象

9.1 插入 SmartArt 对象

概念

SmartArt 是 PowerPoint 2016 提供的一个创造性工具，其可插入并编辑一些高级的插图对象，如组织结构图、列表以及流程图。该项工具可创建动态图形以作为信息的可视化表现形式。它有许多不同的布局和风格以适应演示的需要。

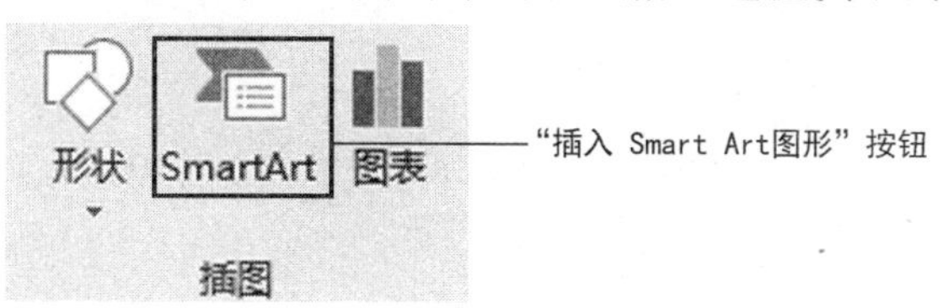

步骤

插入 SmartArt 对象的步骤：

打开新建空白演示文稿，将幻灯片版式更改为“空白”。

1. 单击功能区的“插入”选项卡。 “插入”选项卡展现。	单击 插入
2. 单击“SmartArt”按钮。 SmartArt 图集打开。	单击 SmartArt
3. 选择 SmartArt 图形。 对象高亮显示。	单击类别“层次结构”中的“组织结构图”
4. 单击“确定”按钮。 SmartArt 图集关闭，SmartArt 对象插入演示文稿。	单击 确定

需注意：插入组织结构图至幻灯片中。单击“更改颜色”以及选择“彩色-个性色”。根据以下列表的步骤，可更改组织结构图的层级结构：

1. 单击“设计”选项卡。 “设计”选项卡展现。	单击“设计”选项卡
2. 选择想要更改的形状。 形状被选中。“创建图形”组中的命令激活。	单击组织结构图底部中间的图形
3. 在“创建图形”组中，使用“降级”“升级”或“从右向左”选项以改变结构。 结构基于选择更改。	单击“升级”

9.2 改变 SmartArt 图形大小及位置

概念

对齐形状/对象是非常常见的任务。有一系列功能按钮用来完成该工作，例如“格式”选项卡“对齐”按钮下方的工具。

步骤

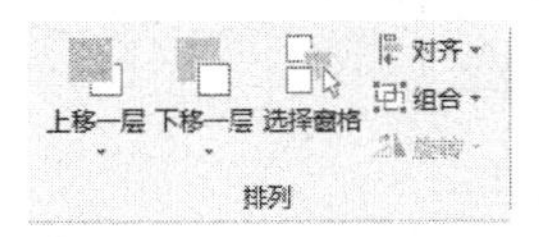

更改 SmartArt 图形大小及对齐方式的步骤：

1. 选中 SmartArt 图形。 对象被选中。	单击 SmartArt 图形。
2. 拖动缩放柄以扩大或缩小对象，然后释放鼠标按键。 SmartArt 对象大小更改。	拖动缩放柄以缩小 SmartArt 对象，然后释放鼠标按键
3. 选择“SmartArt 工具格式”上下文选项卡。 “格式”上下文选项卡展现。	单击“SmartArt 工具格式”上下文选项卡
4. 单击“对齐”按钮。 “对齐”菜单打开。	单击 对齐
5. 选择所需对齐方式。 SmartArt 对象对齐，菜单关闭。	单击“左对齐”

若恢复形状至原大小，在“SmartArt 工具设计”选项卡的“重置”组中，单击“重设图形”按钮。

9.3 插入文本至 SmartArt 对象

步骤

输入文本至 SmartArt 对象的步骤：

1. 选中 SmartArt 对象。 SmartArt 对象被选中，文本占位符消失，由插入点替换。	单击 SmartArt 对象
2. 输入文本。 文本出现在 SmartArt 对象中。	单击第一个占位符并输入文本“Sam”。再换一段，输入文字“Director”

概念实践：单击占位符并按 Delete 键，删除蓝色占位符与底部三个占位符之间的占位符。在剩余的每个形状中输入以下标题中的一个：“HR Manager” “Sales Manager” “Admin Manager”。

提示：可使用“在此键入文字”窗格来完成该任务。

9.4 添加形状至 SmartArt 对象

概念

在 PowerPoint 中可在现有 SmartArt 对象中添加或删除形状。

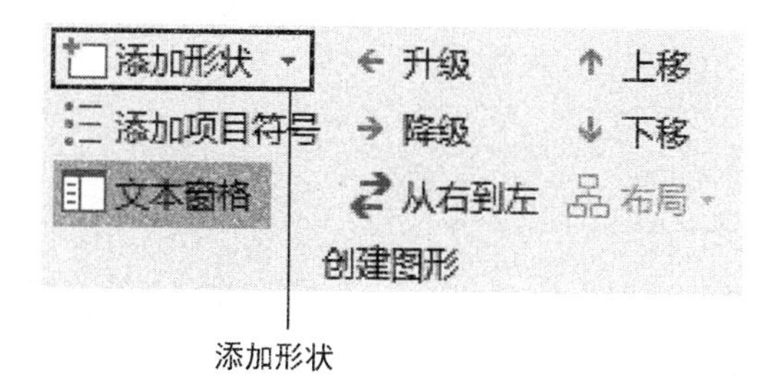

步骤

添加形状至 SmartArt 对象的步骤：

1. 选择想要添加形状的 SmartArt 对象。 对象被选中。	单击 SmartArt 对象
2. 单击“SmartArt 工具设计”选项卡“创建图形”组中“添加形状”的左边。 新形状添加至 SmartArt 对象。	单击 添加形状

需注意：形状添加至“Sales”框后面。单击“添加形状”按钮的下拉菜单可选择新图形的添加位置。

选择“Admin”框，单击“添加形状”按钮的箭头部分并选择“在前面添加形状”。需注意新图形添加在“Admin”框前。

9.5 回顾练习

 使用 SmartArt

1. 新建空白演示文稿。
2. 插入 SmartArt“层次结构”部分的“组织结构图”。
3. 居中对齐 SmartArt 对象。
4. 输入文本“Line Manager”至组织结构图中顶部的矩形框。
5. 输入文本“Team Leader”至组织结构图的第二级别。
6. 输入以下标题至组织结构图的底部
   “Receptionist” “Administrator” “Personal Assistant”。
7. 在“Team Leader”框旁边添加一个矩形框。
8. 输入文本“Supervisor”。
9. 新建一个长窄矩形(非 SmartArt)至 SmartArt 对象底部的三个框的下部。
10. 将新对象与现有 SmartArt 对象组合成新图形。
11. 关闭演示文稿，不保存。

第 10 课

使用幻灯片

在本节中，你将学到以下知识：

- 选定多张幻灯片
- 移动幻灯片
- 添加幻灯片副本
- 隐藏幻灯片
- 复制幻灯片
- 删除幻灯片

10.1 选定多张幻灯片

概念

使用演示文稿时，可能会想要重新排列幻灯片或将其中一部分幻灯片移至新的演示文稿中。进行这类工作时，一次选定多张幻灯片可节省时间。

步骤

选定多张幻灯片的步骤：

打开“Student”文件夹中的“WORLD10. pptx”文件。

1. 单击第一张想要选择的幻灯片。 幻灯片周围出现橘色边界。	单击幻灯片 2
2. 选择多张连续幻灯片，按住 Shift 键并单击想选范围内的最后一张幻灯片。 多张连续幻灯片被选中。	按住 Shift 键并单击幻灯片 4
3. 选择多张非连续幻灯片，按住 Ctrl 键并单击想选的其他幻灯片。 多张非连续幻灯片被选中。	按住 Ctrl 键并单击幻灯片 6

当选择多张连续幻灯片时按住 Shift 键。已选中其他幻灯片后再选择单张幻灯片时，按住 Ctrl 键。

单击任意空白区以取消选中幻灯片。

10.2 移动幻灯片

概念

在幻灯片放映视图中拖放已选中的幻灯片可以重新排列幻灯片。

步骤

在同一演示文稿中移动幻灯片的步骤：

1. 选中想要移动的幻灯片。 幻灯片被选中。	单击幻灯片 3
2. 拖住幻灯片至所需位置。 拖动时垂直线出现。释放鼠标按钮时幻灯片移至新位置,所有幻灯片相对应地重新进行项目编号。	拖动幻灯片 3 至幻灯片 7 跟 8 之间

单击幻灯片之间的任意处以取消选中幻灯片。

概念实践：将幻灯片拖回至它在演示文稿的原始位置。

也可使用剪切功能在一个演示文稿中或两个演示文稿之间移动幻灯片。

1. 选中将移动的幻灯片。 幻灯片被选中。	单击幻灯片 3
2. 单击“开始”选项卡“剪切”按钮。 幻灯片移至剪贴板。	单击“剪切”按钮
3. 单击幻灯片将移至的新位置。 幻灯片将直接插入所选幻灯片后面。用这个方法也可将所选幻灯片从一个演示文稿移至另一个演示文稿。	单击幻灯片 7
4. 单击“粘贴”按钮。 幻灯片被插入。	单击“粘贴”按钮

10.3 添加幻灯片副本

概念

通过添加所选幻灯片副本新建幻灯片,意味着在同一演示文稿中添加现有幻灯片的副本。

步骤

添加幻灯片副本的步骤：

1. 选中将添加副本的幻灯片。 幻灯片被选中。	单击幻灯片 3
2. 单击“开始”选项卡。 “开始”选项卡展现。	单击“开始”选项卡

（续表）

3. 单击“幻灯片”组“新建幻灯片”按钮下部。 新建幻灯片图集展现。	单击 新建幻灯片
4. 单击“复制选定幻灯片”按钮。 幻灯片副本出现，幻灯片重新相应地进行项目编号。	单击“复制选定幻灯片”

单击幻灯片之间任意处以取消选中幻灯片。

10.4 复制幻灯片

概念

复制幻灯片与添加幻灯片副本的原理相似。只需将幻灯片复制到剪贴板，再将其插入演示文稿任意处。也可在演示文稿之间复制幻灯片，与前文“移动幻灯片”的步骤相似。

步骤

复制幻灯片的步骤：

1. 选中将复制的幻灯片。 幻灯片被选中。	单击幻灯片 6
2. 单击“开始”选项卡中“复制”按钮。 幻灯片复制至剪贴板。	单击“复制”按钮
3. 单击演示文稿中的新位置或另一个已打开演示文稿的新位置以移动幻灯片。 幻灯片直接插入所选幻灯片后面。	选择幻灯片 7
4. 单击“粘贴”按钮。 幻灯片被插入。	单击“粘贴”按钮

单击幻灯片之间任意处以取消选中幻灯片。

10.5 隐藏幻灯片

步骤

隐藏幻灯片的步骤：

1. 选中将要隐藏的幻灯片。 幻灯片被选中。	单击幻灯片 3
2. 单击“幻灯片放映”选项卡。 “幻灯片放映”选项卡出现。	单击“幻灯片放映”选项卡
3. 单击“设置”组中的“隐藏幻灯片”按钮。 隐藏幻灯片图标出现在被选中的幻灯片编号上。	单击 隐藏幻灯片

取消隐藏幻灯片，需再次单击“隐藏幻灯片”按钮。

10.6 删除幻灯片

概念

无论置于演示文稿何处的幻灯片，都可从演示文稿中删除。

步骤

删除幻灯片的步骤：

1. 选中将要删除的幻灯片。 幻灯片被选中。	单击幻灯片 4
2. 按 Delete 键。 幻灯片被删除，主幻灯片相应地重新进行项目编号。	按 Delete 键

概念实践：删除幻灯片 7。关闭“WORLD10. pptx”文件。

10.7 回顾练习

重新排列演示文稿幻灯片

1. 打开“Meeting10. pptx”文件。
2. 将幻灯片 6 移至幻灯片 5 前。
3. 复制幻灯片 8 并置于幻灯片 4 跟 5 之间。
4. 添加幻灯片 4 的副本。
5. 删除幻灯片 5 以及 6。
6. 关闭演示文稿，不保存。

第 11 课

使用绘制对象

在本节中，你将学到以下知识：

- 绘制封闭对象
- 改变对象填充色
- 应用效果
- 绘制线条
- 设置线条格式
- 创建文本框
- 旋转对象
- 翻转对象
- 排列对象
- 对齐对象
- 组合对象

11.1 绘制封闭对象

概念

PowerPoint 提供绘制形状工具，用户可：

- 使用绘制工具创建简单形状及对象；
- 从现有形状列表中选择形状；
- 组合简单形状以创造复杂形状；
- 从头开始绘制对象，在对象中添加文本。

可为形状添加格式效果，包括更改大小、旋转、三维效果如阴影以及倾斜，更改形状部分或全部颜色。

步骤

绘制封闭对象的步骤：

打开“Student”文件夹中的“WORLD13. pptx”文件。选择“插入”选项卡以及幻灯片 3。

1. 单击“插图”组中的“形状”按钮。 形状图集展现。	单击 形状
2. 选择图集中所需绘制对象按钮。 形状图集关闭，当鼠标指针位于幻灯片里，其变成十字。	单击“基本形状”部分的“矩形”(“矩形”部分的第一个形状)
3. 拖动所需放置以及更改大小对象。 拖动时对象轮廓出现，释放鼠标按钮时，对象出现在幻灯片中。	从幻灯片中间沿对角线拖动，创建与前面所述相似的对话框

选中矩形，输入文本“Sales Conference”至矩形中。选中文本并改变字体大小至 42 号，改变字体颜色至黑色(第 1 行，第 2 个颜色)。单击任意空白处以取消选中对象。

11.2 改变对象填充色

概念

PowerPoint 中,用户可改变选中对象的填充色。可使用“绘制工具格式”选项卡“形状样式”组中的“形状填充”命令进行此操作。

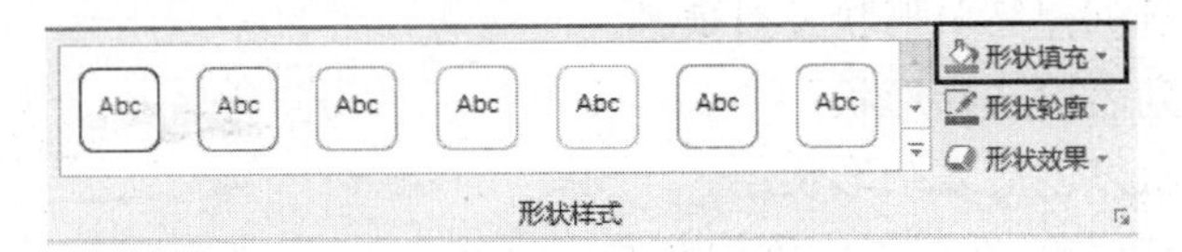

步骤

更改对象填充色的步骤:
选择“开始”选项卡,并单击幻灯片 3。

1. 选中将要更改填充色的对象。 对象选定。	单击绿色矩形
2. 单击“形状样式”组中的“形状填充”按钮。 调色板展现。	单击 形状填充
3. 选择所需的填充色。 填充色应用至对象,调色板关闭。	单击“标准色”中的“黄色”

概念实践:应用当前填充色至幻灯片 4 右上角的圆。单击空白区以取消选中的对象。

11.3 应用效果

概念

PowerPoint 中,用户可应用效果至绘制对象,增加图形或演示材料的立体感。

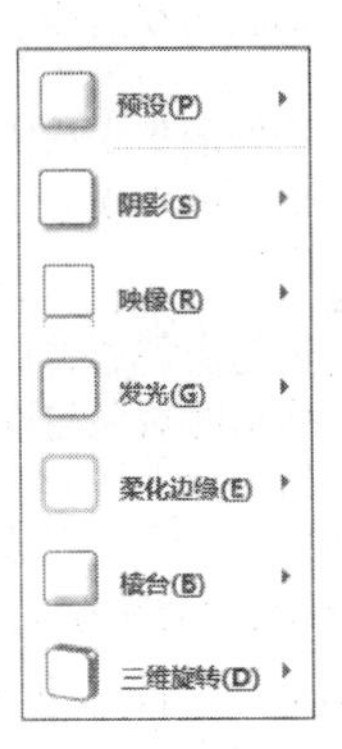

步骤

应用形状效果的步骤：
选择“开始”选项卡，并单击幻灯片 4。

1. 选中将要设置效果的绘制对象。 形状周围出现距形选框。	单击“WTT”圆
2. 单击“开始”选项卡“绘图”组中的“形状效果”按钮。 形状效果菜单展现。	单击 形状效果
3. 选择“阴影”选项。 阴影图集展现。	单击“阴影”
4. 选择所需的阴影设置。 设置效果用于至选定对象。	单击“外部”部分的“向下偏移” （第 1 行，第 2 列）

概念实践：单击“WTT”圆并使用“形状效果”中的“映像”效果，以将“全映像，接触”效果应用至形状。

11.4 绘制线条

概念

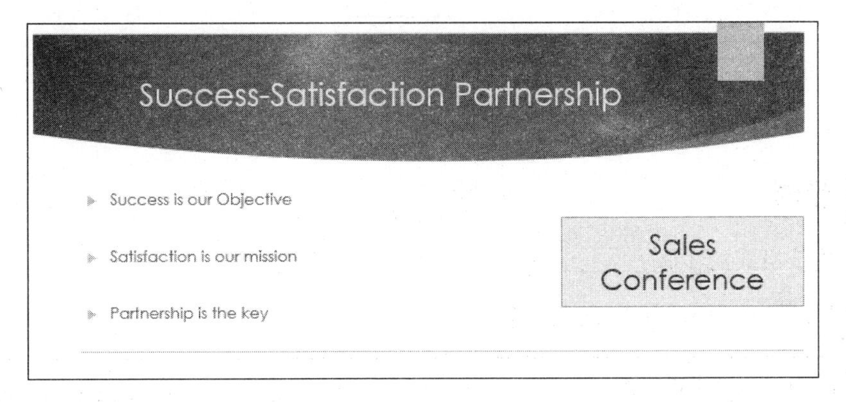

步骤

在幻灯片中绘制线条的步骤：

显示标尺以及“插入”选项卡。选择幻灯片 3。

1. 单击“插入”选项卡“插图”组中“形状”按钮。 形状图集展现。	单击 形状
2. 选择图集中所需线条样式。 当鼠标置于幻灯片里面时，鼠标指针变成十字，形状图集关闭。	单击
3. 拖动以绘制所需线条。 拖动时线条轮廓出现，释放鼠标按钮时线条出现。	按住 Shift 键并在幻灯片底部沿水平方向拖动

单击幻灯片任意空白区以取消选定线条。

11.5 设置线条格式

概念

和大部分 Office 2016 软件一样，PowerPoint 中也可设置所创建线条的粗细，无论是单独的线条还是作为边框/表格中的一部分的线条。

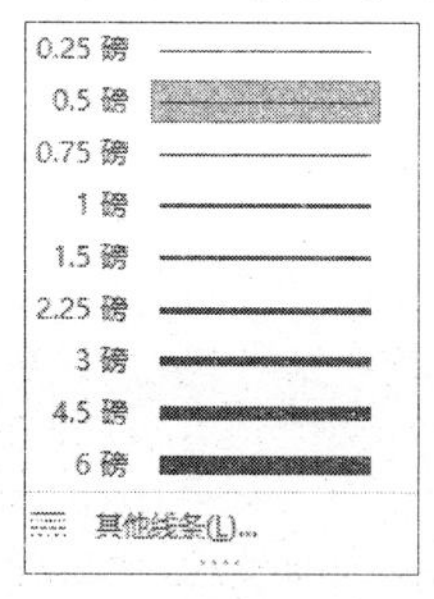

步骤

设置线条格式的步骤：

选择“开始”选项卡，并单击幻灯片 3。

1. 选择所要设置格式的线条。 线条被选中。	单击幻灯片底部的水平线
2. 单击“形状轮廓”箭头。 形状轮廓菜单展现。	单击 形状轮廓
3. 改变线条粗细，选择“粗细”选项。 可用线条粗细列表展现。	单击 粗细(W)

（续表）

4. 选择所需的线条粗细。 线条粗细应用至线条，形状轮廓菜单关闭。	单击“3 磅”
5. 单击“形状轮廓”箭头。 形状轮廓菜单展现。	单击 形状轮廓
6. 改变线条颜色，从调色板中选择所需线条颜色。 线条颜色应用至线条，形状轮廓菜单关闭。	单击“标准色”中的“蓝色”
7. 单击“形状轮廓”箭头。 形状轮廓菜单展现。	单击 形状轮廓
8. 改变线条样式，单击“虚线”→“其他线条”选项。 可用线条样式列表展现。	单击 其他线条(L)...
9. 选择所需线条样式。 线条样式应用至线条。	单击“长划线” （从上到下的第 6 个样式）

概念实践：选中幻灯片 1 中的矩形。更改线条为实线，粗细 6 磅，并将线条颜色更改为黄色。单击幻灯片的空白区以取消选中矩形。

11.6 新建文本框

概念

尽管多数幻灯片中都有可插入文本、图形以及图像的文本框，但一些默认幻灯片中没有文本框。用户可在这些幻灯片中添加自定义文本框。如果空间允许，甚至可以在已有文本框的幻灯片中添加更多文本框。

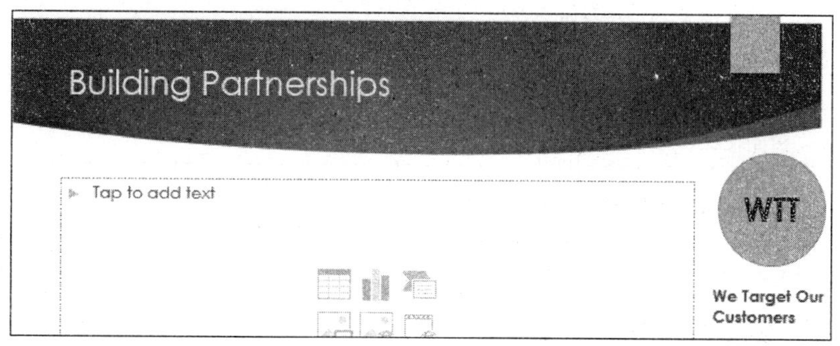

步骤

新建文本框的步骤：

单击幻灯片 4。

1. 单击“插入”选项卡“文本”组中的“文本框”按钮。 当将鼠标置于幻灯片中,鼠标指针成十字。	单击 文本框
2. 在幻灯片中单击或拖动以绘制所需文本框。 文本框出现在幻灯片中。	在圆的下面单击
3. 输入所需文本。 文本出现在文本框中。	输入“We Target Our Customers”

选中文本,将其加粗并改变字体颜色为红色。将圆下面的文本居中。单击幻灯片任意空白区以取消选中文本框。

11.7 旋转对象

概念

PowerPoint 中,用户可根据需要旋转图形对象。手动插入的图像并非目标幻灯片主题中的元素,因此调整其位置可使其在幻灯片中的意义及呈现方式更明确。

步骤

旋转对象的步骤:

单击幻灯片 10。

1. 选中将旋转的对象。 对象展现尺寸柄、绿色旋转柄。	单击“Best sales ever!”实心箭头
2. 单击“格式”选项卡“旋转”按钮 旋转菜单出现。	单击 旋转
3. 选择适当选项。 箭头将指向“2012”列。	单击“向右旋转 90°”

单击空白区域以取消选中对象。

11.8 翻转对象

概念

演示文稿可根据需要翻转图形对象。

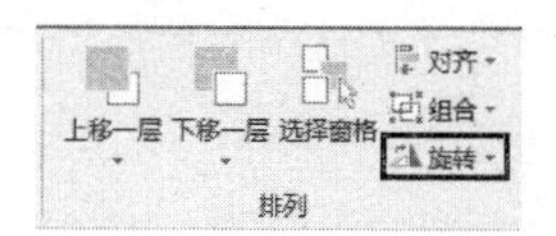

▸ **Rely on our financial strength**

In fiscal 2010, WTS generated net cash of $170.1 million, had $820.2 million in total revenue.

Founded in 1990, WTS had 15 straight quarters of profitability.

▸ **Tap into our Global Reach**

- 90% of fortune 100 companies use our technology.
- We have more than 2000 partners using our products.

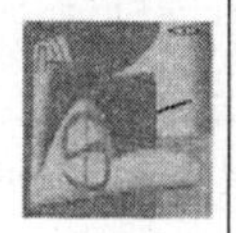

步骤

翻转对象的步骤：

单击幻灯片 5。

1. 选中将翻转的对象。 对象被选中。	单击图片“the dollar-man”
2. 选择“图片工具格式”上下文选项卡。 “图片工具格式”上下文选项卡展现。	单击“格式”上下文选项卡
3. 单击“旋转”按钮。 旋转菜单展现。	单击 旋转
4. 选择所需“水平翻转”或“垂直翻转”。 对象相应地翻转。	单击“水平翻转”命令

单击任意空白区域以取消选中对象。

11.9 重组对象

概念

在演示文稿中，每一张幻灯片中都有多个对象，如图片、形状以及文本框。用户可根据所需以多种方式重新排列对象。重新排列通过对齐、组合、旋转以及排序等方式实现。

步骤

更改层叠对象的顺序的步骤：

单击幻灯片 6。

1. 选择将更改顺序的对象。 对象被选中。	单击绿色的星形
2. 选择“绘图工具格式”上下文选项卡。 “绘图工具格式”上下文选项卡展现。	单击“格式”选项卡
3. 可选择“置为底层”或“下移一层”，单击“下移一层”按钮。 “下移一层”菜单展现。	单击 下移一层
4. 选择所需选项。 对象重新排序。	单击“置为底层”
5. 单击“上移一层”按钮，可选择“置为顶层”或“上移一层”。 上移一层菜单展现。	单击 上移一层
6. 选择所需选项。 对象重新排序。	单击“置为顶层”

单击空白区域以取消选中对象。

11.10 对齐对象

概念

在 PowerPoint 2016 中，可自动对齐所选对象。当图片、形状以及更多对象出现时，“对齐所选对象”自动出现甚至自动关闭，并且会在对象均匀放置时自动告知。

可使用“绘图工具格式”上下文选项卡“排列”组中的“对齐”按钮实现左对齐、水平居中、垂直居中、顶端对齐和底端对齐。

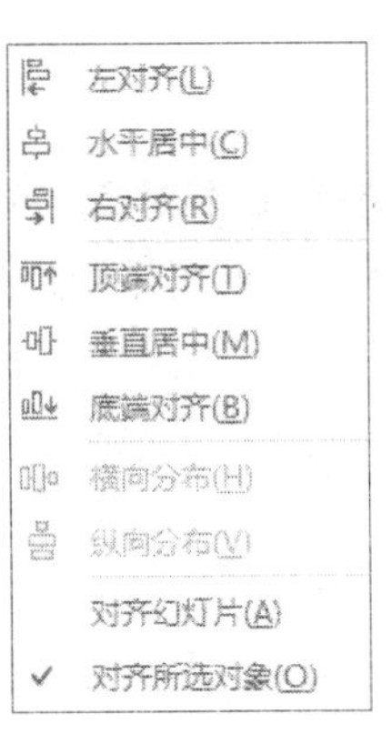

步骤

对齐幻灯片中的对象的步骤：

单击幻灯片 6。

1. 选择将要对齐的对象。 对象被选中。	单击“A Time of Transition”后的黄色星形。
2. 选择“绘图工具格式”上下文选项卡。 “绘图工具格式”上下文选项卡展现。	单击“格式”选项卡
3. 单击“对齐”按钮。 对齐菜单出现。	单击 对齐
4. 选择所需对齐方式。 对象相应地对齐。	单击“底端对齐”

单击幻灯片任意空白区域以取消选中对象。

也可使对象在幻灯片放映时相对彼此对齐。需一次性选中所有对象并设置对齐方式。

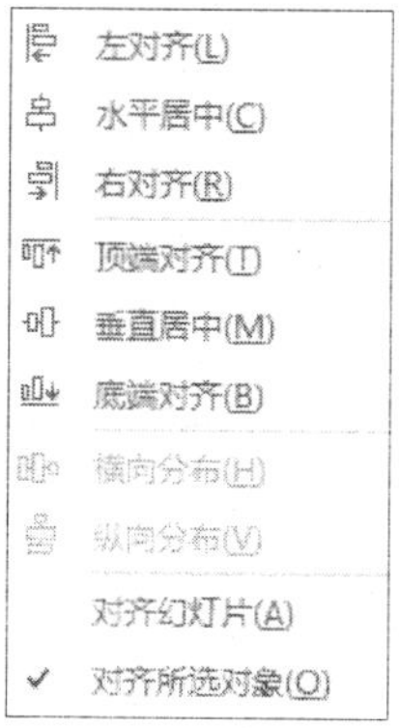

左对齐(L)
水平居中(C)
右对齐(R)
顶端对齐(T)
垂直居中(M)
底端对齐(B)
横向分布(H)
纵向分布(V)
对齐幻灯片(A)
✓ 对齐所选对象(O)

使图形对象相互对齐的步骤：

1. 选择将要对齐的对象。 对象被选中。	选择 3 个列表项旁边的绿色星形
2. 按住键盘上的 Ctrl 键以选中第二个要对齐的对象。 两个对象被选中。	击绿色星形后面的黄箭头
3. 单击“绘图工具格式”上下文选项卡。 “绘图工具格式”上下文选项卡展现。	单击“格式”选项卡

（续表）

4. 单击“对齐”按钮。 对齐菜单展现。	单击 对齐▾
5. 选择所需对齐方式。 对象相应地对齐。	单击“底端对齐”

单击“对齐”按钮并选择“水平居中”可将箭头恢复至原位置。

11.11 组合对象

概念

PowerPoint 中，用户可组合幻灯片中的对象。对演示文稿中的对象进行组合有助于创建复杂图形，因为可以先编辑图片的一部分，将其组合，然后再编辑图片的另一部分，而不会干扰已经组合的部分。

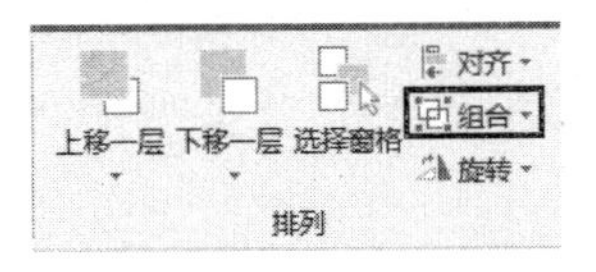

步骤

组合对象的步骤：

单击幻灯片 6。

1. 选择将要组合的对象。 对象被选中。	单击黄色星形
2. 选中将要组合的所有对象。 所有对象被选中。	按住 Shift 键并选择其他两个对象
3. 选择“绘图工具格式”上下文选项卡。 “绘图工具格式”上下文选项卡展现。	单击“格式”选项卡
4. 单击“排列”组中的“组合”按钮。 组合选项展现。	单击 组合▾
5. 选定所需命令。 对象相应地组合。	单击“组合”命令

拖动黄色星形至左边。需注意箭头以及绿色星形作为同一对象被移动。就像演示文稿中的常规图形一样，它们也可进行旋转与翻转。

小贴士：在演示文稿中取消组合对象，需选中已组合对象。在“绘图工具格式”上下文选项卡中，单击“组合”按钮，“取消组合”命令，对象将取消组合。

单击幻灯片任意空白区域以取消选择组合对象。关闭“WORLD13. pptx”文件，不保存。

11.12 回顾练习

在演示文稿中使用绘制对象

1. 打开“WSPORTS. pptx”文件。
2. 从幻灯片的左上角开始，绘制一个矩形，该矩形置于“Water Sports Seminar”占位符上方，宽度与幻灯片等宽。
3. 将矩形颜色更改为淡绿色。
4. 在矩形中输入文本“Galaxy Amusement Pte Ltd. ”。设置文本格式：字体大小为“40”，字体颜色为“白色，背景 1，深色 35%”。
5. 创建一个文本框，并在文本框中输入文本“Welcome to Water Sports in the NewMillennium!”
6. 更改文本框大小，所有文本框排成一行并且移至鱼的下面。
7. 组合鱼的所有部分(提示：尝试拖动鱼外部的矩形选框工具以选中所有部分)。
8. 旋转鱼以游至另一方向。
9. 使用“五角星”形状以创建海星。
10. 将海星变为黄色。复制并粘贴海星以创建更多海星。
11. 移动海星至幻灯片底部的不同位置。
12. 向不同的方向旋转其中两只海星。
13. 在文本“Water Sports Seminar”下方新建水平线条(提示：按住 Shift 键以绘制直线)。
14. 更改线条样式至“三线”，更改线条颜色至黄色。
15. 创建小圆并更改圆的填充色为黄色。
16. 移动圆以部分覆盖云，然后将圆置于云的后面。
17. 关闭演示文稿，不保存。

第 12 课

创建基本图表

在本节中，你将学到以下知识：

- 插入图表
- 从数据表中删除数据
- 添加、移除及编辑图表标题
- 更改图表类型
- 应用图表样式及布局
- 呈现图表分析
- 插入图片
- 设置图表背景

12.1 插入图表

概念

插入图表是 PowerPoint 作为一个演示工具的基本功能。用户可以对数据进行分组,并通过各种样式的图表将数据呈现给用户,使演示文稿更直观、更有吸引力。

步骤

插入图表的步骤:

打开“Student”文件夹中“WCHT12. pptx”文件。

单击幻灯片 4。

1. 选择内容占位符中的“插入图表”按钮。 “插入图表”图集打开。	单击 图表
2. 在“插入图表”图集中选择所需图表类型。 所需图表类型高亮显示。	单击“三维簇状柱形图”图表类型
3. 单击“确定”按钮。 “插入图表”图集关闭,Excel 数据表显示。	单击 确定
4. 编辑 Excel 工作表中的数据以符合信息呈现的需求,关闭工作表。 编辑后的数据呈现在图表中。	根据显示的操作说明,进行下一步操作
5. 关闭工作表。 工作表关闭。	单击 Excel 数据表右上角的

更改系列标签为显示“Product 1” “Product 2”以及“Product 3”,更改类别标签为显示“Jan” “Feb” “Mar”以及“Apr”。

	Product 1	Product 2	Product 3
Jan	100	300	200
Feb	200	150	260
Mar	400	500	333
Apr			

小贴士: 可根据图表内容选择图表类型,如折线图、饼图以及柱形图等。单击“格式”→“形状填充”箭头,可选定所需颜色,改变图表颜色。

删除演示文稿中的图表，选中图表，单击键盘上的 Delete 键。

12.2 从数据表中删除数据

步骤

删除数据表数据的步骤：

单击幻灯片 5 并选中图表。

1. 单击“图表工具设计”上下文选项卡“数据”组中的“编辑数据”按钮。 数据表呈现在 Excel 窗口。	单击 编辑数据
2. 选择含有将要删除数据的单元格。 单元格被选中。	右击单元格 D5
3. 选择“删除”命令。 快捷菜单打开。	选择“删除”命令
4. 选择“表列”。 数据从数据表以及图表中移除。	单击“表列”
5. 关闭工作表。 工作表关闭。	单击 Excel 工作表右上角的 ×

12.3 添加、移除以及编辑图表标题

概念

PowerPoint 中，用户可添加、移除以及编辑图表标题。当创建图表时，含有图表标题文本的占位符出现在图表顶部。

步骤

打开“Student”文件夹中的“WCHT12. pptx”文件，单击幻灯片 5。

添加图表标题的步骤：

1. 选中图表。 图表被选中。	单击图表
2. 在“图表工具设计”选项卡“图表布局”组中单击“添加图表元素”按钮。 下拉列表中出现图表元素选项。	单击 添加图表元素
3. 在图标上方插入图表标题。 图表标题文本框出现在图表上方。	选择“图表标题”，然后单击“图表上方”

编辑图表标题的步骤：

1. 选中图表标题。 图表标题文本框被选中。	单击图表标题
2. 当文本框被选中时输入以下文本。 文本出现在文本框中。	输入“Q1 Product Sales”

移除图表标题的步骤：

移除图表标题只需单击图标标题文本框，按 Delete 键。

12.4 更改图表类型

概念

根据演示文稿中所包含的数据类型更改图表类型，可能更有利于数据的呈现。

步骤

更改图表类型的步骤：

在普通视图中单击幻灯片 5。

1. 选择将要编辑的图表。 图表被选中。	单击图表
2. 单击“图表工具设计”上下文选项卡“类型”组中的“更改图表类型”按钮。 “更改图表类型”图集打开。	单击 更改图表类型

（续表）

3. 在图集中选择所需图表类型。 选定图标类型高亮显示。	滚动并单击 条形图
4. 单击“确定”按钮。 “更改图表类型”图集关闭。特定图表类型应用至图表。	单击 确定

12.5 更改图表大小

概念

更改演示文稿中的图表大小是改善幻灯片视觉效果和布局的必要步骤。可根据选择的图表类型更改图表区域或绘图区的大小。更改图表区域大小可为幻灯片上其他对象如周围文本提供更多的空间。绘图区大小的改变则会更改图表区域中图表的大小。PowerPoint 2016 提供了两种调整图表大小的方法，一种是手动调整，另一种是通过对话框精确调整图表大小。

当图表选定时的图表区域与绘图区

步骤

更改图表大小的步骤：

在普通视图中单击幻灯片 5。

1. 选择将要更改大小的图表。 图表区域被选中。	单击图表区域
2. 在“图表工具格式”上下文选项卡“大小”组中更改图表宽度，将“21.5 厘米”改为“20 厘米”。 图表宽度更改。	输入“20 厘米”

拖动位于图表区域框周边任意一处的尺寸柄就可调整图表大小。

12.6 应用图表样式及布局

概念

图表样式是一种在演示文稿中应用图表的默认样式。当图表被选中时，可在“图表工具设计”上下文选项卡中找到图表样式。可用的样式根据应用于图表的布局样式而有所不同。

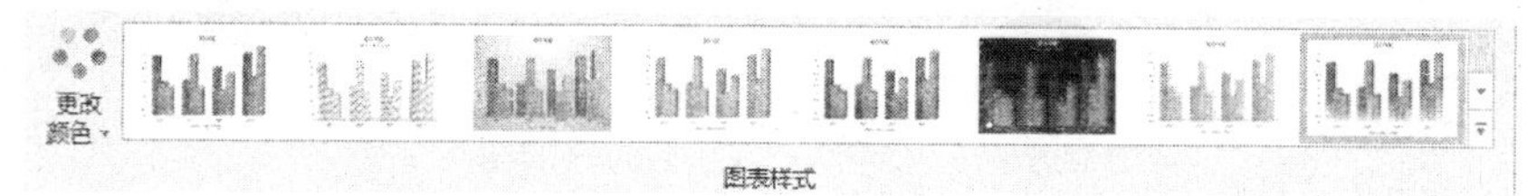

步骤

应用图表样式以及图表布局的步骤：

单击幻灯片 5。

1. 选中将要设置的图表。 “图表工具”上下文选项卡展现。	单击图表
2. 单击“图表工具设计”上下文选项卡。 “设计”上下文选项卡展现。	单击“图表工具设计”上下文选项卡
3. 在“图表布局”选项卡中单击“快速布局”按钮。 快速布局图集展现。	单击 快速布局
4. 在快速布局图集中选择所需布局。 选中的布局应用至图表。	单击“布局 3”
5. 在“图表样式”图集中选择所需图表样式。 选定图表样式应用至图表。	单击“样式 4”

需注意数据标签显示在数据系列的顶部。

12.7 添加数据标签

概念

根据数据标签,可快速识别图表中的数据系列,它与工作表中的值相关联,当数值更改时,数据标签可自动更新。用户可为图表上的数据点添加数据标签。

步骤

在图表上添加数据标签的步骤:

单击幻灯片 5。

1. 选择将要添加数据标签的图表区域。 "图表工具"上下文选项展现。	单击图表区域
2. 选择"图表工具设计"上下文选项卡。 "图表工具设计"上下文选项卡展现。	单击 图表工具 设计 格式
3. 单击"图表布局"组中的"添加图表元素"按钮。 图表元素图集打开。	单击 添加图表元素
4. 单击"数据标签"。 数据标签图集出现。	单击 数据标签(D)
5. 选择数据标签位置选项。 数据标签应用至图表。	单击 数据标注(U)

12.8 在图表中插入图片

步骤

在图表中插入图片的步骤:

单击幻灯片 4。

1. 选择将要插入图片的图表空白区域。 "图表工具设计"上下文选项卡展现。	单击图表区域的空白区域
2. 选择"图表工具格式"上下文选项卡。 "格式"上下文选项卡展现。	单击"图表工具格式"选项卡

（续表）

3. 右击图表上的“系列 1”。 所有类别的“系列 1”被选中。	右击图表上“系列 1”
4. 在快捷菜单中选择“设置数据系列格式”命令。 “设置数据系列格式”窗格展现在右边。	单击 设置数据系列格式
5. 选择“填充与线条”。 “填充与线条”选项打开。	单击
6. 单击“填充”按钮。 “填充”细节展现在下方。	单击 ◢ 填充
7. 选中“图片或纹理填充”单选按钮。 显示插入图片的详细信息。	单击 ○ 图片或纹理填充(P)
8. 单击“文件”按钮。 “插入图片”对话框打开。	单击 文件(F)...
9. 选择“Student”文件夹中所需图片。 选中的图片高亮显示。	单击“soccer. jpg”图片
10. 单击“插入”按钮。 “插入图片”对话框关闭，图片插入表格后面。	单击“插入”按钮
11. 选择“层叠”选项以更改图像呈现方式。 选择图片层叠。	单击 ○ 层叠(K)

关闭“WCHT12. pptx”文件，不保存。

12.9 设置图表背景

步骤

设置图表背景的步骤：

打开“Student”文件夹中的“WCHT13. pptx”文件。

转到幻灯片 4。

1. 单击将要设置背景的图表的空白区。 “图表工具”上下文选项卡展现。	单击图表区域的空白区
2. 单击“图表工具格式”上下文选项卡，选择“当前所选内容”组，选择“图表元素”下拉选项。 图表元素列表展现。	设置图表区格式 系列选项 ▾

（续表）

3. 在列表中选定将要自定义的图表元素。 选择图表元素的填充和线条选项展现。	单击 基底
4. 单击“填充”按钮。 “填充”的详细信息展现在下方。	单击 ◢ 填充
5. 选择所需的填充选项。 所需填充选项按钮被选中。	单击“纯色填充”选项
6. 单击“纯色填充”按钮。 调色板打开。	单击
7. 选择所需的填充色。 所需的填充色选项被选中。	单击“紫色，个性色 6，淡色 40%”
8. 单击“关闭”按钮。 “设置基底格式”对话框关闭，填充色应用至图表区域。	单击 ×

关闭“WCHT13.pptx”文件，不保存。

12.10 回顾练习

在演示文稿中新建图表

1. 打开“MTGCHT12.pptx”文件。
2. 在幻灯片 5 中新建簇状柱形图。
3. 删除数据表中的数据。
4. 输入以下数据至数据表(提示：拖动 D5 中的蓝色方框至 E3 以新建正确大小的图表)。

	A	B	C	D	E	F
1		1st	2nd	3rd	4th	
2	Last yr	92	96	93	98	
3	Current yr	94	95	96	100	
4						
5						

5. 关闭数据表。
6. 更改图表大小。
7. 更改图表样式为“样式 48”。
8. 更改图表类型为“三维折线图”。
9. 关闭演示文稿，不保存。

第13课

添加特效

在本节中，你将学到以下知识：

- 应用幻灯片切换
- 设置文本及对象动画

13.1 应用幻灯片切换

概念

幻灯片切换是演示文稿在幻灯片浏览视图中进行演示时，由一张幻灯片转换至另外一张幻灯片时出现的动态效果。使用“切换”选项卡可轻松设置幻灯片之间的切换方式。

步骤

打开“Student”文件夹中的“WORLD18. pptx”文件。

在普通视图中单击幻灯片 1。

1. 单击所需幻灯片。 幻灯片被选中。	单击幻灯片 1
2. 单击“切换”选项卡。 “切换”选项卡展现。	单击“切换”选项卡
3. 在“切换到此幻灯片”图集中选择所需切换效果。 所需切换效果被选中。	单击 擦除
4. 更改切换方向，需单击“效果选项”按钮。 相应的效果选项列表展现。	单击 效果选项
5. 选择所需切换效果。 相应的切换效果被选中，动画效果可在被选中的对象里进行预览。	单击“从右上部”

还可以通过在“计时”组中选择适当的时间，设置切换的时间与声音。可单击“计时”组中的“全部应用”按钮对演示文稿中的所有幻灯片应用同样的幻灯片切换方式。

小贴士：选择带有幻灯片切换效果的幻灯片，单击“切换”选项卡，单击“无”，可删除幻灯片切换效果。选择所有幻灯片，单击“切换”选项卡下的“无”，可删除所有幻灯片切换效果。

13.2 设置文本及对象动画

概念

如果想强调某一内容或使演示文稿更加生动，可在幻灯片中设置文本及对象动画。

步骤

在演示文稿中设置文本及对象动画的步骤：

打开“Student”文件夹中的“WORLD18. pptx”文件。

在普通视图中单击幻灯片 6。

1. 选择将要设置动画的对象。 对象被选中。	单击“money-key. jpg”图片
2. 单击“动画”选项卡。 “动画”选项卡展现。	单击“动画”选项卡
3. 在“动画”图集中选择所需动画。 所需动画被选中。	单击 飞入
4. 更改动画方向，需单击“效果选项”按钮。 相应的效果选项列表展现。	单击 效果选项
5. 选择所需动画效果。 相应的动画效果被选中，动画效果应用于选定对象。	单击 自右上部(P)

删除动画，需选中带有动画效果的对象并单击“动画”图集中的“无”。

关闭“WORLD18. pptx”文件，不保存。

13.3 回顾练习

在演示文稿中添加特效

1. 打开“MEETING16. pptx”文件。
2. 在普通视图中单击幻灯片 4。应用“飞入”动画效果至项目符号列表。
3. 在幻灯片 6 中应用“擦除”动画至图表，将其设置为“自左侧”。
4. 关闭演示文稿，不保存。

第 14 课

使用页面设置

在本节中,你将学到以下知识:

- 选择页面设置选项
- 预览演示文稿
- 打印幻灯片
- 打印演讲者备注
- 打印大纲
- 打印讲义
- 创建页脚

14.1 选定页面设置选项

概念

出于放映或打印目的，用户可更改演示文稿中的幻灯片大小选项。演示文稿提供了屏幕显示页面、投影和打印讲义等页面设置选项。根据演示文稿要使用的场合正确设置页面，可以获得最佳效果。

步骤

打开“Student”文件夹中的“WORLD06. pptx”文件。

1. 单击“设计”选项卡。 “设计”选项卡展现。	单击“设计”选项卡
2. 单击“自定义”组中的“幻灯片大小”按钮“自定义幻灯片大小”。 “幻灯片大小”对话框打开。	单击 幻灯片大小 →“自定义幻灯片大小”
3. 单击“幻灯片大小”列表。 可用选项列表出现。	单击 幻灯片大小(S): 全屏显示(4:3)
4. 选择所需选项。 选项出现在“幻灯片大小”框中。	单击“信纸(8.5×11 英寸)”
5. 选定所需“方向”选项。 方向选项被选中。	单击“幻灯片”下方的“横向”
6. 单击“确定”按钮。 “幻灯片大小”对话框关闭，幻灯片大小选项保存。	单击 确定

14.2 打印幻灯片

概念

打印幻灯片对于演讲者来说是一个常用功能，演讲者可提供给听众一份幻灯片的复印件，用以记笔记等。可选择打印整份演示文稿或仅打印特定的页面范围。

步骤

打印前预览演示文稿。转到幻灯片 1。

1. 单击“文件”选项卡。 后台视图打开。	单击“文件”选项卡
2. 单击“打印”命令。 “打印”窗格展现。	单击“打印”命令
3. 单击“放大”按钮以放大幻灯片。 幻灯片放大。	单击“放大”图标。 单击 以返回至默认视图
4. 单击“下一页”按钮以预览整个演示文稿。 下一页相应地出现。	单击 ▶
5. 在“设置”组中选择打印全部幻灯片或特定的页数范围。 须在“幻灯片”旁边的文本框中输入将要打印的页数范围。	单击“打印全部幻灯片”
6. 打印演示文稿。 演示文稿打印。	单击“打印”命令

通过修改“打印”按钮旁边的“份数”文本框,可将同一演示文稿打印多份。

小贴士: 使用键盘快捷键 Ctrl+P 以启动打印过程。

14.3 打印演讲者备注

概念

用户可打印添加在演示文稿中的备注。打印的备注页中顶部是幻灯片副本,而备注位于下部。进行排练或演讲时,可查阅备注页。

在打印前,可使用“打印”窗格来预览备注页。

步骤

打印演讲者备注的步骤:

1. 单击“文件”选项卡。 后台视图展现。	单击“文件”选项卡

（续表）

2. 在菜单中单击“打印”命令。 “打印”窗格展现	单击“打印”命令
3. 在“设置”组下方选择所需选项。 预览更改以反映选择的选项。	单击 整页幻灯片 每页打印 1 张幻灯片
4. 在“打印”窗格中选择所需选项。 所需选项被选中。	单击 备注页
5. 单击“打印”按钮。 演示文稿打印。	单击 打印

在打印视图预览幻灯片 4。需注意在备注窗格中的演讲者备注。滚动至幻灯片 8，其同样含有演讲者备注。

14.4 打印大纲

概念

用户可打印演示文稿大纲。打印的大纲会呈现每一张幻灯片“大纲”选项卡中的内容。如果大纲折叠，仅显示幻灯片标题，则打印的大纲只包括幻灯片标题。

在打印前，可使用“打印预览”以预览大纲。

步骤

打印大纲的步骤：

1. 单击“文件”选项卡。 后台视图展现。	单击 文件
2. 单击“打印”命令。 “打印”菜单出现。	单击“打印”命令
3. 选择“设置”组下的所需选项。 预览更改以反映选择的选项。	单击 整页幻灯片 每页打印 1 张幻灯片
4. 选择“打印版式”下的所需选项。 预览更改以反映选择的选项。	单击 大纲
5. 单击“打印”按钮。 大纲打印。	单击 打印

14.5 打印讲义

概念

用户可打印演示文稿讲义。打印的讲义中包括幻灯片图像,该图像比源幻灯片小,每页可选定 1,2,3,4,6 或 9 张幻灯片。每页选定幻灯片越多,图像就越小。

在打印讲义前,可使用"打印"窗格选择讲义的页面布局或更改打印选项。如果每页打印 4、6 或者 9 张幻灯片,可在选项中选定按水平顺序或垂直顺序排列幻灯片。如果每页打印 3 张幻灯片,PowerPoint 将在每张幻灯片旁边打印方便记笔记的横线。

步骤

打印讲义的步骤:

步骤	操作
1. 单击"文件"选项卡。 后台视图展现。	单击 文件
2. 选择"设置"组下所需的选项。 预览更改以反映选择的选项。	点击 整页幻灯片 每页打印 1 张幻灯片
3. 选择"讲义"组下的所需选项。 预览更改以反映选择的选项。	单击 3 张幻灯片
4. 单击"打印"按钮。 讲义打印。	单击 打印

14.6 创建页脚

概念

用户可在幻灯片中插入页脚以显示幻灯片页数、日期以及特定文本。

步骤

创建页脚的步骤:

步骤	操作
1. 单击"插入"选项卡。 "插入"选项卡展现。	单击 插入

（续表）

2. 单击“页眉和页脚”按钮。 “页眉和页脚”对话框打开。	单击“页眉和页脚”
3. 勾选“页脚”复选框。 “页脚”选项被选中。	勾选 □ 页脚(F)
4. 如果想在页脚中插入文本，输入文本至页脚框。 文本将会出现在单张幻灯片或整个演示文稿的页脚，这取决于用户设置。	☑ 页脚(F)
5. 根据需要，单击“应用”或“全部应用”。 页脚应用至特定或所有幻灯片。	单击“应用”或“全部应用”

将幻灯片编号应用至演示文稿中的特定或所有幻灯片页脚的步骤：

1. 单击“插入”选项卡。 “插入”选项打开。	单击 插入
2. 打开“页眉和页脚”对话框。 “页眉和页脚”对话框打开。	单击“页眉和页脚”
3. 勾选“幻灯片编号”复选框。 选项被选中。	单击 □ 幻灯片编号(N)
4. 选定适当选项以应用更改。 编号应用至特定或所有幻灯片。	单击“应用”或“全部应用”

应用自动更新日期至特定或所有幻灯片页脚的步骤：

1. 单击“插入”选项卡。 “插入”选项卡打开。	单击 插入
2. 打开“页眉和页脚”对话框。 “页眉和页脚”对话框打开。	单击“页眉和页脚”
3. 勾选“日期及时间”复选框并选中“自动更新”。 选项被选中。	单击 □ 日期和时间(D) 然后选中 ◉ 自动更新(U)
4. 选择适当选项。 日期及时间应用至特定或所有幻灯片。	单击“应用”或“全部应用”

应用固定日期至特定或所有幻灯片页脚的步骤：

1. 打开“插入”选项卡。 “插入”选项卡打开。	单击 插入
2. 打开“页眉和页脚”对话框。 “页眉和页脚”对话框打开。	单击“页眉和页脚”
3. 勾选“日期及时间”复选框，并选中“固定”单选按钮，输入选择日期。 选项被选中。	单击 □日期和时间(D) 然后选中 ◉ 固定(X)
4. 选择适当选项。 日期及时间应用至特定或所有幻灯片。	单击“应用”或“全部应用”

关闭“WORLD06. pptx”文件，不保存。

14.7 回顾练习

打印演示文稿

1. 打开“Meeting4. pptx”文件。
2. 设置页面格式，以“纵向”打印幻灯片，大小为“信纸(8.5×11 英寸)”。
3. 预览演示文稿。
4. 打印幻灯片 2、4、6、7。
5. 打印整个演示文稿的大纲。
6. 打印幻灯片 3 的演讲者备注。然后，打印全部页面。
7. 预览整个演示文稿的讲义页面，每页 4 张幻灯片。
8. 为所有幻灯片添加以下信息：自动更新日期，其格式自由选择；页脚文本，其内容为“Annual June Meeting”。
9. 整个演示文稿打印成讲义，每页 4 张幻灯片。
10. 关闭演示文稿，不保存。

第 15 课

使用幻灯片放映视图

在本节中，你将学到以下知识：

- 运行幻灯片放映
- 浏览幻灯片放映

15.1 运行幻灯片放映

概念

幻灯片放映视图是针对观众的视图。幻灯片放映视图可在“幻灯片放映”选项卡中启用。选择以下选项之一：

- 从头开始——全屏放映整个幻灯片。
- 从当前幻灯片开始——从当前幻灯片开始，依次播放剩下幻灯片。

利用快捷键放映幻灯片

- 按下 F5 键放映整个幻灯片。
- 按下 Shift+F5 键从当前幻灯片开始放映。

如需退出幻灯片放映，按键盘上的 Esc 键。

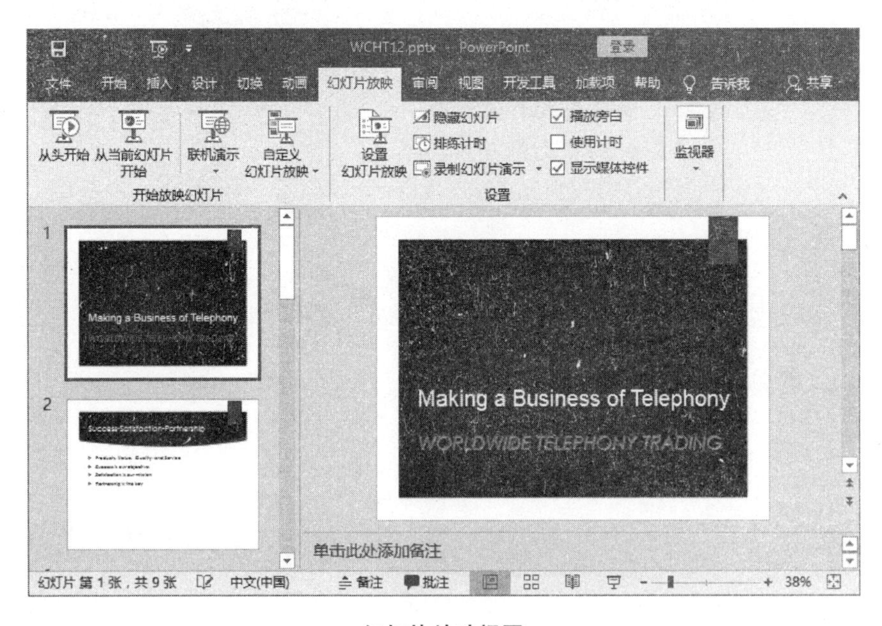

幻灯片放映视图

步骤

运行幻灯片放映的步骤：

打开“Student”文件夹中的“WORLD11. pptx”文件。转到幻灯片 1。

1. 单击“幻灯片放映”选项卡。 “幻灯片放映”选项卡打开。	单击“幻灯片放映”
2. 选择“从头开始”或“从当前幻灯片开始”以开始幻灯片放映。 幻灯片根据选择开始放映。	单击“从头开始”

15.2 实现幻灯片导航

概念

幻灯片开始放映后，用户可使用多种方式实现幻灯片之间的导航。在幻灯片放映期间，通过右击放映的幻灯片并单击“下一张”或“上一张”，就可切换至邻近幻灯片，或者单击“查看所有幻灯片”，选择想要跳至的幻灯片。

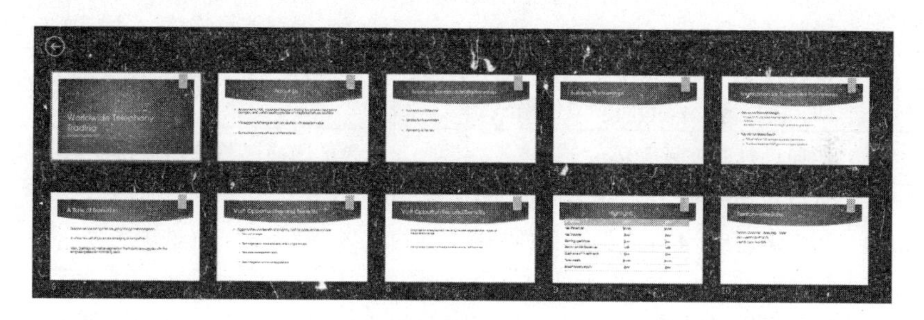

查看所有幻灯片

概念实践：右击当前幻灯片并在快捷菜单中选择“结束放映”以结束幻灯片放映。

关闭“WORLD11. pptx”，不保存。

15.3 回顾练习

使用幻灯片放映视图并优化幻灯片放映

1. 打开“Meeting11. pptx”文件。
2. 开始放映幻灯片 1。
3. 浏览幻灯片 1 至 4 页。
4. 使用“查看所有幻灯片”以展现所有幻灯片。然后，转到幻灯片 8。
5. 使用“更多幻灯片放映选项”菜单以结束幻灯片放映。
6. 关闭演示文稿，不保存。

ICDL 演示文稿课程大纲

编号	ICDL 任务项	位置
1.1.1	打开、关闭 PowerPoint 应用程序。打开、关闭演示文稿。	1.2 启动 PowerPoint 2016 1.6 退出 PowerPoint 2.3 关闭演示稿 2.5 打开现有演示文稿
1.1.2	基于默认模板以及本地或联机的其他可用模板,新建演示文稿。	2.4 新建演示文稿
1.1.3	保存演示文稿至本地或在线驱动器。将演示文稿重新命名保存至本地或在线驱动器。	2.2 保存新建演示文稿 2.7 重命名现有演示文稿 2.8 保存演示文稿为另一种文件类型
1.1.4	保存演示文稿为另外一种文件类型,如:pdf、show、image 文件格式。	2.8 保存演示文稿为另一种文件类型
1.1.5	切换已打开演示文稿。	2.9 切换已打开的演示文稿
1.2.1	设置应用程序中的基本选项/首选项:用户名、打开文件或保存文件的默认文件夹。	1.4 PowerPoint 选项
1.2.2	使用可用帮助资源。	1.5 使用 PowerPoint 帮助
1.2.3	使用放大工具。	3.6 更改缩放比例
1.2.4	展现、隐藏工具栏,最小化、恢复功能区。	1.3 使用快速访问工具栏
2.1.1	理解、使用不同的演示文稿视图模式:普通、幻灯片浏览、幻灯片母版、备注页、大纲、幻灯片放映。	3.8 切换视图
2.1.2	切换演示文稿视图模式:普通、幻灯片浏览、幻灯片母版、备注页、大纲。	3.8 切换视图
2.1.3	了解添加幻灯片标题的好方法:每张幻灯片使用不同标题,以在浏览幻灯片放映时在大纲视图中区分幻灯片。	2.1 输入文本至演示文稿
2.2.1	应用不同幻灯片版式至幻灯片。	2.6 添加新幻灯片 3.9 添加特定幻灯片版式的新幻灯片
2.2.2	应用设计模板、主题至演示文稿。	3.3 应用设计模板或主题
2.2.3	应用背景色至演示文稿的特定幻灯片或所有幻灯片。	3.4 应用背景颜色

（续表）

编号	ICDL 任务项	位置
2.2.4	新建有特定版式的幻灯片如：标题幻灯片、标题和内容、仅有标题、空白。	3.9　添加特定幻灯片版式的新幻灯片
2.2.5	在演示文稿中或已打开的不同演示文稿之间复制、移动幻灯片。	10.1　选定多张幻灯片 10.2　移动幻灯片 10.4　复制幻灯片
2.2.6	删除幻灯片。	10.6　删除幻灯片
2.3.1	了解通过使用母版幻灯片，保持整个演示文稿设计及格式一致的好方法。	3.1　使用母版幻灯片保持设计及格式一致
2.3.2	插入图形对象（图片、绘制的形状）至母版幻灯片。移除母版幻灯片中的图形对象。	3.2　插入图形对象至母版幻灯片/移除母版幻灯片中的图形对象
2.3.3	应用母版幻灯片设置文本格式：字体大小、字体样式、字体颜色。	3.1　使用母版幻灯片保持设计及格式一致
3.1.1	了解创建文本内容的好方法：使用简短词组、项目符号和编号列表。	2.1　输入文本至演示文稿
3.1.2	使用普通视图在占位符中输入文本，使用大纲视图输入文本。	2.1　输入文本至演示文稿
3.1.3	编辑演示文稿中的文本。	2.1　输入文本至演示文稿
3.1.4	复制，移动演示文稿中或已打开演示文稿之间的文本。	4.3　移动/复制幻灯片文本
3.1.5	删除文本。	4.2　删除幻灯片列表项
3.1.6	使用撤销与恢复命令。	4.5　使用撤销与恢复
3.1.7	应用、修改、移除文本、项目符号和编号列表中的缩进。	5.8　使用缩进
3.2.1	设置文本格式：字体大小、字体样式。	5.1　更改现有字体 5.2　修改字体大小
3.2.2	设置文本格式：加粗、倾斜、加下划线、阴影。	5.3　修改字体样式及效果
3.2.3	应用字体颜色至文本。	5.4　更改字体颜色
3.2.4	应用大小写转换至文本。	5.5　使用大小写转换
3.2.5	对齐文本：文本框左对齐、居中与右对齐。	5.6　更改文本对齐方式

（续表）

编号	ICDL 任务项	位置
3.2.6	为文本、项目符号列表与项目编号列表设置间距。应用行距至文本、项目符号与项目编号列表：单倍、1.5 倍、2 倍行距。	5.7 修改段落间距
3.2.7	切换列表中的标准项目符号以及项目编号的样式。	6.3 修改项目符号及编号
3.2.8	插入、编辑、移除超链接。	5.9 使用超链接
3.3.1	创建、删除表格。	7.1 创建表格
3.3.2	在表格幻灯片中输入、编辑文本。	7.1 创建表格
3.3.3	选定单元格、行、列以及整个表格。	7.3 选择行和列
3.3.4	插入、删除行与列。	7.4 插入行和列
3.3.5	修改列宽、行高。	7.2 调整表格单元格
4.1.1	在演示文稿中输入数据以创建图表：柱形图、条形图、折线图、饼图。	12.1 插入图表
4.1.2	选定图表。	12.3 添加、移除以及编辑图表标题
4.1.3	更改图表类型。	12.4 更改图表类型
4.1.4	添加、移除、编辑图表标题。	12.3 添加、移除以及编辑图表标题
4.1.5	添加数据标签至图表：值/数，百分比。	12.7 添加数据标签
4.1.6	更改图表背景颜色。	12.9 设置图表背景
4.1.7	更改图表中柱形图、条形图、折线图、饼图的颜色。	12.1 插入图表
4.2.1	使用“组织结构图”功能创建带有组织层次结构的组织结构图。	9.1 插入 SmartArt 对象 9.3 插入文本至 SmartArt 对象
4.2.2	更改组织结构图的层次结构。	9.1 插入 SmartArt 对象
4.2.3	在组织结构图中添加、移除。	9.4 添加形状至 SmartArt 对象
5.1.1	插入图形对象（图片、绘制的形状）至幻灯片。	8.1 插入图片 8.3 使用互联网插入图片
5.1.2	选定图形对象。	11.1 绘制封闭对象 11.2 更改对象填充色
5.1.3	在演示文稿中或已打开演示文稿之间复制、移动图形对象以及图表。	8.4 移动图形

（续表）

编号	ICDL 任务项	位置
5.1.4	更改图形对象大小，保持或不保持纵横比。更改图表大小。	8.5　改变图形大小
5.1.5	删除图形对象、图表。	3.2　插入或移除母版幻灯片的图形对象 8.1　插入图片 12.1　插入图表
5.1.6	旋转、翻转图形对象。	11.7　旋转对象 11.8　翻转对象
5.1.7	对齐幻灯片中的图形对象：左对齐、水平居中、右对齐、顶端对齐、底端对齐。	11.10　对齐对象
5.1.8	使图形对象相互对齐：左对齐、水平居中、右对齐、顶端对齐、底端对齐。	11.10　对齐对象
5.2.1	添加不同类型绘制形状至幻灯片：线条、箭头、方形箭头、矩形、方形、椭圆形、圆形、文本框。	11.1　绘制封闭对象 11.4　绘制线条 11.6　创建文本框
5.2.2	输入文本至文本框：方形箭头、矩形、方形、椭圆形、圆形。	11.6　创建文本框
5.2.3	更改图形对象背景颜色、线条颜色、线条宽度、线条样式。	11.2　改变对象填充色 11.5　设置线条格式
5.2.4	更改箭头前端样式与末端样式。	8.6　更改箭头前端与末端样式
5.2.5	添加阴影至图形对象。	11.3　应用效果
5.2.6	组合，取消组幻灯片图形对象。	11.11　组合对象
5.2.7	将图形对象相对另一图形对象上移一层、下移一层，置于顶层，置于底层。	11.9　重组对象
6.1.1	添加、移除幻灯片之间的切换效果。	13.1　应用幻灯片切换
6.1.2	添加、移除不同幻灯片单元的演示文稿动画效果。	13.2　设置文本以及对象动画
6.1.3	添加演讲者备注至幻灯片。	3.7　添加演讲者备注
6.1.4	隐藏、放映幻灯片。	10.5　隐藏幻灯片
6.1.5	输入文本至演示文稿特定幻灯片或所有幻灯片的页脚。	14.6　创建页脚
6.1.6	应用自动幻灯片项目编号、自动更新日期、固定日期至演示文稿中的特定幻灯片或所有幻灯片。	14.6　创建页脚

（续表）

编号	ICDL 任务项	位置
6.2.1	检查演示文稿拼写以及进行以下更改：更正所有拼写错误、忽略特定单词、删除重复单词。	4.7 对输入内容进行拼写检查 4.8 运行拼写检查程序
6.2.2	更改幻灯片方向至纵向、横向。为演示文稿幻灯片选定适当输出格式，如：页面格式、屏幕显示格式。	3.5 更改幻灯片方向 14.1 选定页面设置选项
6.2.3	使用输出选项打印演示文稿：整个演示文稿、特定幻灯片、讲义、备注页、幻灯片大纲、特定打印数量。	14.2 打印幻灯片 14.3 打印演讲者备注 14.4 打印大纲 14.5 打印讲义
6.2.4	从第一张幻灯片开始放映、从当前幻灯片开始放映。结束幻灯片放映。	15.1 运行幻灯片放映 15.2 实现幻灯片导航
6.2.5	在幻灯片放映时，浏览下一张幻灯片、前一张幻灯片、特定幻灯片。	15.2 实现幻灯片导航

祝贺你！你已经学完 ICDL 演示文稿这部分内容。

你已经学习了与演示文稿应用相关的关键技能，包括：

- 使用演示文稿并将其以不同文件格式保存至本地或云存储空间。
- 使用可用的帮助资源以提高效率。
- 理解不同演示文稿视图及何时使用它们。选择不同的内置幻灯片版式、设计以及主题。
- 在演示文稿中插入、编辑演示文稿中的文本及表格，以及设置文本及表格的格式。通过使用幻灯片母版在幻灯片上应用独特的标题，创建一致的幻灯片内容。
- 选择、创建图表以及设置图表格式以有效沟通信息。
- 插入、编辑以及对齐图片和图形对象。
- 在演示文稿中应用动画及切换效果，在打印与展示前检查并更正演示文稿内容。

学习到这个阶段，你应该准备参加 ICDL 认证考试。关于参加考试的更多信息，请联系你所在地的 ICDL 考试中心。